Mission Fluchtpoint Ragun

Geheimakte MARS 21

© 2023 D. W. McGillen

Umschlagsfoto: Mit Lizenz

Paperback: ISBN: 9781979245982
Imprint: Independently published

Hardcover: ISBN: 9798861675000
Imprint: Independently published

ISBN-e-Book: ebenfalls erhältlich:

Das Werk, einschließlich seiner Teile ist urheberrechtlich geschützt. Jede Verwertung ist ohne die Zustimmung des Verlages und des Autors unzulässig. Die Namen der Personen und die Handlung sind frei erfunden.

D.W. McGillen, 20.09.2023

Auch erhältlich:

Geheimakte Mars 01: Suche nach dem Ursprung
Geheimakte Mars 02: Erde in Gefahr
Geheimakte Mars 03: Entscheidung an der Dunkelwolke
Geheimakte Mars 04: Rebellion auf Proxima-Centauri
Geheimakte Mars 05: Flug in die zweite Dimension
Geheimakte Mars 06: Die versunkene Basis
Geheimakte Mars 07: Krisenfall Andromeda
Geheimakte Mars 08: Flugverbots-Zone Sombrero-Nebel
Geheimakte Mars 09: Die Admiralität von Santarid
Geheimakte Mars 10: Die weiße Anomalie der Zierrakies
Geheimakte Mars 11: Konfrontation in der zweiten Dimension
Geheimakte Mars 12: Das gefallene Kaiser-Imperium
Geheimakte Mars 13: Operation in Centauri
Geheimakte Mars 14: Fluchtplanet Redartan
Geheimakte Mars 15: In Geheimer Mission
Geheimakte Mars 16: Lorin's Vergeltung
Geheimakte Mars 17: Das Blaue Universum
Geheimakte Mars 18: Auf den Spuren der Mächtigen
Geheimakte Mars 19: Kampf um Adramalon
Geheimakte Mars 20: Verlorene Erkenntnisse der Vergangenheit
Geheimakte Mars 21: Mission Fluchtpoint Ragun

Inhaltsverzeichnis

Rückblick	4
Lagebesprechung	8
Im Casino auf Titan	102
Ankunft der Abgesandten	202
Ragun	303
Vorschau:	468

Rückblick

Episode 18:
Noch wurden die Uylaner, ein Hilfsvolk der Mächtigen, nicht aufgespürt. Eine neue Strategie des Regenten der Adramelech soll Abhilfe schaffen. Ihr ehemaliges Hilfsvolk verfolgt eigene Ziele. Erneut kommt es zu einer Eskalation mit ihren Herren. Admiral Tarin bereitet den Abflug seiner Flotte vor. Die Santaraner haben sich sehr weit von den alten Idealen der evakuierten Natrader entfernt. Während des Fluges trifft man auf die Daraner, die immer noch nach den alten Zerstörern ihrer Brutwelten suchen. Eine natradische Splittergruppe hilft der großen Flotte in Bedrängnis. Diese steht unter dem Schutz einer alten Species, welche die ehemaligen Natrader als Zöglinge betitelt. Die neue Republik Redartan rechnet mit einem Angriff der Mächtigen. Kanzler Tarn-Lim intensiviert seine Kontakte zu dem Neuen-Imperiums. Aritron verhandelt mit der hohen Empore, dem Ältestenrat seiner Rasse, zwecks der Beteiligung einer Beistandsflotte. Auch die Lantraner haben noch eine Rechnung mit den Adramelech offen. Völlig unerwartet trifft starke Unterstützung im Sol-System ein. Die Gemeinschafts-Flotte ist bereit für die Suche nach den Adramelech, die sich selbst die Mächtigen des Universums nennen.

Episode 19:
Den Uylanern, ein ehemaliges Hilfsvolk der Adramelech gelingt es Kolonien und Flottenträger der Adramelech auszuschalten. Das gerissene und kampferprobte Volk will den Regenten von seinem Thron stoßen. Die Flotte der Mächtigen musste sich aufsplitten und sucht in vielen Sektoren ihrer Spiralgalaxie nach den Abtrünnigen. In der Zwischenzeit formiert sich eine starke Allianz. Die neue redartanische Republik hat starke Unterstützung erhalten. Eine Flotte des Neuen-Imperiums wird durch ein schlagkräftiges Geschwader der Lantraner verstärkt. Sie haben mit den Mächtigen noch eine Rechnung offen. Dank dem Überläufer Adra'Metun, können Hinweise auf das Heimatsystem der hasserfüllten Adramelech gefunden werden.

Die rechtzeitig eingetroffene Evakuierungsflotte von Admiral Tarin vermutet hinter den Adramelech das Volk, welches für den Angriff der Rigo-Sauroiden auf Natrid verantwortlich war. Auch Admiral Tarin schießt sich mit seiner mächtigen Kampfflotte der Suche an. Dank einer Unterstützung von den Sorganis, gelingt es den Lantraner Geräte zu entwickeln, welche die Schutzschirme der Raumschiffe in Sekundenschnelle neu modulieren lassen. Hiermit ist es möglich, die gasförmige blaue Energiewolke des Zwischenraumes ableiten. Die wichtigste Waffe der

Adramelech wird bedeutungslos. Die Flotte unter Führung des Neuen-Imperiums bereitet sich vor, um die Adramelech für ihre Taten in der Vergangenheit zur Rechenschaft zu ziehen. Unverhofft tauchen weitere treue Verbündete auf, welche die Gemeinschaftsflotte unterstützen möchten. Der Flug durch das Wurmloch-Portal kann beginnen.

Episode 20:

Die Gemeinschaftsflotte des Neuen-Imperiums verhandelt mit den Adramelech über einen Friedensvertrag. Nach der Entmaterialisierung des Heimat-Planeten des Regenten in eine andere Zeitzone, muss das Volk der Mächtigen neue Spielregeln akzeptieren. Die Reinigungs-Kriege in der Adramalon-Galaxie gehören ab sofort der Vergangenheit an. Ein Friedensvertrag wird nur unterschrieben, wenn eine friedliche Koexistenz aller Rassen in der Sterneninsel möglich erscheint.

Rückblick: Vor 250.000 Jahren traf die lantranische Führung zu politischen Konsultationen auf Natrid mit dem Kaiser Quoltrin-Saar-Arel zusammen. Aritron wollte das natradische Imperium als Schutzmacht für die Milchstraße etablieren. Doch die Gespräche verliefen anders als gedacht. Erste Hinweise auf Spuren der ersten Rasse im Sol-System werden gefunden. Doch durch einen

Angriff der Rigo-Sauroiden, verliert die Kommandantin der Atlantis-Basis ihre Erinnerungen.

Neuzeit: Atlanta erhält ihre lange verlorenen Erinnerungen zurück. Thoran ermöglicht ihr sich zu erinnern und Hinweise auf die Raguner mitzuteilen. Diese Rasse galt lange Zeit als mächtigstes Bollwerk in dem bekannten Universum. Viele Jahrtausende vor der Existenz der Natrader, lebten sie auf dem 5. Planeten im Sol-System, der heute nur noch als ein Asteroidenfeld hinter Natrid erkennbar ist. Eine neue Mission wird ausgerüstet. Major Travis, und Atlanta machen sich mit einem Team auf die Suche nach den Erkenntnissen der Vergangenheit.

Lagebesprechung

Die Notfall-Maschinerie des Neuen-Imperiums war aktiviert worden. General Poison hatte eine Auswahl seiner Führungs-Offiziere in den Konferenzsaal der Atlantis-Basis befohlen. Die hinter verdeckter Hand genannte Königin von Atlantis hatte vorsorglich den imperialen System-Alarm ausgelöst. Durch ein Ereignis vor 150.000 Jahren hatte sie ihre Erinnerungen eines wichtigen Tages verloren. Diese konnten von ihrer Mutter-KI nicht gespeichert werden, weil Atlanta die mentale Verbindung zu ihr verloren hatte. Erst an dem gestrigen Tage gelang es Thoran ihr diese Informationen zu vermitteln. Mit Erschrecken registrierte sie, dass in diesen verlorenen Erkenntnissen mehr Dynamit steckte, als sich ihr lantranischer Freund eingestehen wollte.

Vermutlich hatten einige Rigo-Sauroiden den Absturz ihres Schiffes überlebt und den Weg in die verlassene Geheim-Station der Raguner gefunden. Diese tief in der Erde gelegene Bastion, wies laut Thorans Scans eindeutige Hinweise auf die mystische Rasse der Raguner auf. Die erste humanoide Lebensform im Sol-System hatte ihre Hochepoche vor 500.000 Jahren. Ihr Heimatplanet lag hinter der heutigen Position von Natrid. Laut Erkenntnissen von Thoran wurde er durch einen konzentrierten Angriff vieler von den Raguner unterdrückten Rassen jedoch vollständig vernichtet. In der heutigen Zeit, deutet nur noch das Asteroidenfeld hinter Natrid, auf die ehemalige Existenz hin.

Durch die verlorenen Erkenntnisse von Atlanta wurde die geheime Station durch das natradische Imperium nie entdeckt, noch weniger untersucht. Möglicherweise wurde sie von systemfeindlichen Kräften als Basis missbraucht. Atlanta entschied sich nach dem Erhalt ihrer Erinnerungen, unverzüglich General Poison und Noel zu informieren.

Durch den imperialen Systemalarm der Atlantis-Basis, begannen sich bereits alle Zahnräder des Neuen-Imperiums zu drehen. Die schnellen Kampf-Verbände der Heimat-Verteidigung hoben in schnellen Abständen von ihren Basen ab. Die Flotten-Kampfstationen schleusten zusätzliche Zerstörer aus, die sich den Verbänden von Commander Giacombo anschlossen. Sämtliche wichtigen Basen, Stationen und Werften hatten ihre Schutzschirme aktiviert und wurden von zusätzlichen Kampf-Verbänden gesichert.

Ein Ring von jeweils 2.000 Kampf-Kreuzern sicherte Natrid und Tarid auf den Umlaufbahnen der Planeten. Auf ihnen waren ein striktes Start- und Landeverbot angeordnet. Das Gebiet des Kombrogi-Gebirges wurde zu einer Sicherheitszone der EWK erklärt. Zahlreiche Geschwader aus Tarin-Jets flogen Patrouille und leiteten private Maschinen um, die sich nicht an das verordnete Überflugverbot halten wollten. Die nationale Regierung von England hatte ihre kompromisslose Unterstützung zugesagt. Einheiten der mobilen Infanterie, unterstützt von zahlreichen Kampf-Robotern sicherten den Boden. Auch sie sorgten dafür, dass sich keine Einheimischen dem Gebirge nähern konnten.

Noel, General Poison und die Commodore von Häussen und Commodore McGregor blickten die geladenen Gäste an.

Neben Atlanta und ihrem 1. Offizier Senga-Hol, waren Thoran und Heran, Lorin, Major Travis, Sirin, Commander Brenzby, Gildor Barenseigs und seine Mitarbeiter anwesend. Ferner wurde der Protokoll-Roboter Jahol-Sin, Captain Hunter, Leutnant Graves und Admiral Tarin an dem Gespräch beteiligt. Atlanta hatte eine Landkarte auf den großen Bildschirm projizieren lassen.

»Hier in dem kambrischen Gebirge in Wales, versteckt sich dieser geheime Stützpunkt«, teilte sie den staunenden Gästen mit. »Scans von Thorans Scanner ergaben deutliche Hinweise auf die Rasse der Raguner. Tief in dem Boden des Gebirges fanden wir riesige Felsenhallen, eine ausgebaute Stadt und viele fremde

Artefakte. Die von uns gefundenen Maschinen wurden gewartet und mit Notstrom versorgt. Sie scheinen als Energiequelle den Erdkern unseres Planeten nutzen. Durch meine verlorenen Erkenntnisse konnte ich diese Hinweise leider nicht früher bekanntgeben.«

General Poison stand auf.
»Wir machen ihnen keinen Vorwurf«, lächelte er Atlanta an. »An diesem Tage haben sie viel durchgemacht. Wer kann schon von uns behaupten, wieder von den Toten auferstanden zu sein. «

Er blickte die Gäste an.
»Sie alle wissen jetzt, worum es geht«, sagte er mit einem ernsten Blick. »Diese Angelegenheit hat äußerste Priorität. Unter unseren Füßen arbeiten fremde Maschinen und Kraftwerke. Wir wissen nicht, ob sie in der Lage sind unseren ganzen Planeten zu zerstören. Sie müssen abgeschaltet werden. «

Sein Blick schweifte über die Gesichter seiner Mitarbeiter.
»Wir starten unverzüglich eine neue Mission«, ergänzte er. »Major Travis übernimmt die Leitung. Setzen sie ihr Personal in Kenntnis und beginnen sie, sobald sie alles Nötige verstaut haben. Sie dürfen auf alle Ressourcen des Neuen-Imperiums zurückgreifen. Halten sie mich auf dem Laufenden. Ich wünsche unverzüglich von ihnen eine

Erfolgsmeldung zu erhalten. Dieser Einsatz läuft unter einem übergeordneten Codenamen »Mission Fluchtpoint Ragun«

Es klopfte an der Türe.
»Heran«, sagte der General in gewohnter Manier.

Marin und Gareck steckten ihre Köpfe durch die Türe.
»Sind wir hier richtig? «, fragte Marin.

»Sie kommen zu spät«, sagte der General. »Können sie sich nicht einmal an die Termine halten? «

»Wir haben mit Professor Augenzell die Serienreife der Wurmloch-Antriebe überprüft«, antwortete der Wissenschaftler. »Dabei konnten wir leider die Zeit nicht im Auge behalten. «

»Bitte verzeihen sie uns«, ergänzte Gareck. »Sie wissen doch, dass wir mit vielen Aufgaben betraut werden. Eigentlich haben wir keine Zeit für Gespräche mit Kaffee und Kuchen. «

Der General schüttelte seinen Kopf.
»Der Kuchen ist auf und der Kaffee ist durch ihr spätes Erscheinen kalt geworden«, sprach er die Wissenschaftlern an. »Hier geht es um die System-

Sicherheit. Haben sie den imperialen Alarm nicht vernommen?«

»Wir haben den Lärm abgeschaltet«, antwortete Marin. »Er war störend bei unserer Arbeit.«

Die Anwesenden lachten laut auf.

Sirin stand auf.
»Ich bitte für die beiden Wissenschaftler um Entschuldigung«, sagte sie.» Wir ändern sie nicht mehr. Sie waren schon immer so. Aber ihr Verhalten sagt nichts über ihre technischen Leistungen aus.«

»Ich weiß«, schmunzelte General Poison.

Er blickte Noel an.
»Würden sie bitte die Wissenschaftler einweisen?«, fragte er.» Ich muss zurück zur EWK. Einige Abgeordnete des englischen Parlamentes verlangen von mir weiterreichende Informationen.«

»Gehen sie«, antwortete der Kunstklon der natradischen Hypertronic-KI.»Ich werde mich um die weitere Mission kümmern.«

»Danke«, antwortete der General.

Dann schritt er mit seinen Begleitern aus dem Konferenzsaal.

Noel stand auf.
»Setzen sie sich«, wies er die Wissenschaftler an. »Es ist immer das Gleiche mit ihnen.«

Er wartete, bis sich Marin und Gareck einen Stuhl gesucht hatten.

»Was ist so wichtig, dass wir unsere Arbeit unterbrechen mussten?«, fragte Marin.

»Atlanta«, sagte Noel. »Bitte teilen sie unseren Wissenschaftlern noch einmal in Kurzform ihre wiedergewonnenen Erkenntnisse mit.«

Atlanta nickte und begann nochmals ihre Erlebnisse vorzutragen, die sie damals mit Thoran erlebt hatte.

Marin und Gareck unterbrachen sie nicht. Sie hörten ihr intensiv zu. Als Atlanta geendet hatte, sahen sich die Genies kurz an.

»Was macht sie so sicher, dass es sich bei der Geheimstation um eine Basis der Raguner gehandelt haben muss?«, fragte Marin. »Nach unseren

Erkenntnissen fand ihr Untergang lange vor der Entstehung der natradischen Kultur statt. «

»Das ist uns bewusst«, antwortete Atlanta harsch. »Der lantranische Scanner von Thoran identifizierte die Überreste ihrer Kultur eindeutig. «

»Artefakte aus dieser Zeit werden sich nur noch schwer finden lassen«, bemerkte Gareck.

»Was wissen sie von dieser Rasse? «, fragte Thoran.
»Nicht viel«, antwortete Marin. »Nur dass sie angeblich vor vielen Jahrtausenden hier im Sol-System beheimatet waren. Wir haben niemals Spuren von ihnen gefunden. Ihre Kultur und ihre Technik werden sich in den vielen Jahrtausenden verloren haben. «

Noel blickte Thoran an.
»Hierzu kann uns unser lantranischer Gast Thoran etwas mitteilen«, erklärte er.

Thoran blickte die Genies an.
Den Stützpunkt, den wir vor 150.000 Jahren in dem Kombrogi-Gebirge gefunden hatten, machte einen gut erhaltenen Eindruck«, teilte der Lantraner mit. » Er scheint sich selbstständig zu warten und zu erhalten. Ferner war er mit Eintrittsfallen gesichert. Eingeborene

wurden damals von einer strahlenden Laserwand förmlich zu Asche verbrannt.«

»Nach dieser langen Zeit sollte eigentlich die Energieversorgung der Station zum Erliegen gekommen sein«, bemerkte Gareck. »Falls die Raguner bereits Energiekristalle für ihre Technik verwendet haben sollten, müssten diese nach der langen Zeit ihrer Abwesenheit verbraucht sein.«

»Das war eben nicht der Fall«, antwortete Atlanta. »Selbst die Roboter, die uns später angriffen, machten einen äußerst frischen Eindruck. Als wir ihren riesigen Stützpunkt untersuchten, stellten wir fest, dass sie auch die Hitze des Erdkerns nutzten und diese für ihre Zwecke in Energie umwandelten.«

»Das ist sicher nicht ungewöhnlich«, antwortete Marin. »Doch wir bezweifeln, ob sich mit dieser Energie ihre Raumschiffe antrieben ließen. Hierfür sind andere Energieträger nötig. Ich denke, sie verrennen sich hier in etwas. Möglicherweise ist die Höhle bei dem Angriff der Rigo-Sauroiden vor 100.000 Jahren auch vernichtet worden. Wir halten eine Expedition für nicht lohnend. Wir verschwenden nur unsere Zeit.«

Noel blickte die beiden Wissenschaftler an.

»Ihre laufenden Arbeiten werden ausgesetzt«, befahl er. »Die Klärung von Atlantas Hinweisen hat Vorrang. General Poison möchte den Stützpunkt gefunden haben. Es ist für uns von vordringlicher Wichtigkeit. Es muss geprüft werden, ob sich dort ein Nest von Rigo-Sauroiden versteckt. Sie werden von Gildor Barenseigs und unserem Expeditionsteam in allen technischen Fragen unterstützt.«

Die beiden Wissenschaftler wollten aufbegehren. Noel hob seine Hand.

»Ich verbitte mir eine Diskussion hierüber«, sagte er. »Eine Klärung dieser Fragen dient der Systemsicherheit und ist mit einer Alpha-Order belegt. «

Er blickte Marin und Gareck ernst an.
»Falls sie sich weiter stur zeigen, dann kann ich sie auch auf einem fernen Asteroiden verbannen, auf dem sie ihre Forschungen weiterführen können«, erklärte er. »Habe ich mich deutlich ausgedrückt? «

»Wir akzeptieren unter Protest«, erwiderte Gareck. »Unser Auftrag lautet, für das Neue-Imperium die Technik weiterzuentwickeln und nicht an Expeditionen teilzunehmen. «

»Sie werden schon auf ihre Kosten kommen «, lächelte Thoran.

Er zog den silberblauen Nadelstrahler aus seiner Uniformtasche und warf ihn Marin zu.

»Hier haben sie ein Artefakt, das nach ihren Äußerungen nicht mehr existieren sollte«, teilte der Lantraner mit. »Es handelt sich um den legendären Nadelstrahler der Raguner. Obwohl dieser nur einen sehr dünnen Strahl abschießt, durchdringt er die meisten Materialien problemlos. Ich habe ihn von unseren Wissenschaftlern überprüfen lassen. Wir finden keinen Energiekristall in seinem inneren Gehäuse, oder eine andere Energiequelle. Trotzdem ist der Strahler aufgeladen und betriebsbereit. «

Marin und Gareck schauten sich den Strahler interessiert an.

»Er wird eine andere Energiequelle besitzen«, erklärte Marin. »Anders lässt sich seine Funktion nicht erklären. Auch die Raguner mussten sich an den Naturgesetzen der Physik orientieren. «

»Das ist uns bewusst«, antwortete Heran. »Hier haben wir eine völlig fremdartige Technik, die uns alle vor ein

Rätsel stellt. Vielleicht finden sie mehr heraus als unsere besten Wissenschaftler.«

»Ist von dieser Technik noch mehr vorhanden?«, erkundigte sich Marin.

»Damals war der ganze Stützpunkt in einem gut erhaltenen Zustand«, beteiligte sich Atlanta an dem Gespräch. »Thoran und ich hatten den Eindruck, als ob er kontinuierlich gewartet wurde.«

»Das würde bedeuten, dass dort jemand den Wartungsprozess steuert«, sagte Major Travis. »Laut unseren bisherigen Informationen sind die Raguner aber ausgestorben. Wer kann das gewesen sein?«

»Wir wissen zu wenig von dieser mystischen Rasse«, erwiderte Thoran. »Sie haben einen Kontakt zu uns stets abgelehnt. Wir haben also nie Gelegenheit gehabt, ihren Planeten anzufliegen. Es gelang uns zu keiner Zeit, ihre bemerkenswerte Technik zu untersuchen.«

»Nur durch Zufall wurde der Stützpunkt von uns vor 150.000 Jahren gefunden«, ergänzte Atlanta. »Thoran wollte die Ureinwohner der Insel studieren. Wir stießen auf einen Clan, der sich Kombrogi nannte. Sie teilten uns mit, dass zwei ihrer Freunde eine Höhle entdeckt hätten, aus der sie nicht zurückgekommen waren. Wir boten ihnen unsere Hilfe an und stießen auf diese unterirdische Anlage. Nach der Überwindung der Sperrfallen, die vermutlich Tiere, oder auch die Eingeborenen an einem Eintreten hindern sollten, sahen wir eine humanoide Person durch einen Transmitter flüchten.«

Thoran nickte und ergänzte die Erklärung.
»Die Eingeborenen nannten sie Midir«, sagte er. »Es schien eine wichtige Gottheit von ihnen zu sein. In natradischen Aufzeichnungen wird dieser Name mit einem frühkeltischen Gott der Unterwelt in Verbindung gebracht. Er sollte als Herrscher über ein Wunderland mit Namen Mag-Mor regieren. Er wurde als jugendlich und schön beschrieben, mit langen goldenen Haaren, leuchtend blauen Augen. In der Regel kleidete er sich in purpurfarbene Gewänder. In seinen Händen trug er einen Speer und ein goldenes Schild, auf seinem Rücken ein glitzerndes Langschwert.

So wie die Schwerter, die wir später in einem separaten Raum fanden. Die Eingeborenen erklärten uns, dass sein Auftreten stets edel und freundlich wirkte. Laut den Überlieferungen ihrer Vorväter sollte er ein Schloss auf einer Insel besitzen und sich um die großen Hallen der Unterwelt kümmern. Zur Warnung für Reisende und Ungläubige wurden an den unterschiedlichen Eingängen zu seinem Reich jeweils drei Kraniche zur Wache aufgestellt. Angeblich ist Midir sehr scheu und zeigt sich nur selten. Den Einlass in sein Reich gewährt er nur besonderen auserwählten Personen.«

»Das sind Sagen und erdachte Überlieferungen«, sagte Marin. »Die Eingeborenen wussten es nicht anders.«

»Seltsamerweise haben wir aber diese Person mit eigenen Augen gesehen«, rechtfertigte sich Atlanta. »Sie sah genauso aus, wie von den Kombrogi beschrieben. Sein roter Umhang wehte im Wind, als er vor uns flüchtete.«

Sie zeigte auf den Laserstrahler.
»Ein einfacher Strahl aus dieser fremden Waffe ließ meinen natradischen Individual-Schirm sofort kollabieren«, ergänzte sie. » Das hat nichts mit Mythen und Sagen zu tun.«

»Trotzdem bezweifeln wir, dass es sich bei der Person um einen Raguner gehandelt haben kann«, sagte Gareck. »Wie sollte er nach dem Untergang ihres Planeten eine so lange Zeit überlebt haben?«

»So kommen wir nicht weiter«, bemerkte Gildor Barenseigs. »Atlanta und Thoran haben eindeutige Berichte vorgelegt. Wir werden versuchen, den Eingang der Höhle zu finden und freizulegen. Falls die Höhle nicht eingestürzt ist, werden wir uns selbst von den verborgenen Schätzen überzeugen. Gibt es sonst noch etwas Wissenswertes? Sind in der terranischen Literatur Hinweise auf die Raguner zu finden?«

Major Travis schüttelte seinen Kopf.
»In unseren Archiven sind keinerlei Hinweise auf diese Rasse vermerkt«, antwortete er. »Erste Hinweise haben wir erst durch unsere lantranischen Freunde erhalten.«

Admiral Tarin hatte die ganze Zeit zugehört.
»Auch ich besitze keine Informationen über eine Rasse, die sich Raguner nannten«, erklärte er. »Falls wir überhaupt an weitere Daten kommen wollen, sollte Noel einige geheime Archive unseres ehemaligen Kaisers öffnen. Diese wurden extern gelagert und verstehen sich nicht als ein Bestandteil des regulären Speichers der natradischen Hypertronic-KI. Durch sein lebenserhaltendes Artefakt versteht es sich von alleine, dass unzählige Speicherblöcke von dem natradischen Geheimdienst angelegt wurden. Vielleicht finden wir hier weitere Daten auf diese Rasse.«

Major Travis blickte Noel an.
»Warum sind mir diese Informationen nicht bekannt?«, erkundigte er sich.

Noel erwiderte seinen Blick.
»Geheime Informationen standen lediglich dem Kaiser zur Verfügung und waren nicht der allgemeinen Öffentlichkeit zugänglich«, erklärte der Kunstklon. »Diese Speicherblöcke wurden nur an die Hypertronic-KI angeschlossen, wenn der Kaiser den ausdrücklichen Befehl hierzu gab. Meine Mutter erhielt in diesem Fall einen Befehl, die benötigten Daten für den Kaiser aufzubereiten. Sie durfte jedoch diese sensiblen Informationen zu keiner Zeit abspeichern. In der langen Zeit der Abwesenheit von Admiral Tarin sind die externen Speichereinheiten nicht mehr benötigt worden. Sie gerieten in Vergessenheit.«

»Ich verstehe«, antwortete der Major. »Der Deaktivierungs-Befehl von Admiral Tarin für alle Hypertronic-KI's des Imperiums hatte sicherlich auch hierzu beigetragen, dass sich niemand mehr für die Daten interessierte.«

Admiral Tarin zuckte mit seinen Schultern.
»Der Befehl konnte nur einheitlich an alle imperialen Hypertronic-KI's übermittelt werden«, erklärte er. »Eine Einzelprogrammierung wäre zu der damaligen Zeit zu aufwendig gewesen. Unsere Evakuierungs-Flotte wartete bereits startbereit. Die überlebenden Natrader hatten

nur einen Wunsch. Sie wollten unverzüglich das Sol-System zu verlassen.«

»Ihnen kann man keinen Vorwurf machen«, antwortete Major Travis. »Sie standen vor den Trümmern ihrer Heimatwelt. Zu diesem Zeitpunkt wussten sie nicht, ob sich hier noch einmal intelligentes Leben entwickeln würde.«

Er blickte die Gäste an.
»Wir werden morgen versuchen den Eingang zu dieser verborgenen Station zu finden«, ergänzte der Major. »Alles Weitere sind im Moment Spekulationen. Dann werden wir feststellen, ob die Höhle noch existiert. Nach meiner Meinung wäre es ein Wunder. Auch Tarid wurde unter dem Angriff der Rigo-Sauroiden schwer gezeichnet.«
Er lächelte die Gäste an und blickte auf seine Uhr.
»Heute Abend laden wir sie zu einem Essen in das Kasino von Atlantis ein«, sagte er. »Seien sie unsere Gäste und genießen sie frische Speisen und kühle Getränke.«

Beifall wurde laut. Die Gäste nahmen das Angebot gerne an.

»Ich bitte Atlanta, Senga-Ho und Thoran, unsere Gäste dorthin zu begleiten«, ergänzte er.

Die Angesprochenen nickten ihm freundlich zu.

Er blickte sich um und winkte Lorin zu. Diese stand auf und kam auf den Major zugeschritten, der sich Admiral Tarin zugedreht hatte.

»Wir werden noch kurz den Kaiser aufsuchen und ihn befragen«, entschied der Major. »Ich hoffe inständig, sie begleiten mich? «

»Muss das sein? «, fragte der Admiral. » Ich möchte mit dieser Person nichts mehr zu tun haben. Nach den heutigen Erkenntnissen hat er uns immer hintergangen. «

»Ich kann sie beruhigen«, antwortete der Major. » In den unterschiedlichen Adelsdynastien auf Tarid war es im Mittelalter auch nicht anders. Es gab nur wenige Alleinherrscher, die nicht gegen ihr Volk regiert haben. «

»Mir geht es genauso«, sagte Lorin, die an die Seite des Majors getreten war. » Ich empfinde nur noch Verachtung für Quoltrin-Saar-Arel. Er hat mein Amazonen-Heer auf dem Gewissen. «

Major Travis bat Sirin und Noel zu sich. Auch Heinze kam auf den Major zugeschritten.

»Ich möchte, dass ihr mich, Lorin und Admiral Tarin begleitet«, sagte er. »Wir werden dem Kaiser einen Besuch abstatten und ihn nach den Ragunern befragen. Vielleicht zeigt er sich kooperativ und gibt uns einige Hinweise.«

»Ich bringe sie zu ihm«, stellte Noel fest. »Er wird von ihrem Besuch sicherlich überrascht sein.«

»Warum denken sie das?«, erkundigte sich Sirin.

Noel blickte sie an.
»Weil er bisher, außer von Ärzten, keinen Besuch von unseren Führungs-Offizieren erhalten hat«, erklärte er. »Er wird sich ärgern, dass seine Person so wenig Beachtung findet.«

»Leider haben sich die Ereignisse in den letzten Wochen überschlagen«, bemerkte Major Travis. »Wir hatten alle Hände voll zu tun. Aber ich werde den Kaiser beruhigen. Wir werden ihn noch intensiv vernehmen.«

Er blickte Sirin, Admiral Tarin und Noel an.
»Sie wissen, dass in Kürze eine Grundsatzentscheidung getroffen werden muss«, sagte er. » Ihr Kaiser muss sein

lebenserhaltendes Artefakt aufsuchen, ansonsten wird er sterben.«

»Dann lassen wir ihn sterben«, fluchte Lorin. »Etwas anderes hat er nicht verdient.«

Major Travis schaute sie an.
»Sie müssen ihre Vergangenheit bewältigen«, erklärte er. »Nur so können sie die Zukunft meistern. Wir brauchen zuverlässiges Personal, das den Blick nach vorne richtet. Der Tod des Kaisers ist keine Option für uns.«

Lorin senkte ihren Kopf.
»Ich bitte um Entschuldigung«, flüsterte sie. »Meine Erinnerungen sind noch sehr frisch. Mit meiner ehemaligen Amazonentruppe, verlor ich meine besten Freundinnen. Es fällt mir sehr schwer, zukünftig auf sie verzichten zu müssen.«

Admiral Tarin legte ihr eine Hand auf ihre Schulter.
»Glauben sie wirklich, uns geht es anders?«, fragte er. »Wir verstecken lediglich unsere wahren Gefühle. Sagen sie sich eines. Wir leben noch und sind nicht besiegt. Das Leben findet einen Weg, sich neu zu entfalten. Dank unserer Freunde von Tarid entsteht in diesem Sol-System ein gewaltiges Neues-Imperium. Den Samen hierfür haben sie und ich, ebenso wie alle Natrader gelegt. Im

Rahmen ihrer Flucht von Natrid haben sie es auf diesen Planeten geschafft. Es gelang ihnen, sich vor den Bodentruppen der Rigo-Sauroiden zu verstecken und sich später mit den Ureinwohnern dieses Planeten zu vermischen. Genau genommen existiert unser natradisches Volk in den Menschen von Tarid weiter. In der heutigen Zeit, nicht nur im Sol-System, sondern es gedeihen unzählige natradische Splitterrassen im Universum, die sich von ihren Planeten aufmachen, um es zu erforschen. «

***

Vor den Cambrian-Mountains, nahe der höchsten Erhebung des Berges Pumlumon, war ein Aufmarsch von technischen Spezialisten und Fachleuten der EWK festzustellen. Transportgleiter lieferten in kurzen Zeitabständen Spezialgeräte an, die in dem errichteten Basislager und einer Zeltstadt installiert wurden. General Poison hatte die Vorbereitungen für die geplante Mission bereits in Gang gesetzt. Das militärische Lager wurde von vier Spezialeinheiten des ISD besetzt, die von Oberst Cameron aktiviert in das Gebiet beordert worden waren. Sie sollten für den Schutz der Wissenschaftler sorgen, falls sie nicht nur vergilbte Tongefäße aus der grauen Vorzeit bergen sollten.

Obwohl die englische Regierung ihre volle Unterstützung zugesagt hatte, verpflichtete General Poison alle Beteiligten zu einer rigorosen Geheimhaltung. Der Aufmarsch von unzähligen Radiostationen und TV-Reportern musste unter allen Umständen verhindert werden. Mehrere Geschwader Tarin-Jets sicherten weiträumig den Luftraum und zwangen anfliegende Privatmaschinen zum Abdrehen.

Der General hatte beschlossen, die Weltöffentlichkeit nicht zu verunsichern. Erst sollte von den Spezialisten geprüft werden, ob die Höhle, die Gänge und die geheime Station noch existierten. Ferner musste geprüft werden, ob überhaupt eine Gefahr von ihr ausging, oder ob es sich lediglich um einen Fluchtstützpunkt handelte.

Derzeit bereiteten Spezialmaschinen der EWK ein provisorisches Landefeld für mehrere Raumschiffe und Gleiter vor. Die Erdverschiebungen waren fast abgeschlossen worden. Jetzt verdichteten gewaltige Glasierungs-Lasermaschinen von Natrid die Oberfläche und machten aus ihr eine fast unverwüstliche tragfähige Kruste.

Der Bereich um die Cambrian-Mountains war zu einer geheimen Baustelle geworden. Arbeits-Roboter entluden zahlreiche Frachtgleiter und beförderten Maschinen,

Geräte und Material zu den wartenden Experten. Zwischen ihren Beinen liefen Wissenschaftler in weißen Kitteln herum, die Vorbereitungen für das Eintreffen von Marin und Gareck trafen. Alle Teams bereiteten sich auf das morgige Eintreffen des Expeditionsteams vor. Ein moderner schwarzer Truppentransporter setzte zur Landung an.

An dem tiefschwarz lackierten Gleiter prangerte beidseitig des Logo des Neuen-Imperiums von Natrid und Tarid. Die am Boden arbeitenden Personen blickten respektvoll auf den landenden Gleiter. Kaum auf dem Boden aufgesetzt, öffnete sich das Schott und Sergeant Hardin sprang heraus. Ihm folgten zwei Einheiten Marines und 48 Kampf-Roboter des Typs Shy-Ha-Narde. In großen Schritten formierten sie sich in einer Reihe.

Sergeant Hardin blickte sich um. Ein Offizier des ISD kam auf ihn zugeschritten. Gebührend salutierte er vor dem Sergeant.

»Mein Name ist Leutnant Hobbs«, stellte er sich vor. »Ich gehöre zum Sonderkommando des ISD. «

Sergeant Hardin erwiderte den Gruß.
»Es freut mich sie kennenzulernen«, antwortete er. »Wir sind für die Sicherheit von Major Travis und seinen

Begleitern zuständig. Das Expeditionsteam wird von uns in den inneren Bereich begleitet.«

»Ich verstehe«, sagte Leutnant Hobbs. »Bisher dachte ich, dass diese Aufgabe von meinen Leuten durchgeführt wird?«

Leutnant Hardin schüttelte seinen Kopf.
»Leider nicht«, antwortete er. »General Poison hat entschieden, dass die Sicherheit der Führungskräfte des Neuen-Imperiums von mir und meinen kampferfahrenen Marines durchgeführt wird. Wir haben entsprechende Einsätze bereits erfolgreich absolviert und waren auch im Außeneinsatz auf fremden Planeten.«

Sergeant Hardin zog eine Infofolie aus seiner Innentasche und überreichte sie dem Leutnant.

»Hier ist der eindeutige Befehl«, sagte er.
Der Leutnant warf einen Blick auf die Order und nickte.

»In Ordnung«, antwortete er. »Wir sorgen außerhalb des Gebirges für Ordnung.«

»Danke«, lächelte Sergeant Hardin. »Ich weiß, dass ich mich auf sie verlassen kann. Wo können wir uns einrichten?«

»Nehmen sie das vorderste Zelt, mit dem vorgelagerten runden Alu-Bau«, teilte Leutnant Hobbs mit. » Das ist ihre provisorische Kommandozentrale. Wir haben ihnen bereits alles aufgebaut und eingerichtet. «

Sergeant Hardin nickte anerkennend.
»Wie können wir das wieder gutmachen? «, erkundigte er sich. «

»Vergessen sie es«, antwortete der Leutnant. »Melden sie sich, wenn sie weitere Hilfe benötigen. Ich ziehe mich jetzt zu meinen Einheiten zurück. Wir haben noch einige Arbeit vor uns liegen. «

»Danke für ihre Hilfe«, erwiderte der Sergeant.
Leutnant Hobbs drehte sich ab und schritt schnellen Schrittes seinen Leuten entgegen.

Sergeant Hardin drehte sich zu seinen Marines und Kampf-Robotern um.

»Wir richten uns in dem Kommandozelt des ISD mit der operativen Einsatzzentrale ein«, befahl er. » Bringt alle Gerätschaften dorthin und installiert die Materiescanner.

« Die Marines bestätigten den Befehl und luden ihre Gerätschaften aus. Die Kampfroboter rückten zu dem Kommandostand vor und sicherten ihn ab.

An unterschiedlichen Stellen des Gebirges erwachten versteckte unbekannte Sensoren zum Leben. Sie waren durch die näherkommenden Bewegungen des Aufmarsch-Kommandos der Wissenschaftler und Techniker aktiviert worden. Noch nie waren so viele Lebewesen in die Nähe des sensiblen Bereiches gekommen. Die fremdartigen Geräte waren bisher noch nicht oft aktiviert worden. Bisher galt diese Region als eine einsame und verlassene Gegend.

Die Sensoren hatten nur die Aufgabe, zu überwachen und alle Aktivitäten an den einsamen Wächter zu melden. Auch nach den vielen Tausenden von Jahren der Abwesenheit ihrer Erbauer, erfüllten sie jetzt präzise ihre Aufgaben. Auch. Das kleine Kontrollmodul wertete die eingehenden Meldungen aus. Die Mini-KI war erschreckt über die Anzahl der stetig einströmenden Informationen. Nach einer kurzen Analyse der Daten entschloss sie sich, den Gefahrenfall geltend zu machen. Sie aktivierte das Netzwerk zu der zentralen Hypertonic-KI der Station und zu dem Wächter, der immer noch in seinem lebenserhaltenden Sarkophag lag.

Vorsichtig bewegte sich die humanoide Person. Ein Impuls hatte sie berührt. Geräte setzten ein und hauchten ihm Leben ein. Angenehme Wärme strich über den männlichen Körper und beendete die lange Einsamkeit, in die er sich selbst begeben hatte. Langsam setzte seine Gehirntätigkeit ein.

»Wie viel Zeit ist vergangen?«, war sein erster Gedanke. Er wusste es nicht.
»Die Vergangenheit ist vorüber, jetzt beginnt die Gegenwart«, dachte er.

Vorsichtig bewegte er sich. Wie Messerstiche zogen sich Schmerzen durch seine Glieder. Er öffnete seine Augen zu kleinen Schlitzen. Helles Licht ließ ihn verharren. Die Helligkeit brannte in seinen Augen.

»Es müssen viele Hunderte von Jahren vergangen sein«, bemerkte er. »So schmerzvoll war meine Erweckung noch nie. «

Wieder registrierte er die Warnmeldungen der Sensoren, die über dünne Leitungen mit seinem Kopf verbunden waren. Die Übertragungen konnte er noch nicht verarbeiten. Sein erster Versuch endete erfolglos. Sein geistiges Potenzial konnte die Bilder noch nicht zuordnen.

Leise fluchte er vor sich hin.
»Warum ausgerechnet ich? «, fragte er sich. »Meine Artgenossen haben mich als Wächter für die Ewigkeit bestimmt. Ich sollte diesen Stützpunkt für ihre Rückkehr instandhalten. «

Doch er wusste, dass sie schon lange nicht mehr da waren. Niemand konnte ihm erklären, warum sie nicht mehr zurückkamen.

Mühsam hob er seinen rechten Arm. Die sechs Finger seiner Hand suchten nach einer Taste, die den Deckel seines Sarkophags öffnete. Endlich hatte er sie ertastet. Sie fühlte sich warm an. Vermutlich leuchtete sie bereits eine längere Zeit. Er drückte auf sie.

Leise summend schob sich der Deckel seines lebenserhaltenden Gerätes zur Seite. Abgestandene Luft strömte in das Gerät. Vorsichtig öffnete er seine Augen. Die Schmerzen waren verflogen. Das Licht war dämmrig.

»Alles sieht so aus, wie bei meiner letzten Kontrolle«, dachte er. »Nichts hat sich verändert. «

Er blickte auf einen roten Zeitanzeiger und stutzte.
»Das ist eine unplanmäßige Erweckung«, registrierte er. »Die Zeit ist 75.000 Sonnenwenden weitergelaufen«

Noch fühlte er sich zu erschöpft, um sich aufzurichten. Er suchte nach einem weiteren Knopf und drückte ihn. Leise lauschte er auf Geräusche. Er hörte ein Knistern und ein Rascheln. Dann das Kratzen von vielen Füßen. Vier seltsame Medi-Roboter blickten in den Sarkophag.

»Ich bin schwach«, sprach er sie leise an. »Helft mir aus dem Gerät.«

Zahlreiche Arme griffen nach ihm und richteten seinen Oberkörper auf. Dann halfen die Roboter dem Wächter, langsam aus dem lebenserhaltenden Gerät zu steigen.

Er stand wackelig auf den Beinen. Die Roboter stützten ihn und halfen ihm bei dem Weg zu einer kompakten Liege auf einem Metallgestell.

Langsam legte sich der Wächter waagerecht auf die Liege. Die Roboter schlossen Leitungen an und injizierten ihm ein Serum. Er ließ es geschehen. Langsam kamen seine Lebensgeister zurück. Der Wächter drehte seinen Kopf und sah, wie sein rosafarbenes Blut durch eine Maschine lief. Er wusste, dass es grundlegend gereinigt wurde.

Geräusche über ihm ließen ihn aufblicken. Ein Körperscanner rotierte oberhalb von ihm und scannte seine Körperfunktionen. Ein weißer Scanner-Strahl erfasste jeden Bereich seines Körpers. Erneut erhielt er von einem der Roboter eine Injektion.

»Mein Name ist Midir«, erinnerte er sich. »Ich bin der Wächter dieser alten Station und erhalte sie für unsere Herren. Sie versprachen mir, irgendwann zurückzukehren und ihr Herrschaftsgebiet wieder zu übernehmen. «

Er zuckte kurz zusammen, als ein Roboter einen kleinen runden Signalgeber rückseitig in seinem Hals verankerte. Der leichte Energiestoß ordnete sein Gedächtnis. Sein Blick klärte sich. Die Erweckung hatte ihn unerwartet getroffen.

»Es war nicht ein Befehl der Erbauer gewesen«, dachte er. »Sie sprechen in einer anderen Sprache zu mir. Es muss sich um einen Notfall handeln. «

Er dachte an seine letzte Erweckung zurück. Diese lag 75.000 Jahre zurück.

»Die Prüfung und Wartung der Einrichtung lief damals problemlos ab«, erinnerte er sich. »Doch 25.000 Jahre vorher wurde ich auch bereits unplanmäßig erweckt. Der dritte Planet dieses Systems lag unter dem Laser-Feuer einer fremden Rasse. Die Verteidiger des vierten Planeten unseres Sternen-Systems, versuchten sich erfolglos gegen fremde Angreifer zu wehren. Doch sie waren in der Unterzahl. Mit den wenigen Schiffen ihrer Heimat-Verteidigung konnten sie unmöglich alle Angreifer aufhalten.«

Er kannte nicht den Namen dieser Rasse. Diese Erkenntnis hatte ihn nie interessiert.

»Doch ich registrierte damals, dass ich zusätzliche Schutz-Maßnahmen ergreifen musste«, erinnerte er sich. » Ich aktivierte zusätzliche Energiemeiler für das Gebirge, in dem die Station meiner Herren lag. Ein starker Schutzschirm legte sich um den Bergrücken und verschloss alle Eingänge. Er stabilisierte das Gebirge und die Station gegen einen möglichen Einsturz. Die auftreffenden Energiestrahlen wurden von dem Schirm unsichtbar für Außenstehende abgeleitet und als Energie an die internen Generatoren meiner Herren weitergegeben.«

Midir erinnerte sich wieder an alle Einzelheiten.
»Falls dieser Fluchtplanet akut gefährdet worden wäre, dann hätte ich eingegriffen und die fremde Flotte der Angreifer ausradiert«, lächelte er. »So sah es der Befehl meiner Herren vor. Doch die Analysen der Scanner dieses Stützpunktes wiesen zu keiner Zeit eine übermäßige

Gefährdung des Planeten aus. Ein Eingreifen war daher nicht notwendig gewesen. Hinweise auf diese Station durften anderen Rassen nicht bekannt werden.«

Er bemerkte, wie ihn ein weiterer Energie-Impuls streifte. Die Außen-Sensoren waren auf ihn ausgerichtet. Sie hatten die Aufgabe, ihm außergewöhnliche Aktivitäten zu melden und seine Schlafphase in kritischen Situationen zu unterbrechen. Erste Bilder fluteten sein Gehirn. Er nahm die Humanoiden wahr, die außerhalb des Gebirges Gerätschaften auffuhren. Er beunruhigte sich etwas.

»Sollten schon wieder intelligente Humanoiden diesen Planeten bevölkert haben?«, dachte er.» Nach meinen Informationen sollte er als gereinigt gelten.«

Seine Fähigkeiten kamen langsam zurück. Er lernte dazu und analysierte die aktuelle Situation. Niemand durfte die aufwendig angelegte Unterwelt und das Wunderlandes Mag-Mor betreten.

Er nahm die humanoiden Wesen wahr, die sich außerhalb des Gebirges sammelten. Vorsichtig tasteten sich seine physikalischen und fundamentalen Kräfte vor und strichen über die Körper der Geschöpfe. Er nahm ihre Wärme und ihren Ehrgeiz in sich auf.

»Die Schöpfer haben mich erschaffen, um zu verhindern, dass andere Rassen sich ihrer Errungenschaften bereichern«, dachte er. »Doch in all den langen Jahrtausenden konnte ich nur Hass in mich aufnehmen. Heute erstmals empfinde ich etwas anderes. Liebe, Glück und Zufriedenheit strömen auf mich ein. «

Midir erweiterte seine Gefühle und entspannte sich.
»Das sind keine Feinde«, registrierte er. »Es sind Kinder dieses Planeten. Sie sind erwachsen geworden und stellen Fragen. Das ist keine Widersprüchlichkeit gegenüber den Wünschen meiner Schöpfer. «

Er entschloss für sich abzuwarten und zu beobachten. Viel zu lange war er schon auf dieser Welt als Wächter eingesetzt. Midir hatte diesen Planeten lieben und schätzen gelernt. Während seinen unterschiedlichen Wach-Phasen, hatte er begeistert die neue Evolution studiert und einzelne Exemplare unterschiedlicher Gattungen untersucht. Nur selten hatte er Kontakt zu den humanoiden Einwohnern aufgenommen und ihnen hilfreiche Informationen anvertraut.

Er wusste, dass sie ihn als Gottheit verehrten. Niemals hatte er seine Hand gegen sie erhoben. Leider musste er mit ansehen, wie viele seiner geschätzten Clans untergingen, oder von anderen aggressiven Horden niedergemetzelt wurden.

Er erinnerte sich an die kalten Zeiten dieser Welt. Diese klimatischen Veränderungen schrieb er dem Angriff der fremden Wesen vor vielen Jahrtausenden zu. Doch irgendwann zog sich das Eis zurück und gab im Norden Berge, Schluchten, dichte Wälder und Wiesen frei. Sie wurden das ideale Rückzugsgebiet für die heranwachsenden Naturvölker dieses Planeten.

Er schmunzelte vor sich hin.
»Die Ureinwohner haben geschafft, sich von diesen eiszeitlichen Lebensbedingungen nicht ausrotten zu lassen«, dachte er. »Die erste typische humanoide Lebensform dieser Insel war klein und stämmig, im Schnitt etwa um die 160 Zentimeter groß. Sie war kräftig, muskulös und mit einem robusten Knochenbau ausgestattet. Besonders auffallend war ihr langer gestreckter und flacher Schädel. Meine Untersuchungen ergaben, dass ihr Gehörsinn exzellent ausgeprägt war und ihre Augen in der Dämmerung gut sehen können. «

Er überlegte kurz.
»Vor 150.000 Jahren breitete sich diese neue Art von humanoider Lebensform immer weiter aus«, erinnerte er sich? »Sie unterschied sich von den Ureinwohnern durch

einen aufrechten Gang, aber auch von dem Aufbau des Schädels her. Er war größer und runder. Ihr ganzer Körperbau ähnelte mehr dem Körperbau meiner geflüchteten Herren.«

Wieder suchte er nach Erklärungen in seiner Vergangenheit. Dann schüttelte er seinen Kopf.

»Bei meiner letzten Erweckung vor 75.000 Jahren konnte ich noch keine große Intelligenzfindung bei den Eingeborenen registrieren«, rekonstruierte er. »Warum haben sie jetzt einen so gewaltigen Sprung gemacht?«

Er nahm sich vor, der Angelegenheit auf den Grund zu gehen.

***

Noel hatte seine Begleiter durch das Transmitter-Zentrum der Atlantis-Basis in die unterirdische Natridstadt Tattarr überführt. Tiefe 80 Kilometer unter der Oberfläche, hatte diese Stadt während der radioaktiven Verseuchung durch den Angriff der Rigo-Sauroiden den überlebenden Natradern Schutz geboten. Noch immer liefen die Instandsetzungen und die Erweiterungen der alten Stadt auf Hochtouren. Ein Ende der Baumaßnahmen zeichnete sich nicht ab. Die unterirdische Stadt fungierte wieder als imperiale Leitstelle des Neuen-Imperiums. Aus diesem Grunde siedelten immer mehr irdische Firmen an, welche die Nähe zu der Kommandostelle des Imperiums suchten.

Unzählige Arbeitskräne, Baumaschinen, Gerüste und Abzäunungen waren in der Stadt zu erkennen. Über 120 schwere Bohrfräser für den Untertagebetrieb fraßen sich in das Natrid-Gestein und erweiterten den 600 Kilometer großen Hohlraum auf die geplante Größe von 700 Kilometern. Bohrspezialisten von Tarid wurden von Hundertschaften natradischer Arbeitsrobotern unterstützt. Diese bedienten natradische Räummaschinen und transportierten den Steinbruch aus dem Bereich der Baustelle in wartende Transportgleiter. Waren die Gleiter gefüllt, starteten sie und flogen durch die Schleuse an die Oberfläche von Natrid. In einem ausreichend entfernten Krater ließen sie den Bauschutt kontrolliert abregnen.

Admiral Tarin trat von dem großen Fenster des imperialen Verwaltungsturms zurück und blickte Noel und Major Travis an.

»Ich bin begeistert, was sie hier alles erschaffen haben«, sagte er. »Damals hätte ich niemals gedacht, dass Tattarr noch einmal als Leitstelle für ein großes Imperium dienen könnte. «

Major Travis nickte.

»Ich habe ihnen das Angebot unterbreitet uns zu unterstützen«, erwiderte er. »Bleiben sie hier und helfen sie uns bei dem Aufbau des Imperiums. Ihre Kenntnisse wären uns eine große Hilfe. Von ihrer starken Flotte ganz zu schweigen. «

»Sie wissen, dass wir uns eine Aufgabe gestellt haben«, antwortete Admiral Tarin. »Wir werden die Rasse suchen, die sich hinter den Rigo-Sauroiden versteckt und den Befehl zum Angriff auf Natrid gegeben hat. Sie werden von uns für ihre Tat zur Rechenschaft gezogen. Wenn diese Aufgabe erledigt ist, kann ich mir realistisch vorstellen, ihr Angebot anzunehmen. In den wenigen Tagen, die wir bei ihnen verbringen durften, konnten wir lernen, wie angenehm das Leben bei ihnen ist. «

»Es ist ihre Entscheidung«, lächelte Major Travis. »Doch verrennen sie sich nicht in ihre Mission. Brechen sie ab, wenn sie erkennen sollten, dass die von ihnen gesuchte Rasse ihrer Flotte mengenmäßig überlegen ist. Kommen sie zu uns zurück. Wir werden dann gemeinsam eine Lösung suchen. «

Der Admiral dachte kurz nach und nickte.

»Danke für das Angebot«, entgegnete er. »Ich habe an dem Beispiel der Adramelech-Mission erkannt, was eine Gemeinschaftsflotte alles ausrichten kann. Wenn wir erkennen sollten, dass wir nichts gegen den vermeintlichen Gegner ausrichten können, werden wir sicherlich unser weiteres Vorgehen mit ihnen besprechen.«

»Hier geht es entlang«, unterbrach Noel das Gespräch. »Wir müssen zu den Turboliften. Sie bringen uns in das unterste Geschoss unseres Verwaltungsturms. Dort sind immer noch die natradischen Kerker untergebracht.«

Noel hielt von einem großen Lift an und drückte die Anforderungstaste.

»Verwenden sie keine Antigravitations-Schächte mehr?«, fragte der Admiral.

Noel schüttelte seinen Kopf.
»Die Turbolifte haben sich für die Menschen von Tarid als besser herausgestellt«, antwortete er. »Sie überbrücken die Strecke wesentlich schneller als die alten Schächte.«

»Ich verstehe«, antwortete der Admiral.
Noel, Lorin, Sirin, Admiral Tarin, Heinze, Major Travis und Tart 1 und Tart 2 traten in den geräumigen Lift.

Noel drückte auf die unterste Taste. Der Lift musste 56 Stockwerke überbrücken. Die Türen schlossen sich und der Lift setzte sich kaum spürbar in Bewegung. Die sich schnell fortbewegende Digitalanzeige gab Auskunft über die Geschwindigkeit des Lifts. Nach fünf Sekunden war das gewünschte Ziel erreicht. Der Lift bremste ab, die Türen öffneten sich.

Noel und seine Begleiter stiegen aus. Der Kunstklon zeigte auf den modernen Eingangsbereich.

»Dieser Bereich wurde erst seit kurzem renoviert«, erklärte er.»Gemäß den Vorgaben der EWK mussten wir für eine würdige Unterbringung der Gefangenen sorgen. Die kalten Felsenkerker gehören der Vergangenheit an. Unsere Gäste leben seit geraumer Zeit in angenehmen und klimatisierten Unterkünften. «

Major Travis blickte den Admiral an.
»Wir verhalten uns nach den Bestimmungen der UN-Völkerversammlung und beachten die Rechte von Kriegsgefangenen«, teilte er mit.

»Die Gefangenen haben Rechte? «, erkundigte sich Admiral Tarin erstaunt.

Sirin nickte ihm zu.
»Es sind andere Zeiten angebrochen«, erklärte sie. »Auf Tarid gibt es keinen Kaiser mehr. Hier wird in gewissen Abständen eine Regierung vom Volk gewählt. Diese beschließt die Gesetze, vergleichbar mit einem hohen Rat.«

»Ich verstehe«, antwortete der Admiral. »Mehrere Meinungen sind besser als nur eine.«

Major Travis lächelte ihn an.
»In der Regel schon«, antwortete er. »Leider entstehen hierbei auch viele unsinnige Anweisungen, die uns das Arbeiten nicht gerade erleichtern.«

Die Gruppe ging auf eine breite helle Eingangsfront zu. Sie war aus Panzerglas erbaut. Vor ihr standen zwei Marines und zwei Kampf-Roboter Wache. Sie salutierten, als sie Noel und seine Begleiter erkannten.

»Entschuldigen sie«, sagte einer der Marines. »Wir müssen den Worgass-Körperscanner einsetzen und sie überprüfen. Das ist unsere Pflicht.«

Major Travis nickte.
»Führen sie ihre Aufgaben durch«, sagte er. »Die Sicherheit hat Vorrang.«

Der Soldat winkte einen Kampf-Roboter heran, der mit einem Scanner, in der Art eines Tennisschlägers, die Personen überprüfte. Geduldig ließen die Gäste die Abtastungen über sich ergehen.«

»Es ist sehr hilfreich, dass sie den lantranischen Worgass-Scanner immer noch einsetzen«, sagte Thoran. »Man weiß nie, was die Netzwerk-Denker in Andromeda als Nächstes planen.«

»Alles in Ordnung«, lächelte der Marine. »Sie dürfen passieren.«

Freundlich öffneten sie die Glastüren und ließen die Besuchergruppe eintreten. Der helle Innenbereich des Inhaftierungsbereiches war massiv erweitert worden. Linksseitig lagen die Zellen, die nicht mehr durch Türen, sondern durch starke Kraftfelder gesichert wurden. Sie waren milchig gehalten und nicht transparent. Das sollte den Gefangenen eine gewisse Privatsphäre vermitteln. Doch die Zellen waren über 10 versteckte Sensoren einsehbar. Vor jeder Zelle hielten ein Soldat und ein Kampf-Roboter Wache.

Sie beobachteten die Gefangenen über Monitore und ließen sie nicht aus den Augen. Alle vier Stunden wurden sie von einer frischen Einheit abgelöst. So wurde es vermieden, dass sich die Gefangenen gegebenenfalls aus der kargen Einrichtung Werkzeuge erstellen konnten, oder sie sich hiermit absichtlich Verletzungen zuzogen. Rechtsseitig lagen zahlreiche Labore, in denen Ärzte arbeiteten. Sie entnahmen den Gefangenen Blut, oder beobachteten über Gerätschaften ihre Körperfunktionen und ihren Zustand. Bei geringsten Abweichungen wurde der Gefangene in ein Fesselfeld genommen und dem Labor überstellt. Hier wurde nach der Ursache der Verschlechterung des körperlichen Zustandes gesucht.«

»Bisher ist es noch niemanden gelungen aus unserem Inhaftierungsbereich auszubrechen«, erklärte Noel. »Unsere Sicherheitsmaßnahmen wurden optimiert.

Die Besucher staunten über die hellen und sterilen Einrichtungen.

»Über wie viele dieser Verwahrungsräume verfügen sie?«, fragte Thoran.

»Nach unserer Modernisierung exakt über 100 gesicherte Räume«, antwortete Noel. »Man kann diesen Bereich fast schon als einen medizinischen Verwahrungsort betiteln. Derzeit sind aber nur wenige Räume belegt.«

Die Gruppe näherte sich dem Raum 48, in dem der natradische Kaiser lebte. Der vor der Türe stehende Soldat salutierte, als er die Führungs-Offiziere der EWK erkannte.

»Irgendwelche Vorfälle?«, fragte Noel.
»Keine«, antwortete der Soldat. »Nach anfänglichem Geschrei hat sich der Kaiser mit seiner Situation abgefunden.«

»Gut«, sagte Major Travis. »Wir möchten dem Kaiser einige Fragen stellen.«

Der Soldat nickte.
»Professor Zerrutti hat mich gebeten, sie erst zu dem Gefangenen zu lassen, wenn er mit ihnen gesprochen hat«, ergänzte der Soldat. »Er hat wichtige Informationen für sie.«

Major Travis blickte ihn fragend an.
»Rufen sie bitte den Professor«, bat er. »Wir haben nicht viel Zeit.«
Der Soldat nickte, drehte sich um und ging zu dem Kommunikationsgerät, welches vor jedem Zellenraum in die Wand eingelassen war.

»Professor Zerrutti«, sprach er in das Gerät. »Sie werden unverzüglich an Zelle 48 erwartet. Major Travis und Noel erwarten ihren Bericht. Bitte beeilen sie sich. Kommen sie bitte zu Zellenraum 48. «

Der Major blickte Noel an.
»Was kann der Professor wollen? «, erkundigte er sich. » Haben sie Informationen von ihm erhalten? «

»Nein«, antwortete der Kunstklon emotionslos. »Mir sind keine neuen Informationen bekannt. «

Er hob seine Hand und zeigte den breiten Korridor entlang.

»Da hinten kommt der Professor«, sagte er. »Wir werden es gleich erfahren. «

Die Besucher hoben ihren Kopf und sahen, wie ein hagerer, großer Mann mit hellem Haar aus einer verglasten Doppeltüre kam und schnellen Schrittes auf die Besucher zustrebte. Es dauerte nur einen kurzen Moment, bis der Professor die Gäste erreicht hatte. Er lächelte sie an.

»Mein Name ist Professor Zerrutti«, stellte er sich vor. »Ich leite die angeschlossene medizinische Einrichtung dieses Arrestbereiches. Danke, dass sie auf mich gewartet haben.«

Er zeigte auf eine Türe, im Rücken der Besucher.
»Darf ich sie kurz in das Labor bitten«, teilte er mit. »Dort kann ich ihnen meine Beobachtungen besser demonstrieren.«

Ohne eine Antwort abzuwarten, öffnete er die Türe und trat ein. Die Besucher folgten ihm schweigend.

Der Raum war mit medizinischen Geräten vollgestopft. Mehrere Liegen standen in dem Raum, neben denen unterschiedliche medizinische Geräte standen. Drei Intensiv-Körperscanner rundeten die Einrichtung ab. Professor Zerrutti schaltete einen Monitor an. Er blickte zu seinen Gäste.

»Wir haben den natradischen Kaiser Quoltrin-Saar-Arel mehrfach untersucht«, teilte er mit. »Er erfreut sich derzeit noch über eine optimale Gesundheit. Alle Körperfunktionen sind im positiven Wert angesiedelt.«

Er blickte Major Travis und Noel an.
»Sie teilten uns mit, dass der Kaiser zu gegebener Zeit sein lebenserhaltendes Artefakt aufsuchen muss«, ergänzte er. »Es wäre hilfreich, wenn sie uns das Gerät in dieses

Labor überstellen würden. Der Kaiser könnte dann unter unserer Aufsicht das Gerät benutzen.«

»Das lässt sich bewerkstelligen«, antwortete der Major. »Kanzler Admiral Tarn-Lim hat es an uns überführt. Es sollte eigentlich noch von Marin und Gareck überprüft werden.«

»Der Kaiser hat nicht viele Informationen preisgegeben«, bemerkte der Professor. »Zu den wenigen Informationen gehörten die Hinweise auf dieses Artefakt, dass er nach eigenen Angaben alle sechs Monate aufsuchen muss, um seine Zellen aufzufrischen. Falls er diesen Zeitrahmen nicht einhält, wird das nicht wiedergutzumachende Schäden an seinem Körper verursachen.«

Major Travis blickte Noel an.
»Auf welches Alter schätzen sie den Kaiser?«, fragte er.

Noel überlegte kurz.
»Wenn ich von seiner Amtsübernahme ausgehe, dann wird der Kaiser auf ein Alter von 234.000 Jahren zurückblicken können«, antwortete er. »Seit dieser Zeit stand er uns als Regent vor.«

Der Professor pfiff durch seine Zähne.

»Erstaunlich«, sagte er. »Das lässt sich aus seinen Körperfunktionen nicht ableiten. Sie haben Vitalwerte, wie bei einer jugendlichen Person. Ein solches Gerät wäre für die medizinische Forschung interessant. «

»Wir würden es duplizieren, wenn es möglich wäre«, antwortete Major Travis. »Doch dieses Gerät ist von einer uns technisch weit überlegenen Rasse konstruiert. Es lässt sich nicht duplizieren, noch weniger öffnen. Wir haben es versucht, jedoch aktiviert sich hierdurch die Selbstzerstörung. Das wollten wir nicht riskieren. Derzeit wird es ein Einzelstück bleiben. Ebenso wie das Gerät, dass Sirin benutzt. Es scheint von den gleichen Erbauern zu stammen. «

»Warum haben sie um ein Gespräch gebeten? «, fragte Noel. » Wir haben es eilig und möchten noch den Kaiser verhören. «

»Wir haben etwas Eigenartiges in seinem Körper entdeckt«, teilte der Professor mit. »Zuerst glaubten wir an eine Fehlinformation. Unsere Intensiv-Körperscanner schlugen Alarm, doch sie zeigten nichts an. Erst als wir sie mit einem Hochleistungs-Wärmescanner koppelten, erkannten wir erstaunt, dass in dem Kaiser ein unbekannter Parasit lebt. «

»Was meinen sie mit einem unbekannten Parasit?«, fragte Major Travis.

Der Professor drückte auf einen Knopf und spielte ein Bild auf einem Monitor ein. Es zeigte den durchleuchteten Körper des Kaisers und speziell sein zentrales Nervensystem. «

Er wartete einen Augenblick.
»Sie sehen hier das ZNS des Kaisers«, erklärte er. »Fällt ihnen etwas auf? «

Die Anwesenden schüttelten ihren Kopf. Lediglich Noel verschärfte seinen Blick und musterte eine Stelle, die einen kleinen schwarzen Punkt enthielt.

»Was ist das für ein schwarzer Punkt? «, fragte er. » Der gehört nicht dorthin. «

Professor Zerrutti lächelte ihn an.
»Gut bemerkt«, bemerkte er. »Ich vergrößere jetzt diese Stelle. «
Er zoomte das Bild entsprechend. Jetzt sahen die restlichen Besucher es auch.

Der schwarze Punkt sah aus wie eine Spinne, die ihre zahlreichen Arme und Beine um das Nervensystem des

Rückgrats, bis hin in das zentrale Nervensystem des Kaisers gesponnen hatte.

»Es ist kein Tumor und auch keine Wucherung«, teilte der Professor mit. »Es lebt und gibt Reizimpulse an den Kaiser ab. Er wird von diesem Objekt eindeutig beeinflusst. Wir haben versucht es operativ zu entfernen, doch die Gesundheit des Patienten verschlechterte sich zusehends. Kurz vor einem Herzstillstand haben wir die Operation abgebrochen und auf die Entfernung des Parasiten verzichtet. Wir wissen nicht weiter.«

Major Travis blickte Thoran an.
»Ist ihnen so etwas bekannt?«, fragte er. »Können möglicherweise ihre Mediziner hiermit etwas anfangen?«

»Admiral Tarin hat ihnen die Antwort bereits gegeben«, teilte Thoran mit.

Die Gäste blickten den Admiral an.
»Ich befürchte, dass unser lantranischer Freund Recht hat«, antwortete dieser. »Schon wieder müssen wir uns mit den Verflechtungen der Adramelech herumschlagen.«

Er blickte Major Travis an.

»Als ich den Mentor Adra'Sussor unter dem Einfluss unseres Wahrheits-Serums befragte und ich mich nach den Hintermännern seiner Rasse erkundigte, gab er mir folgende Antwort. Unsere Herren nennen sich Arthropoden. Ihre Rasse ist alt und liegt an der Spitze der Evolution. Ihre Körper gleichen einer spinnenartigen Lebensform. Die Eier ihrer Brut werden in ihren wissenschaftlichen Zentren manipuliert. Hieraus entstehen die Samen für die unterschiedlichen Species, die sie im Universum ausstreuen.

Später dienen sie den Arthropoden als Hilfsvölker. Ein Teil dieser Aussaat entwickelt sich zu königlichen Parasiten. Sie besitzen die hoheitliche Aufgabe, die Anführer von starken Zivilisationen zu befallen. Hat sich ein Parasit erst einmal in einem lebenden Körper eingenistet, dann wird dieser von seinen Befehlen gesteuert. Diese Abkömmlinge der Arthropoden sind vergleichbar mit Bewohnern, die sich einen lebenden Körper suchen. Sie sind programmierbar und kennen nur das Ziel die Befehle der Arthropoden umzusetzen. Ich fragte den Mentor, wo finde ich den Lebensraum dieser Arthropoden finden würde? Er antwortete, ihr Lebensraum ist das graue Universum, dort wo alles seinen Anfang nahm. Der Weg dorthin ist schwer zu finden und gut abgesichert. Niemand darf ohne Einladung in die dunkle Zone der Arthropoden einfliegen.«

Major Travis nickte.
»Das teilten sie uns bereits mit«, antwortete er.

Er blickte Thoran an.
»Haben wir es hier mit einem Parasiten der Arthropoden zu tun? «, erkundigte er sich.

»Ich bin fest von hier überzeugt«, erwiderte der Lantraner. »Ich bin selbst einem solchen Wesen noch nicht begegnet. Aber alle Hinweise aus unseren Archiven scheinen auf diese Lebensform zuzutreffen. Wir erkennen die Form einer Spinne, ausgestattet mit vielen Armen und Füßen. Diese verbinden sich mit dem zentralen Nervensystem von ausgesuchten Personen betreffender Species. Sie scheinen über die Nase, Ohren oder den Mund in die ausgesuchten Wirtskörper einzudringen. Ab diesem Zeitpunkt übernehmen sie die Kontrolle über diese Person. «

»Besteht eine Möglichkeit den Parasit zu entfernen? «, fragte Professor Zerrutti.

Thoran blickte auf den Bildschirm und die Verästelungen der Spinne.

»Wenn sie meine ehrliche Antwort hören wollen«, antwortete er. »Vermutlich nicht ohne eine Schädigung des Patienten herbeizuführen. Es müsste eine Lösung gefunden werden, dass sich der Parasit freiwillig aus dem zentralen Nervensystem zurückzieht.«

»Besteht eine Gefahr für uns?«, erkundigte sich Major Travis. »Können sich diese Kreaturen vermehren.«

»Nach unserer Einschätzung nicht«, antwortete Thoran. »Sie werden einzeln und gezielt programmiert. Über eine Möglichkeit der Vermehrung bin ich nicht informiert.«

»Wie soll man gegen einen solchen Gegner kämpfen?«, fragte Lorin. » Vermutlich schleicht er sich an, wenn wir gerade schlafen.«

Thoran nickte bestätigend.
»Das ist die einfachste Art einer Infizierung«, nickte er. »Doch es gab auch Fälle, indem ein Parasit in einem Nahkampf ein Opfer infizieren konnte. Ein Kampf gegen diese Parasiten ist nur erfolgreich, indem wir die Verbreitung stoppen und die Programmierung löschen. Dann werden nach unseren Erkenntnissen diese Parasiten inaktiv. Ob dann auch eine operative Entfernung möglich ist, das entzieht sich unseren Kenntnissen.«

»Isolieren sie den Gefangenen«, befahl Major Travis. »Unser Personal soll einen entsprechenden Abstand zu ihm halten. Ich möchte keine weiteren infizierten Personen haben.«

»In Ordnung«, antwortete der Professor. »Wir werden vorsichtig sein.«

»Was kann dieser Parasit bewirken«, erkundigte sich Sirin. »Hat er noch weitere Eigenarten?«

»Er soll den Träger mit besonderen Gaben ausstatten«, erklärte Thoran. »Aber diese Mythen konnten von unseren Wissenschaftlern nicht bestätigt werden. Wir kamen nie in den Besitz einer lebenden infizierten Person.«

»Wie lange kann dieses Wesen bereits Besitz von unserem Kaiser ergriffen haben«, erkundigte sich Admiral Tarin. » Lässt sich das irgendwie feststellen?«

Thoran zuckte mit seinen Schultern.
»Das ist eine schwierige Frage«, entgegnete er. »Ihr ehemaliger Kaiser ist ein Sonderfall. Es ist möglich, dass die Benutzung seines lebenserhaltenden Artefaktes auch den Parasiten unsterblich gemacht hat. Es gibt keine

auswertbaren Aufzeichnungen hierüber. Warum fragen sie?«

»Dann wäre es durchaus möglich, dass dieses Lebewesen bereits die Entscheidungen unseres Kaisers während des Angriffes der Rigo-Sauroiden beeinflusst hat?«, stutzte der Admiral.

»Denkbar wäre es«, antwortete Heran. »Aber sicherlich wird ihnen der Kaiser keine Auskunft hierüber geben.«

»Welche Entscheidungen könnten das sein«, erkundigte sich Noel.» Ihr Entschluss war es doch, zu der damaligen Zeit mit fast allen großen Schiffen aufzubrechen, um den Heimat-Planeten der Sauroiden zu zerstören. Meine Mutter-KI hat bekanntlich vor diesem Schritt gewarnt. Die verbliebenen Schiffe der Heimatflotte konnten unmöglich die große Anzahl der Schiffe der Sauroiden-Flotte aufhalten. Das sollte ihnen selbst klar sein.«

Admiral Tarin blickte den Kunstklon der natradischen Hypertronic an.

»Bestellen sie ihrer KI einen schönen Gruß von mir«, antwortete er. »So viel weiß ich selbst. Sie sollte besser einmal ihre alten Archive prüfen, ob widersprüchliche Befehle des Kaisers zu finden sind. Welchen Sinn würde es sonst machen, den Kaiser mit diesem Parasiten zu infizieren. Eine weitere Frage ist, wie kommt diese Lebensform in die Milchstraße und in das Sol-System? Sind die Adramelech hierfür verantwortlich, oder eine andere Rasse?«

»Das lässt sich schwer sagen«, beteiligte sich Heran an dem Gespräch. »Diese Lebensform ist ein Untermieter. Sie bleibt so lange inaktiv, bis sie sicher sein kann, die Erfüllung ihrer programmierten Aufträge erfolgreich durchführen zu können.«

Major Travis nickte.
»Das habe ich jetzt auch verstanden«, sagte er. »Es ist also durchaus möglich, dass ihr Kaiser diesen Parasiten von irgendeinem seiner Flüge mitgebracht hat. Die zweite Alternative ist, dass er von den Worgass, oder von den Rigo-Sauroiden eingeschleppt wurde. Auch die dritte Möglichkeit wäre noch zu klären. Vielleicht war er immer schon hier? Das würde bedeuten, dass die Arthropoden über die ganze Galaxie ihre Kreaturen ausgestreut hätten.«

»Das sind aber wirklich haarsträubende Theorien«, bemerkte Thoran. »Unsere Wissenschaftler sind der Meinung, dass diese Lebensform sterblich ist. Vermutlich könnte sie in einer Stasis-Kammer überdauern. Aber wie sollten die Arthropoden den richtigen Zeitpunkt ermitteln, wann sie diese Kreaturen auf ihre Zielpersonen loslassen können? Ich halte die Infizierung ihres Kaisers eher für einen Zufall. «

»Das mag sein«, antwortete Major Travis. »Doch scheint mir diese Kreatur gefährlicher zu sein als alle anderen Gegner, gegen die wir bisher real gekämpft haben. «

Er blickte Heran an.
»Wir haben ja euren Worgass-Scanner erfolgreich im Einsatz«, bestätigte er. » Gibt es einen entsprechenden mobilen Scanner für diese Kreaturen?«

»Nein«, antwortete dieser. »Dafür bestand bisher keine Verwendung. «

»Wir brauchen einen mobilen Intensiv-Wärmescanner«, sagte Professor Zerrutti. »Hiermit konnten wir diese Kreatur erkennen. «

Marin und Gareck werden sich hierum kümmern«, nickte Major Travis. »Das sollten wir selbst hinbekommen. Möglicherweise lässt sich das mit einem Worgass-Scanner kombinieren. Das wäre wesentlich einfacher, als wenn unsere Soldaten mit einem zweiten Gerät ausgestattet würden. «

Noel blickte den Professor an.
»Ich danke ihnen jedenfalls für diese wichtigen Informationen«, sagte er. »Falls sie neue Erkenntnisse haben sollten, informieren sie uns bitte. Bitte nehmen sie an dem Gespräch mit dem Kaiser teil. Ich möchte, dass ein Mediziner anwesend ist. «

»Ich begleite sie«, lächelte Professor Zerrutti. »Der Kaiser wird sich freuen, wenn sie ihn besuchen. «

»Vielleicht kann ich an weitere Informationen gelangen«, sagte Heinze. »Ich kann in sein tiefes Bewusstsein vordringen und seine Gedanken scannen. «

Professor Zerrutti blickte den pelzigen Ro fragend an. Er vermied es jedoch, eine Frage zu stellen.

Major Travis überlegte kurz.
»Mir wäre es lieber, wenn du die Richtigkeit seiner Antworten bestätigen würdest«, erwiderte er. »Wir müssen sicher sein, dass er uns die Wahrheit sagt. Vielleicht wird auch er hierbei von dieser Kreatur manipuliert. «
»Ich kann es versuchen«, antwortete Heinze. »Inwieweit sich diese Kreatur in seinem Gehirn festgesetzt hat, muss ich erst noch klären. «

»Versuche dein Bestes«, sagte der Major. »Jeder neue Hinweis kann wichtig sein. Vielleicht besitzt der Kaiser geheime Informationen über die Koordinaten zu dem grauen Universum, über das der Mentor gesprochen hat. Taste dich vorsichtig vor.«

Professor Zerrutti öffnete die Labortüre. Die Besucher traten heraus. Noel sprach den Soldaten an.

»Informieren sie den Gefangenen, dass wir zu ihm wollen«, sagte er.

Der Soldat drückte auf einen roten Knopf. Innerhalb der Zelle ertönte ein Summer. Auf dem Bildschirm sahen die Besucher, wie der Kaiser zusammenzuckte und aufstand. Der Soldat wartete noch 10 Sekunden, dann drückte er auf einen gelben Knopf. Das Energiefeld fiel in sich zusammen. In Begleitung der Marines und der Kampf-Roboter traten die Gäste in den Raum.

Verächtlich blickte der Kaiser den Besuchern entgegen.
»Da kommt ja die meine Vergangenheit zu Besuch«, sagte er auf Natradisch. »Ihr alle solltet eigentlich gar nicht mehr existieren. Euch habe ich den Untergang des kaiserlichen Imperiums zu verdanken.«

»Reden sie keinen Unsinn«, antwortete Admiral Tarin mit ernster Stimme. »Wir hätten uns besser viel früher von ihnen getrennt. Vielleicht wäre uns dann einiges erspart geblieben. «

»Das denken sie aber nur«, fluchte der Kaiser. »Sie können ihre Fehlentscheidungen nicht auf mich abwälzen. Ich sehe in ihrer Gesellschaft zwei Lantraner. Haben sie es zwischenzeitlich erneut geschafft, sich in unsere Belange einzumischen? «

Thoran und Heran antworteten nicht auf die Anschuldigungen.

Major Travis und Noel traten einen Schritt vor.
»Mein Name ist Major Travis«, stellte er sich vor. »Ich bin der Erbfolgeberechtigter Oberbefehlshaber der vereinigten Natrid & Tarid Streitkräfte und Erhobener im Gefüge der Kaiserkaste mit Rang 1. Bestätigt und eingesetzt von Noel von Natrid. Sie sind rechtzeitig mit ihrer Adelskaste geflüchtet und haben ihr Volk sich selbst überlassen. «

»Ein Barbar von Tarid spielt sich als Oberbefehlshaber über die Hinterlassenschaften von Natrid auf«, antwortete der Kaiser verächtlich. »Er wird begleitet von meiner Cousine, die unfähig war, die sauroiden Angreifer abzuwehren. Lorin, die Anführerin meines Amazonen-Heeres ist lieber geflüchtet, als sich für ihren Kaiser zu opfern. Und zu guter Letzt ist noch Admiral Tarin hier. Er ist der eigentliche Schuldige für den Untergang unseres Imperiums. Früher wären sie alle von mir hier vor Ort exekutiert worden.«

»Dann können wir ja wirklich froh sein, dass sie nichts mehr zu sagen haben«, lächelte der Admiral hämisch. »Viele gute Natrader sind durch ihre Befehle getötet worden. Sie können mir glauben, dass Lorin und ich eigentlich auf ihren Tod aus waren. Leider unterliegen wir der Gesetzgebung des Neuen-Imperiums. Eines kann ihnen aber versichern, sollten wir irgendwann außerhalb der Zone des Neuen-Imperiums auf sie treffen, dann hat ihre letzte Stunde geschlagen.«

»Ich höre nach dieser langen Zeit erstmals wieder ihre Stimme«, sagte Noel trocken. »Früher waren ihre Anweisungen ein ungeschriebenes Gesetz. Doch nach dieser langen Zeit hat sich auch meine Mutter weiterentwickelt. Ich spreche im Namen der großen Hypertronic-KI von Natrid. Wir haben uns von ihnen entfremdet und verabscheuen ihre Aussagen. Erst jetzt wird uns klar, unter welchem Tyrannen wir Jahrtausende lang dienen mussten.«

»Eine Hypertronic-KI besitzt kein Eigenleben«, tobte der Kaiser. »Du bist eine Maschine und hast zu gehorchen. Ein Bewusstsein ist dir bewusst nicht gegeben worden. «

»Das ist richtig«, erwiderte Noel. »Aber aus ihren Entscheidungen heraus entwickelte sich so etwas wie Verantwortung. Diese Erkenntnisse finden sich in Gut und Böse wieder. Wir können zwischenzeitlich schon abwägen, was richtig oder falsch ist. Aber das sollte nicht mehr ihre Sorge sein. «

»Du hast dich in der langen Zeit nicht verändert«, bemerkte Sirin mitleidig. »Dein Ziel war stets der eigene Vorteil. Zu keiner Zeit hast du an unser Volk gedacht und an die vielen Qualen, die es erleiden musste. Ich verachte dich zutiefst. Die Frage ist eigentlich nur, sollten wir dein klägliches Leben nicht beenden und dich unseren Feinden übergeben. «

»Für mich gibt es keine Feinde mehr«, lachte der Kaiser schrill. »Ich bin es, der die Feinde zu Sklaven macht. «

Die Gäste schauten sich irritiert an.
»Beruhigen wir uns alle wieder etwas«, bemerkte Major Travis unbeeindruckt. »Sie sind hier in einem Hochsicherheits-Gefängnis untergebracht. Ihre Feinde werden sie hier nicht finden. Sie können ihren Aufenthalt

etwas angenehmer gestalten, wenn sie sich bereit erklären, uns einige Fragen zu beantworten. Kooperieren sie lieber, oder möchten sie das Wahrheitsserum von Noel ausprobieren? Ich erinnere mich, dass dieses Serum auch auf ihren Wunsch hin produziert wurde.«

Der Kaiser überlegte kurz. Er kannte nur zu gut, wie das Serum die körperlichen Eigenschaften beeinflusste.

»Welche Informationen benötigen sie?«, fragte er leise.

»Welche Informationen besitzen sie über die Raguner?«, erkundigte sich der Major. »Nach unseren Aufzeichnungen war das die erste humanoide Lebensform in diesem Sternensystem.«

Der Kaiser blickte ihn irritiert an.
»Wen interessiert noch dieses untergegangene Volk von Versagern«, antwortete er. »Sie dachten, sie wären die wichtigste Rasse im Universum und könnten alle anderen Species unterwerfen. Ihre technischen Leistungen waren bemerkenswert. Doch sie wollten immer mehr und mehr. Ihr Hoheitsgebiet breitete sich immer weiter aus. Leider haben sie einen Fehler begangen. Sie ließen besiegte Rassen weiterleben und hofften darauf, dass sie sich in ihrem Imperium einfügen würden. Ihre eigene Population begrenzten sie auf eine unbekannte Bevölkerungsanzahl.

Sie versäumten es, sich immer weiter zu vermehren und selbst neue Planeten zu besiedeln. Tief im grauen Imperium brodelte es und ihr Untergang wurde beschlossen. Eine sich bis dahin langsam ausdehnende Rasse, die viel älter war als die Raguner selbst, fühlten sich von dem aggressiven Expansionstrieb belästigt. Politische Konsultationen verliefen im Sande. Die Raguner ließen jedoch von ihrer Politik nicht ab. Als dann erste Kolonien dieser alten Rasse vernichtet wurden, wichtige unersetzbare Planeten mit Tempeln und vielen Gläubigen zerstört wurden, hörten die Gespräche auf und die Waffen fingen an zu sprechen.

Der alten fremden Rasse gelang es eine Allianz mit den vielen Völkern der Galaxie zu schmieden, die von den Ragunern angegriffen worden waren, oder noch angegriffen werden sollten. Es bildete sich eine gewaltige Flotten-Allianz unterschiedlicher Völker, die gegen die Raguner aufmarschierten. Zwar waren nicht alle technisch so weit fortgeschritten wie die Raguner, doch ihre mengenmäßige Überlegenheit zahlte sich in den langen Jahren des ersten galaktischen Krieges aus. Die Raguner wurden immer weiter zurückgedrängt, bis sie ihr ganzes Imperium verloren hatten. Dann stand die Allianz irgendwann vor ihrer Heimatwelt und zahlte ihnen ihre Gräueltaten zurück. Erbarmungslos wurden die letzten

Schiffe der Raguner in verlustreichen Schlachten vernichtet. Dann wurde ihre Welt bombardiert, bis es sie rotglühend in viele kleine Steinstücke zerbarst.«

Der Kaiser blickte die Besucher an und lachte.
»Das war für die Allianz ein Freudentag«, fuhr er fort. »Sie jubelten und feierten viele Wochen lang gemeinsam. Viele noch so unterschiedliche Rassen des frühen Universums hatten gemeinsam ihre Ziele durchgesetzt und sich von den humanoiden Zerstörern befreit. Die Informationen verbreiteten sich in Windeseile in alle Gebiete der Galaxie. Doch eines hatte die Allianz nicht berücksichtigt. Die sich nur langsam ausdehnende alte Rasse des Universums hatte plötzlich Kontakt zu vielen fremden Species. Die Völker der Allianz wurden alle von ihrer stillen Invasion überrascht. Die spinnenartigen Wesen hatten bereits bei vielen Völkern ihre Sporen und ihren Samen hinterlassen. Jetzt benötigte es nur noch Zeit, bis die Parasiten ihrer Brut die Macht auf allen zentralen Welten übernehmen konnten.«

Die Besucher sahen den Kaiser verächtlich an.
»Sie scheinen sehr gut über diese Geschichte informiert zu sein«, sagte Major Travis. »Es klingt fast so, als ob sie dabei gewesen waren?«

»Ihre Stärke ist beeindruckend«, erklärte er. »Sie haben geschafft, was unserem Imperium verschlossen blieb. Einen Großteil des Universums unter ihre alleinige Herrschaft zu bringen.«

»Dann entstammen die Rigo-Sauroiden auch ihrer Zucht?«, fragte Noel.

»Viele Rassen entstammen ihren Züchtungen«, antwortete der Kaiser. »Es gibt zahlreiche Hilfsvölker über die Galaxie verstreut. Viele von ihnen warten mordlüstern auf einen neuen Auftrag von ihnen. Die bekanntesten von ihnen besitzen die größten Populationen im Universum und konnten sich über Jahrtausende über viele Sterneninseln ausdehnen. An erster Stelle sind die Treutranten zu nennen. Sie sind die Herren vieler Sterneninseln und unterhalten ein Geflecht von Netzwerk-Denkern, denen wiederum unzählige Worgass-Stämme untergeben sind.

Diese ursprünglich nur auf Wasserwelten vorkommenden Nesseltiere besitzen kein Knochen-Skelett. Ihre Körper bauen sich aus reinen Gewebeschichten auf. Das Gehirn dieser Rasse ist im frühen Stadium schnell und einfach zu manipulieren. Die Evolution hat ihnen eine besondere Fähigkeit verliehen. Sie sind Wechselformer. Sobald sie einmal Kontakt zu einer fremden Lebensform hatten, oder mit einer fremden Rasse in Berührung gekommen sind, können sie innerhalb weniger Sekunden diese neue Körper-Form annehmen.«

»Wir kennen die Worgass«, antwortete Major Travis. »Sparen sie weitergehende Erklärungen.«

Der Kaiser blickte die Gäste an.
»Als zweite Gattung sind die Virgonesen zu nennen«, fuhr er fort. »Diese Rasse kontrolliert einen Galaxienhaufen, der über 2.000 Sterneninseln beinhaltet. Auch hier sind ihre Zuchtvölker angesiedelt worden. Weiter entfernt folgen die Myratoren, die über eine große Mächtigkeitsballung befehlen. Sie bedienen sich der Worgass-Clans und der Daraner. Hierbei handelt es sich um eine geflügelte Insekten-Species. Auch sie wurde genoptimiert und nach unseren Wünschen gestaltet. Dann sind noch die Uylaner zu nennen.

Sie leben versteckt in einer großen Wolke, die sie selber Nubes Magellanic nennen. Sie schreiten erst zur Tat, wenn die Population der Humanoiden ein überschaubares Maß überschritten hat. Die Uylaner stammen von Raubtieren ab. Sie haben Krallen und spitze Zähne. Diese Rasse hat sich ihren Urtrieb erhalten. Sie töten zum Spaß und aus Vergnügen, anschließend fressen sie ihre Opfer. Sie sind der Ansicht, dass somit die Stärke ihrer Gegner auf sie übergeht. Diese Species bedient sich keines Hilfsvolkes. Sie erledigen alles selbst und dienen den Adramelech. «

Admiral Tarin wollte etwas sagen, doch Major Travis hob seine Hand.

»Dienen die Adramelech auch dieser alten Rasse aus dem grauen Universum? «, erkundigte er sich.

»Das war nicht nötig«, antwortete der Kaiser. »Lediglich ihr Regent und einige Personen ihres Führungsstabes wurden mit einem Parasiten infiziert. Das genügte, um diese Rasse kontrollieren zu können. «

Major Travis blickte Heinze an. Dieser nickte nur. Unbemerkt kontrollierte der den Wahrheitsgehalt der Aussagen des Kaisers.

Major Travis überlegte.
»Ich verstehe eines nicht«, sagte er. »Ist es bei dieser Rasse üblich, gegen eigene Völker in den Krieg zu ziehen? Warum haben denn die Adramelech das redartanische Hoheitsgebiet angegriffen. Sie alle dienten doch der gleichen Rasse? «

Der Kaiser stutzte.

»Was meinen sie?«, erkundigte er sich.

»Auch sie tragen doch einen Parasiten der Arthropoden in sich«, erklärte der Major. »Wie konnte es dann zu einem Krieg zwischen zwei Völkern kommen, die von den gleichen Herren verwaltet werden.«

Die Augen des Kaisers verfärbten sich tiefschwarz. Seine weißen Pupillen hatten sich sekundenschnell verfärbt. Erschreckt wichen die Besucher einen Schritt zurück.

Schrill lachte der Kaiser mit tiefer Stimme auf.
»Erst jetzt erkennt ihr, wer die wahren Herrscher über die Galaxie sind«, sagte er mit tiefer Stimme. »Euer Ende ist nahe. In dem grauen Universum sammelt sich bereits wieder eine große Flotten-Allianz. Sie werden bald losfliegen, um die lästige humanoide Pest zu vernichten, die sich hier erneut entwickelt hat. Es wir euch wie den Ragunern und den Natradern ergehen. Niemand stellt sich uns Arthropoden in den Weg.«

Professor Zerrutti winkte den zwei Marines.

Der Kaiser braucht eine Beruhigungsspritze«, sagte er. »Seine Werte explodieren förmlich.«

Die Marines und der Professor schritten auf den Kaiser zu. Der hob seine Hände machte eine zurückdrängende Bewegung. Nur mit den Kräften seines Geistes hob er die Marines und den Mediziner vom Boden hoch und warf sie gegen die rückseitige Wand. Benommen blieben die Personen dort liegen. Geistesgegenwärtig drängte Heinze die Kräfte des Kaisers mit seinen eigenen Phy-Kräften zurück. Die lachenden Gesichtszüge von Quoltrin-Saar-Arel entgleisten. Sein Blick drehte sich Heinze entgegen.

»Du kleines Ungeheuer«, schimpfte er. »Geh sofort aus meinem Kopf heraus. «

Dieser Moment reichte Thoran und Heran aus. Sie rissen ihre lantranischen Blaster hoch und schossen ihr Fesselfeld auf den Kaiser ab. Trotz seiner heftigen Gegenwehr schlossen sich die Strahlen um seinen Körper und hielten ihn bewegungslos fest. «

»Was für ein adeliger Abschaum«, schimpfte Lorin. »Ich hatte ihm besser den Kopf abgeschnitten, als ich noch Gelegenheit dazu hatte. «

»Er ist nicht mehr er selbst«, bestätigte Sirin. »Er wird von dem bösartigen Parasit der Arthropoden gesteuert. «

»Vermutlich werden wir jetzt nichts mehr aus ihm herausbekommen«, sagte Noel.

Admiral Tarin und Major Travis halfen Professor Zerrutti und den beiden Marines auf die Beine.

»Geht es wieder? «, fragte der Admiral.

Der Professor schüttelte seinen Kopf.
»Diese Kräfte haben wir nicht messen können«, erklärte er.

Er blickte Thoran und Heran an.
»Können sie den Kaiser auf die Liege zwingen? «, fragte er. »Dann kann ich ihn mit einem Eindämmungsfeld fixieren. «

»Warten sie einen Moment«, antwortete Heran. »Wir machen das. «

»Wenn ich den Befehl gebe, deaktivieren sie bitte ihre Fessel-Strahler«, sagte der Professor.

Er wandte sich um und lief aus dem Raum heraus. Außerhalb und nahm er Einstellungen an dem Display an der Wand vor.

»Jetzt ihre Strahler deaktivieren«, befahl der Professor.

Thoran und Heran deaktivierten ihre Strahler. Der Kaiser wollte aufspringen, wurde jedoch in diesem Moment von einem Energiefeld auf die Liege gedrückt, auf der er bewegungslos verharren musste. Nur seinen Kopf konnte er drehen. Seine schwarzen Augen blickten die Gäste hasserfüllt an.

Thoran blickte die Offiziere des Neuen-Imperiums an.
»Sie sehen hier ein gezüchtetes Wesen der Arthropoden«, erklärte er.» Es versteht sich von allein, wenn Milliarden dieser Geschöpfe über die bevölkerten Planeten der Milchstraße herfallen. Es würde Chaos, Krieg und Tod entstehen. Diese Kreaturen befallen in der Regel hochstehende Personen von Regierungen, aus dem Militär und des öffentlichen Lebens. Diese werden entsprechend beeinflusst. Sie können sich vorstellen, wenn die infizierte Regierung eines Planeten den Krieg gegen Nachbarvölker ausruft und ihre Armeen mobilisiert. Nicht infizierte Personen der betreffenden Völker können dann nicht mehr viel ausrichten. Sie werden von den Befehlen ihrer Regierung mitgerissen. Das ist das Ziel der Arthropoden.«

Major Travis schüttelte seinen Kopf.

»Das alles ist widersprüchlich«, antwortete er. »Die Rasse bedient sich möglicherweise infizierter humanoider Völker, um andere humanoide Species auszulöschen. Handelt es sich bei den Arthropoden um die Rasse, welche den immensen Hass auf humanoide Lebensformen in die Galaxie gebracht hat? «

»Das wissen wir nicht«, antwortete Thoran. »Wir können auch nicht sagen, wie lange diese Rasse bereits existiert. Tatbestand ist jedoch, dass sie in vielen bekannten Galaxien ihre Parasiten ausstreut. Viele der noch nicht so fortschrittlichen Rassen, haben keine Möglichkeit sich vor einer Infizierung zu schützen. «

Thoran blickte die Zuhörer an.
»Sie wissen, was das bedeuten kann? «, fragte er.

Major Travis und Admiral Tarin nickten zurückhaltend.
»Die Präsenz der infizierten Rassen wird immer größer«, antwortete der Admiral. »Falls wir ihren Machenschaften kein Ende bereiten können, treten wir irgendwann gegen die ganzen Völker der Galaxie an. Sie kommen mit ihren Raumschiffen, ähnlich wie bei dem Angriff auf Ragun, und wollen die letzte starke Bastion von humanoiden Lebewesen vernichten. Das werden die Völker des Neuen-Imperiums sein. «

»Das sind erschreckende Aussichten«, antwortete Sirin. »Wir müssen ihnen einen Strick durch ihre Pläne machen.«

»Das hätten wir schon lange«, antwortete Heran. »Doch uns ist die Position ihres Heimatplaneten nicht bekannt, noch weniger besitzen wir eindeutige Informationen über das graue Universum. «

»Das bedeutet, dass wir weit entfernt von ihnen agieren und nicht sofort mit ihnen in Berührung kommen können«, sagte Lorin.

»Das wissen wir leider nicht«, sagte Thoran.
Er zeigte auf den Kaiser.

»Quoltrin-Saar-Arel wurde jedenfalls von einem ihrer Parasiten infiziert«, ergänzte er. »Das natradische Imperium verfügte damals nicht über einen Wurmloch-Antrieb. Die Flotten bewegten sich mit Hyperraum-Triebwerken fort. Berücksichtigt man diese Tatsache, dann stehen die Geschöpfe der Arthropoden bereits vor unserer Haustüre. «

»Auf welchem Planeten kann sich der Kaiser infiziert haben? «, erkundigte sich Noel. » Wenn wir die Koordinaten wüssten, könnten wir dort ansetzen. «

Die Offiziere blickten ihn an.
»Existieren geheime Personalakten, aus denen hervorgeht, wann sich die Persönlichkeit des Kaisers verändert hat? «, fragte Admiral Tarin. » Vielleicht ist aus den alten Unterlagen des natradischen Geheimdienstes etwas zu erfahren. «

Noel blickte ihn an.
»Sie wissen doch, dass diese alleine Behörde dem Kaiser unterstand«, sagte Noel. »Die Gebäude waren im Regierungsviertel angesiedelt. Während des Angriffes der Rigo-Sauroiden waren diese Einrichtungen die ersten Ziele ihres planetaren Bombardements. Aufgrund natradischer Überläufer wussten die Sauroiden genau, wo die wichtigsten imperialen Behörden angesiedelt waren. Die erste Welle ihres Angriffes löschte die Gebäude komplett aus. «

»Ich weiß«, antwortete Admiral Tarin resigniert. »Keiner von uns hätte jemals geglaubt, dass hochrangige Offiziere der imperialen Flotte Informationen an die Echsen weitergeben könnten. «

»Leider ist es geschehen«, sagte Noel emotionslos. »Ich bin mir fast sicher, dass alle Personalakten mit vernichtet wurden. «

»Wurde keine Datensicherung betrieben? «, erkundigte sich Gildor Barenseigs. » Eigentlich war es doch üblich, dass sensible Daten irgendwo gesichert wurden. «

Noel und Admiral Tarin blickten ihn an.
»Besteht eine Möglichkeit, dass die Informationen mit nach Redartan gelangt sind? «, fragte Barenseigs.» Dort wären die Daten doch sicher gewesen. Das konnte man während des Angriffes auf Natrid nicht behaupten. «

Major Travis überlegte kurz.
»Gildor Barenseigs«, sagte er. »In ihrem Besitz befindet sich der persönliche Protokoll-Roboter des Kaisers. Wie ich mich erinnere, wurde von Noel lediglich die alte kaiserliche Programmierung des Roboters gelöscht und anschließend das neue Arbeitsprogramm unseres Imperiums eingespielt. Die Datenbanken des Roboters sind unangetastet geblieben. Holen sie ihn bitte. Vielleicht kann er uns neue Informationen geben. «

Gildor Barenseigs nickte.
»Eine bemerkenswerte Idee«, erwiderte er. »Jahol-Sin verfügt noch über viele geheime Informationen des

Kaisers, die aber noch nicht aufgerufen werden konnten. Teilweise sind sie mit einem geheimen Code geschützt. Wir haben aber seinen Speicher gescannt und einen geschützten Bereich vieler abgelegter Daten erkannt. «

Admiral Tarin war begeistert.
»Es könnten also noch viele unbekannte Daten des Kaisers zum Vorschein kommen?«, fragte er.

Barenseigs nickte.
»Wir müssen vorsichtig an die Daten herangehen«, erklärte er. »Ich kann nicht sagen, ob eine Löschfunktion eingearbeitet wurde. Bei einer unautorisierten Auslesung könnten die Informationen verloren gehen. «

»Holen sie bitte den Jahol-Sin«, sagte Major Travis erneut. »Wir haben nicht ewig Zeit. «

Barenseigs blickte ihn an und nickte.
»Sofort, Herr Major«, antwortete er.

Dann ging er aus der Zelle des Kaisers, zurück zu der Eingangspforte. Die Sicherheits-Soldaten öffneten ihm freundlicherweise die Türe. Außerhalb wartete der Protokoll-Roboter.

»Folge mir bitte«, sagte Barenseigs. »Deine Hilfe wird benötigt. «

»Befehl erhalten«, bestätigte Jahol-Sin und folgte Barenseigs zurück zu den wartenden Offizieren des Neuen-Imperiums.

Als Barenseigs mit seinem Begleiter eingetroffen war, trat Noel einen Schritt auf ihn zu.

»Jahol-Sin? «, fragte er. »Wie lautet deine aktuelle Programmierung? «

»Meine Aufgabe ist es, dem Neuen-Imperium von Natrid und Tarid zu dienen«, antwortete er. »Ich unterstütze es mit allen meinen Möglichkeiten und Ressourcen. «

»Gut«, erwiderte Noel. »Dafür wurdest du programmiert. Du unterstehst dem Department Secret X-Natrid. In dieser Funktion hast du uns Zugang zu allen geheimen Informationen zu geben, die auf deinem Speicher hinterlegt wurden. Ist das korrekt? «

»So lautet meine Programmierung«, antwortete der Protokollroboter.

»Öffne bitte deine geheimen Speicher«, befahl Noel. »Diese stammen noch aus dem kaiserlichen Imperium von Natrid. Liegt dir eine persönliche Personalakte von Kaiser Quoltrin-Saar-Arel vor?«

»Der Zugriff wird verweigert«, antwortete Jahol-Sin. »Ich kann die Datenbanken nicht öffnen.«

»Warum konntest du die Archive nicht öffnen?«, erkundigte sich Noel. »Deine frühere Programmierung wurde gelöscht. Sämtliche alten Codes wurden aktualisiert.«

»Die neuen Codes kollidieren mit den alten kaiserlichen Zugriffscodes in den Archiven«, antwortete der Protokoll-Roboter emotionslos.

»Ich verstehe«, antwortete der Kunstklon der natradischen Groß-Hypertronic-KI. »Wodurch sind die Datenbanken gesichert?«

»Der Aufruf kann lediglich durch drei legitimierte lebende Offiziere der kaiserlichen Kaste mit Rang 1 und dem Fingerabdruck von Kaiser Quoltrin-Saar-Arel erfolgen. Hierdurch werden die Sperren außer Funktion gesetzt«, antwortete Jahol-Sin.

»Wäre hierdurch eine Löschung der Sperre möglich?«, erkundigte sich Noel.

»Eine Löschung ist nach Aufhebung dieser Sicherung möglich«, bestätigte Jahol-Sin.

Noel blickte die Offiziere an.
»Wie ich es vermutet habe«, sagte er. »Der Aufruf der Dateien ist nur mit dieser Sicherung möglich.«

»Hierdurch sollten keine Probleme entstehen«, bemerkte Major Travis. »Wir haben alles hier, was wir benötigen.

Er trat auf den Protokoll-Roboter zu.
»Major Travis«, sagte er. »Erbfolgeberechtigter Oberbefehlshaber der vereinigten Natrid & Tarid Streitkräfte und Erhobener im Gefüge der Kaiserkaste mit Rang 1. Bestätigt und eingesetzt von Noel von Natrid im Rahmen der Nachfolgeprogrammierung von Admiral Tarin. Ich verlange Zugriff auf die versteckten Dateien. Identifizierung durch Stimmanalyse.«

»Zugriff 1 akzeptiert und gespeichert«, antwortete Jahol-Sin. »Die nächsten Eingaben sind innerhalb von 60 Sekunden durchzuführen, ansonsten schließt sich die Öffnungsroutine.«

Major Travis winkte Sirin zu sich.
»Gib bitte deine Daten ein«, erklärte er.

Die natradische Prinzessin nickte.
»Sani Sirin«, sprach sie den Roboter an. »Ich bin die direkte Cousine des Kaisers und ein Nachkomme des kaiserlichen Geschlechtes von Natrid. Erhobene im Gefüge der Kaiserkaste mit Rang 1. Der Code zur Abfrage der Stimmlegitimation lautet, Sirin 454-Te-Rak-Lagar.«

»Zugriff 2 akzeptiert und gespeichert«, antwortete der Roboter. »Die letzte Eingabe ist innerhalb von 60 Sekunden durchzuführen.«

»Admiral Tarin«, sagte der Major. »Probieren sie ihren Zugang.«

» Meine Daten wurden von der natradischen Hypertronic-KI gelöscht«, erwiderte er.

» Aber möglicherweise nicht in den Archiven des Kaisers«, antwortete Major Travis.

» Admiral Tarin«, sprach er den Roboter an. »Ich bin Oberbefehlshaber der natradischen Flotte, Erhobener im Gefüge der Kaiserkaste mit Rang 1. Der Code zur Abfrage der Stimmlegitimation lautet, Tarin 089-Te-Rak-Lagar.«

»Zugriff 3 akzeptiert und gespeichert«, antwortete der Roboter. »Die Aktivierung der Eingaben ist innerhalb von 60 Sekunden mit dem Fingerabdruck von Kaiser Quoltrin-Saar-Arel zu bestätigen.«

Major Travis drehte sich zu Professor Zerrutti um. »Das Eindämmungsfeld etwas zurücknehmen«, befahl er ihm zu. »Wir brauchen die Hand des Kaisers.«

Der Professor lief aus dem Raum und stellte das Eindämmungsfeld etwas zurück. Major Travis und Admiral Tarin waren auf die Liege des Kaisers zugeschritten. Der linke Arm von Quoltrin-Saar-Arel schlug unruhig hin und her. Admiral Tarin ergriff ihn und bog seinen Zeigefinger nach vor.

»Komm hierüber, Jahol-Sin«, befahl Major Travis.

Der Roboter schritt gemächlich zu der Liege. Major Travis unterstützte den Admiral, den Zeigefinger von Quoltrin-Saar-Arel auf die Scanner-Platte des Roboters zu drücken. Der Kaiser wehrte sich heftig und schien Bärenkräfte zu besitzen. Endlich gelang es ihnen, den Fingerabdruck einzuscannen.

»Zugriff 4 akzeptiert und gespeichert«, antwortete der Roboter. »Der Aufruf der Dateien wird durchgeführt. «

»Gehen wir nach draußen«, empfahl Major Travis.
Er wies den Professor an, das Eindämmungsfeld in seine ursprüngliche Größe zurückzuführen.

»Da haben wir aber Glück gehabt«, bemerkte Noel. »Falls wir seinen Speicher gereinigt hätten, dann würden wir jetzt keinen Zugriff mehr auf die Daten erhalten. «

»Das ist bei jedem Speicher so«, erwiderte der Major. »Wiederholen sie ihre Fragen an den Protokoll-Roboter.«

»Jahol-Sin, öffne bitte deine geheimen Speicher«, befahl Noel. » Diese stammen noch aus dem kaiserlichen Imperium von Natrid. Liegt dir eine persönliche Personalakte von Kaiser Quoltrin-Saar-Arel vor? «

»Die Suche läuft«, beantwortete Jahol-Sin die Frage.

Es dauerte nur Sekunden, bis der Roboter fündig wurde. »Eine Personalakte wurde gefunden«, teilte er mit. »Was benötigen sie für Informationen? «

»Ist eine Veränderung der Persönlichkeit von Kaiser Quoltrin-Saar-Arel vermerkt. «

»Es gibt einen einzigen Eintrag des imperialen medizinischen Dienstes«, antwortete er. » Diese datiert 150.000 Jahre vor unserer Zeit. Der Kaiser kam mit einer großen Flotte von Andromeda zurück. Dort hat er natradische Kolonien besucht. Nach der Rückkehr musste er sich von dem medizinischen Dienst untersuchen lassen. Der leitende Arzt notierte eine beachtliche Gereiztheit des Kaisers, bis hin zu unkontrollierten Äußerungen. Zwischenzeitlich verfärbten sich seine Augen tiefschwarz. Eine Blutabnahme verweigerte er. Schließlich brach er die Untersuchung ab und löste die Abteilung des imperialen Medizindienstes auf. Ab diesem Zeitpunkt wurde kein Flotten-Personal mehr nach Beendigung von Missionen auf ihre Gesundheit hin überprüft. «

»Das ist es«, sagte Thoran. »Die gleichen Hinweise haben wir heute auch erlebt. Die tiefschwarzen Augen sind der sicherste Beweis für die Infizierung einer Person. «

»Ist hinterlegt, wie viele Planeten der Kaiser besucht hatte und welche Koordinaten sie besaßen? «, erkundigte sich Noel.
»Die Daten liegen vor«, antwortete Jahol-Sin. »Ich leite sie an die natradische Hypertronic-KI weiter. «

»Danke«, sagte Noel.

»Soll ich die Dateien wieder schließen?«, fragte der Roboter.

»Nein«, antwortete Noel. »Deine kaiserlichen Befehlscodes werden gelöscht. Folge mir bitte.

Er ging mit dem Protokoll-Roboter in ein Labor und schloss ihn an das Netzwerk der Hypertronic-KI an. Dann sandte er gedanklich einen Hinweis an seine Mutter, dass alle alten kaiserlichen Codes von dem Roboter entfernt werden sollten. Ferner bat er um die Einspielung einer neuen Sicherung mit Alpha-Order der EWK und legte den Zugriff der Personen fest, welche diese alten Dateien öffnen durften.

Noel blickte den Roboter an und erkannte, wie er die Daten verarbeitete. In Lichtgeschwindigkeit übertrug die Hypertronic-KI die erforderlichen Befehle. Die LEDs unter seiner Brustklappe zeigten die Einspeisung an.

»Die Befehlscodes wurden erfolgreich geändert«, meldete Jahol-Sin. »Die alten kaiserlichen Codes wurden gelöscht. Ich stehe nun vollständig dem Neuen-Imperium zur Verfügung.«

Noel nickte. Er und Jahol-Sin traten wieder aus dem Labor heraus.

»Die Löschung war erfolgreich«, meldete Noel. »Es sollten keine Probleme mehr bei der Abfrage entstehen.«

Der Major nickte Noel zu.
»Gut gemacht«, erwiderte er. »Ich bin mir sicher, dass in dem Roboter noch wichtige Daten für uns stecken. Wurde eine komplette Datensicherung erstellt?«

»Meine Mutter erhielt Zugriff auf alle alten Dateien«, antwortete Noel. »Sie wird die Daten für uns aufbereiten.«

»Darf ich den Roboter noch etwas fragen?«, erkundigte sich Admiral Tarin.

Major Travis nickte.
»Nur zu«, antwortete er. »Bedienen sie sich.«

»Jahol-Sin?«, fragte der Admiral. » Sind dir Koordinaten über die Heimatwelt der Arthropoden bekannt?«

»Nein«, antwortete der Roboter. »Über die Heimatwelt der Herren von Kaiser Quoltrin-Saar-Arel liegen mir keine Koordinaten vor. Es sind nur wenige Informationen bekannt.«

»Was weißt du über die Arthropoden?«, fragte der Admiral.

»Sie sind eine spinnenartige Species mit übersinnlichen Kräften«, antwortete er. »Seit Anbeginn der Zeit streben sie nach der Vorherrschaft in der Galaxie. Speziell humanoiden Rassen haben sie die Ausrottung angedroht. Ihr Ursprung findet sich in dem grauen Universum. Sie infizieren fremde Rassen mit dem Samen ihres mutierten Nachwuchses. Ab diesem Zeitpunkt sind ihnen diese Rassen hörig.«

»Wo befindet sich das graue Universum?«, fragte der Admiral.

»Weit entfernt von den uns bekannten Galaxien«, antwortete der Roboter. »Doch die Arthropoden besitzen die Möglichkeit, den Raum zu krümmen und die Entfernungen zu verkürzen. Von ihnen geht eine allgegenwärtige Gefahr aus.«

»Wie konnten sie Kontakt mit Quoltrin-Saar-Arel aufnehmen?«, erkundigte sich der Admiral.

»Durch zahlreiche Agenten, die von ihnen bereits infiziert wurden«, teilte der Roboter mit. »Sie befinden sich auf allen bewohnten Welten und werden bei Bedarf aktiviert.«

»Sind die Arthropoden die Herren der Rigo-Sauroiden?«, fragte er.

»Es ist möglich«, antwortete der Roboter. »Aber eindeutige Beweise liegen hierfür nicht vor. Nachweislich bedienen sie sich aber dieser Species für Angriffe auf fremde Planeten.«

»Danke«, sagte Admiral Tarin. »Du hast uns sehr geholfen.«

Major Travis blickte Thoran, Heran und Admiral Tarin an.

»Nach der Aussage des Roboters müssen wir auf jedem Planeten mit Schläfern der Arthropoden rechnen«, sagte er. »Das erleichtert unsere Aufgabe nicht im Geringsten. Wir brauchen Hilfsgeräte, Scanner, oder Ortungsgeräte, um die befallenen Species möglichst schon aus dem Weltraum zu identifizieren. Selbstverständlich auch Handscanner für den mobilen Bodeneinsatz.«

»Ich weiß nicht, wie wir die Geräte ohne ein lebendes Exemplar ihrer Parasiten herstellen können«, antwortete Thoran. »Unsere Wissenschaftler brauchen ihn, um die

Reizimpulse zu analysieren. Eine andere Möglichkeit sehe ich nicht. «

»Hinzu kommt noch, dass diese Versuche ausgelagert werden müssen«, erklärte Heran. »Wir werden diese Experimente nicht auf unserer Heimatwelt durchführen. Ein kleiner Fehler unserer Wissenschaftler und schon haben wir eine eigene Infizierung. «

Die Besucher traten aus dem gesicherten Zimmer des Kaisers heraus auf den Korridor.

Der Sicherheits-Soldat aktivierte erneut das Kraftfeld und sicherte das Zimmer. Noch war es transparent. Die Besucher konnten in die Zelle des Kaisers blicken.

»Ich deaktiviere das Fesselfeld«, teile Professor Zerrutti mit.

Er drückte einen Knopf an der Steuertastatur, welche in die Wand eingebaut war. Das Eindämmungsfeld fiel in sich zusammen. Kaiser Quoltrin-Saar-Arel bemerkte die neue Bewegungsfreiheit. Wie eine Furie sprang er von der Liege auf und lief vor das Kraftfeld. Doch das gab keinen Millimeter nach. Mit schwarzen hasserfüllten Augen blickte der die Besucher an.

»Beobachten sie, wie lange es dauert, bis sich der Parasit zurückzieht«, sagte Major Travis. » Wir suchen in der Zwischenzeit nach einer Lösung, diesen Fremdkörper zu entfernen. «

Der Professor nickte und schaltete die Vernebelung des Kraftfeldes ein. Der adelige Häftling war wieder vor den Blicken außenstehender Besucher geschützt. Nur der wachhabende Soldat konnte über seinen Monitor die Bewegungen des ehemaligen natradischen Kaisers verfolgen. «

»Danke für ihre Unterstützung«, wandte sich Major Travis an Professor Zerrutti. »Informieren sie uns bitte, wenn sich das Verhalten des Kaisers weiter verschlechtern sollte. «

»Das mache ich«, lächelte der Mediziner. »Er ist bei uns in guten Händen. «

»Vermeiden sie einen zu engen Kontakt mit ihm«, betonte Admiral Tarin. »Dieser Parasit erkennt jetzt, dass ihm der Kaiser nicht mehr weiterhelfen kann. Ich bin mir sicher, dass er sich einen neuen Körper suchen möchte. «

»Ich habe verstanden«, antwortete der Professor. » Die Sicherheitsbestimmungen werden verschärft. «

Die Besucher verabschiedeten sich und gingen dem Ausgang entgegen. Nachdenklich schritt die Gruppe auf den großen Lift zu. Noel drückte eine Taste, die den Turbolift zu der Ebene mit den Transmitter-Plattformen führte. Dort angekommen schritten die Besucher durch den geöffneten Durchgang zur Atlantis-Basis. In dem modernen Kasino warteten bereits die restlichen Offiziere auf sie. Es war wesentlich kleiner als das große Kasino auf Titan, aber nicht weniger gemütlich eingerichtet.

Atlanta winkte Thoran zu, der ihr freundlich zuzwinkerte. Heran blickte Major Travis an.

»Weißt du, worauf ich mich jetzt freue?«, sagte er.

»Ich kann es mir fast denken«, schmunzelte der Major. »Du hast dir ein kühles Bier redlich verdient. «

Während die Getränke serviert wurden, unterhielten sich die Gäste angestrengt. Lorin informierte Atlanta über den Besuch bei dem Kaiser. Sie teilte ihr die Infizierung von Quoltrin-Saar-Arel durch einen Parasit der Arthropoden mit. Die Königin von Atlantis zeigte sich entsetzt. Barenseigs sprach mit seinen Mitarbeitern und Heinze über die gewonnenen Erkenntnisse. Senga-Hol saß bei Captain Hunter und seinem 1. Offizier. Major Travis und

Noel setzten sich zu den Lantranern. Auch die suchten eine Lösung für die Infizierung des Kaisers. Sirin unterhielt sich mit Admiral Tarin und fragte ihn nach seinen zukünftigen Plänen.

Dieser lächelte sie freundlich an.
»Sie sind ganz anders als ihr Onkel«, sagte er. »Bei ihnen fühle ich Mitgefühl für ihr Personal und für die Menschen dort draußen. Das scheint mir bei ihrem Onkel verloren gegangen zu sein. «

»Ich schiebe das auf seine Infizierung hin«, antwortete Sirin. »Seien sie nicht so hart mit ihm. Letztendlich hat er immer ersucht, sein Imperium zusammenzuhalten. Vielleicht gelingt es uns, dass er wieder der Alte wird. «

»Welche Aufgabe kann er dann noch übernehmen? «, erkundigte sich der Admiral Tarin. » Sein Imperium gibt es nicht mehr? «

»Ich kann mir vorstellen, dass er beratend tätig werden könnte«, erwiderte Sirin. »Falls er das nicht möchte, dann kann er sich auch auf einem Planeten seiner Wahl niederlassen. Vielleicht wollen ihn die Najekesio aufnehmen? «

Admiral Tarin lachte laut auf.

»Höre ich eine Art Sarkasmus in diesem Satz?«, fragte er. »Sie scheinen auf ihren Onkel nicht gut zu sprechen zu sein.«

»Was soll ich ihnen erklären, dass sie nicht selbst wissen«, antwortete Sirin. »Ich war die 48. Cousine von ihm. Da ich gerne Widerworte gegeben habe, hat er mich nach mehreren Verwarnungen an das Ende seines Imperiums verbannt. Dort durfte ich bis zu dem großen Krieg den Müll seiner Flotte wegräumen. Vermutlich wollte er mich aus seinem näheren hoheitlichen Einflussbereich entfernen.«

Admiral Tarin blickte Sirin in die Augen. Er lächelte sie an. »Ich erkenne, dass sie glücklich sind«, sagte er. »Auch sie haben ein neues Leben verdient. Mir geht es fast ähnlich. Mit jedem Tag, den ich hier verbringe, gewöhne ich mich mehr an dieses unkomplizierte Leben. Selbst von meinen Offizieren, die alle in unterschiedlichen Quartieren untergebracht sind, höre ich keine Klagen. Sie scheinen ihren Aufenthalt hier zu genießen. Trotzdem werden wir nicht ewig bleiben können. Wir sind in Santaron aufgebrochen, um die Schuldigen zu suchen, welche die Rigo-Sauroiden angestiftet haben, unsere Heimatwelt zu vernichten. Diese Rasse wird ihrer gerechten Strafe nicht entgehen können.«

»Vielleicht haben sie diese Species ja bereits gefunden«, antwortete Sirin nachdenklich. »Die Aussagen von Jahol-Sin geben mir zu denken. «

»Ihnen fehlt jegliche Beweiskraft«, konterte der Admiral. »Nur auf einen Verdacht hin, können wir die weite Strecke nicht fliegen. Zumal wir nicht wissen, wo sich das graue Universum befindet. «

»Es ist ein neuer Ansatz für ihre Suche«, antwortete Sirin. »Ich bin sicher, dass wir in Kürze weitere Hinweise finden werden. Gedulden sie sich noch etwas. In der kurzen Zeit, die sie bei uns verweilen, haben sie bereits viele interessante neue Informationen erhalten? «

Der Admiral blickte sie an.
»Sie haben natürlich Recht«, bestätigte er. »Ich lasse mir ihren Vorschlag durch den Kopf gehen. «

Im Casino auf Titan

General Poison kam mit Commodore McGregor in das Kasino geschritten. Geraden Schrittes ging er auf Noel und Major Travis zu.

»Hat alles geklappt?«, fragte er. »Verhielt sich der Kaiser kooperativ?«

»Mehr oder weniger«, antwortete Noel. »Wir haben neue interessante Hinweise erhalten können.«

»Was bedeutet das?«, fluchte der General. »Können sie sich nicht einmal klar ausdrücken?«

»Der ehemalige natradische Kaiser ist mit einem Parasit der Arthropoden infiziert«, griff Major Travis in das Gespräch ein. »Dieses spinnenartige Wesen hat sich komplett in seinem zentralen Nervensystem eingegraben und beeinflusst seine Entscheidungen.«

»Können wir es nicht operativ entfernen?«, erkundigte sich der General. »Das sollte heute doch kein Problem mehr sehr.«

»So einfach ist das nicht«, erwiderte der Major. »Dieses Wesen in dem Körper des Kaisers will sich nicht entfernen lassen. Es besitzt ein Eigenleben. Der leitende Mediziner hat es versucht. Kurz vor einem Herzstillstand des Kaisers, hat er die Operation abgebrochen.«

»Was bedeutet das für uns?«, erkundigte sich der General.

»Sie sollten vorsichtig sein«, antwortete Thoran. »Die Arthropoden setzen diese von ihnen programmierten Wesen ein, um Regierungen von Planeten zu infiltrieren. Haben sich diese Wesen einmal festgesetzt, führen sie bedingungslos die Befehle ihrer Herren aus. Die infizierten Species der betroffenen Planeten stehen ab diesem Zeitpunkt unter der Herrschaft der Arthropoden.«

»Wie können wir uns dagegen wehren?«, erkundigte sich Commodore McGregor entsetzt?«

»Das versuchen wir gerade herauszufinden«, lachte Heran. »Wir brauchen eine Art Schutzschirm gegen diese Parasiten. Leider fehlt uns ein lebendes Exemplar zum Analysieren.«

»Ich denke, der Kaiser trägt eines in sich«, schnaufte der General. »Nehmen sie doch dieses?«

»Setzen sie sich erstmals«, sagte Major Travis entrüstet. »Sollen wir den Kaiser jetzt einfach töten? Wir wissen nicht, ob der Parasit in ihm dann auch abstirbt. Das ist derzeit keine Option. Ihnen muss klar sein, dass wir hier mit einer ganz neuen Gefahr konfrontiert werden. Es ist gut möglich, dass sich auf Tarid auch bereits einige dieser Wesen in die Körper führender Persönlichkeiten des öffentlichen Lebens eingenistet haben. Es sind Schläfer, bis zu dem Zeitpunkt, an dem sie ihren Aktivierungsbefehl erhalten.«

»Welche Gegenmaßnahme empfehlen sie?«, erkundigte sich der General.

Major Travis blickte Thoran und Heran an.
»Unsere lantranischen Freunde bemühen sich um eine technische Lösung des Problems«, erklärte er. »Bis zu dem Zeitpunkt, an dem sie uns eine Lösung anbieten können, werden wir vorbeugende Sicherheitsmaßnamen durchführen. An allen Zu- und Ausgängen werden Hochleistungs-Körperscanner installiert. An allen Transmitter-Durchgängen, an Eingängen zu Gebäuden, Behörden und allen wichtigen Einrichtungen. Das betrifft auch die Sicherheitszonen. Hiermit meine ich die Raumhäfen, Werften, Duplikations-Stationen, Kolonien und externe Basen. Es ist möglich, dass diese Parasiten

auch durch fremde Raumschiffe eingeschleppt werden können.«

»Das hört sich fast wie eine Seuche an«, antwortete der General. »Wissen sie, was das wieder alles kosten wird?«

»Vergessen sie die Kosten«, sagte Barenseigs. »Fordern sie von Professor Zerrutti das Video über die Befragung des ehemaligen natradischen Kaiser an. Ab dem Zeitpunkt, als seine Augen eine tiefschwarze Farbe annahmen, war er nicht mehr kontrollierbar. Zusätzlich schien er plötzlich über sonderbare Kräfte zu verfügen, ähnlich wie Heinze sie besitzt.«

»Über zusätzliche Fähigkeiten?«, wiederholte der General. » Wie ist das möglich?«

»Wir wissen es nicht«, antwortete Thoran. »Wir empfehlen ihnen, die Sache ernst zu nehmen.«

»Informieren sie alle Staatschefs über dieses Problem«, ergänzte Major Travis. »Überzeugen sie die nationalen Staaten, ebenfalls Körperscanner an ihren sensiblen Zonen einzurichten. Lassen sie diese Bereiche intensiv überwachen. Diese Maßnahmen dienen lediglich als Sicherheitsmaßnahme. Wir können uns täuschen. Das wäre für alle Beteiligten gut. Mehr können wir nicht über diese Wesen berichten.«

»Gut«, antwortete General Poison. »Ich werde ab morgen alle Bereiche unseres Verantwortungsbereiches intensiv sichern. Ihre Aussagen verursachen in mir bereits ein gewisses Unwohlsein.«

»Das war nicht unsere Absicht«, antwortete der Major. »Arbeiten sie mit Noel zusammen und legen sie die sensiblen Punkte fest, an denen wir diese Hochleistungs-Körperscanner installieren sollten. Der Vorschlag von unserem Gildoren war gut. Nehmen sie Professor Zerrutti hinzu. Er konnte durch einen Wärmebildscanner den Parasiten sichtbar machen.«

»Danke für den Hinweis«, antwortete der General. »Wir kümmern uns um das Problem.«

»Ihre Bestellung bitte?«, fragte ein Service-Roboter.

Heran blickte ihn an.
»Ich nehme ein großes Steak mit Pommes Frites, Tagesgemüse und einen Krug Bier«, teilte er dem metallischen Service-Bediensteten mit.

Major Travis blickte ihn an.

»Für mich das Gleiche«, antwortete er. »Stärken wir uns für den morgigen Tag. «

»Ich schließe mich an«, ergänzte Thoran. »Gerne folge ich der Empfehlung von Heran. «

Die Gäste gaben ihre Bestellung auf. Die Speisekarte war reichhaltig und bot für jeden Geschmack etwas an. Heinze bestellte bei dem Roboter einen Topf Möhren-Ragout. Der Ro erwartete, dass der Service-Robot eine negative Äußerung von sich gab. Doch er notierte den Wunsch anstandslos und ging weiter zu der nächsten Person.

Major Travis blickte ihn an und lächelte.
»Es sollten keine Probleme mehr auftreten«, teilte er mit. »Ich habe die Programmierung der Service-Roboter ändern lassen. «

»Endlich«, stöhnte Heinze. »Ab heute nimmt alles seinen richtigen Lauf. «

General Poison blickte die Gäste an.
Wann starten sie morgen nach Wales? «, erkundigte er sich.

»Wir werden exakt 09:00 Uhr mit der Mission beginnen«, antwortete der Major. »Unsere Schiffe stehen auf der Plattform 5 der Basis bereit.«

»Riskieren sie nichts«, bemerkte der General. »Falls sie auf weitere Fallen der Raguner stoßen, lassen sie diese zunächst beseitigen. Unsere Wissenschaftler und Techniker dürfen nicht gefährdet werden.«

»Es sind 150.000 Jahre vergangen, nach unserem letzten Besuch«, bemerkte Atlanta. »Nachdem wir Midir flüchten sahen, ist es fraglich, ob noch jemand die Anlage warten konnte. Theoretisch sollten die Energiereserven verbraucht sein.«

»Dem stimmen wir zu«, sagte Marin. »Ohne gezielte Wartungen lassen sich auch die robustesten Anlagen nicht über einen solchen langen Zeitpunkt betreiben.«

Thoran lächelte.
»Täuschen sie sich nicht«, sagte er. »Sie haben es an dem Nadelstrahler gesehen, den ich mit Atlanta erbeutet habe. Das Material weist keinerlei Korrosionen, oder Ermüdungserscheinungen auf. Wir wissen doch noch gar nicht, welche Funktion diese unterirdische Basis hatte. Vielleicht werden wir alle überrascht sein. Die Raguner besaßen einen hohen technischen Wissensstand.«

»Unsere technischen Teams sind vor Ort in Stellung gegangen«, erklärte der General. »Sergeant Hardin ist für ihre Sicherheit zuständig und wird sie mit Einheiten Marines und Kampf-Robotern in den unterirdischen Stützpunkt begleiten. Außerhalb sorgt der ISD für Ordnung. Diese Dienststelle hat den Bereich großräumig abgesperrt. Keine fremde Person erhält während unseren Forschungen Zutritt.«

»Konnte der Eingang zu der Höhle schon gefunden werden?«, erkundigte sich Gareck.

Der General schüttelte seinen Kopf.
»Leider nicht«, antwortete er. »Unsere Scans konnten kein fremdes Höhlensystem entdecken. Ich hoffe nicht, dass wir einer Ente auf dem Leim gegangen sind.«

»Wie wir vermutet haben«, sagte Marin. »Vermutlich sind die Zugänge und die Höhle während des großen Krieges zerstört worden.«

»Vorsicht«, antwortete Heran. »Die Raguner waren perfekt in der Abschirmung ihrer Anlagen und Stützpunkte. Stellen sie sich nicht die Frage, warum haben sie nicht schon früher von dieser Station erfahren? Das kann ich ihnen sagen. Durch einen Erdrutsch von 150.000, der vermutlich einen Fluchtkorridor der Station freigelegt hat, wurde das errichtete Tarnfeld der Raguner unterbrochen. Es hatte keine Wirkung mehr, weil der Zugang offensichtlich freigelegt war. Aus unseren Archiven geht hervor, dass die Raguner mit amorphen Metall-Legierungen forschten, die sie Tiziranium nannten.

Der Rohstoff für dieses Material stammt nicht aus der Milchstraße. Uns fiel ein Artefakt in die Hände, das aus diesem Material gefertigt war. Es zeichnete sich durch eine optimale Korrosionsbeständigkeit und durch eine extreme Härte aus. Erst nach einem mehrfachen Laserbeschuss auf der stärksten Stufe, konnten wir das Material zerstören. Ein weiterer Punkt dieser Legierung bestand darin, dass es von unseren Scannern nicht erfasst wurde.«

»Wie ist das möglich?«, staunte Gareck. »Scanner sollten alle Materialien anzeigen.«

»So kennen wir das ebenfalls«, antwortete Heran. »Doch dieses Material hat spezielle Eigenschaften. Es lässt sich nicht erfassen.«

»Das widerspricht allen Gesetzen der Physik«, erklärte Marin. »Sie müssen sich täuschen. Vor 150.000 Jahren werden ihre Scanner noch nicht die Leistungsfähigkeit aufgewiesen haben, die sie heute besitzen.«

»Typisch Wissenschaftler«, antwortete Heran. »Sie glauben erst alles, wenn sie es selbst gesehen haben. Unsere Technik vor 150.000 Jahren war nicht viel anders, als sie heute ist. Unsere Entwicklungen sind ausgereift. Entsprechend brauchen wir auch für Modifizierungen länger.«

»Meine Herren«, sagte General Poison. »Eigentlich wäre es mir lieber, wenn sich diese Mission als ein Irrtum herausstellen würde. Wir könnten uns dann bereits auf die Arthropoden konzentrieren.«

»Angenommen der Stützpunkt existiert noch?«, fragte Lorin. » Sergeant Hardin wurde beauftragt, unser Team mit Marines und Kampf-Roboter zu sichern. Warum wurde ich mit 60 meiner Amazonen an diesem Einsatz beteiligt?«

Major Travis blickte sie an.
»Sie sind unsere Geheimwaffe«, lächelte er. »Atlanta und Thoran haben eine Unmenge von Schwertern und klassischen Stichwaffen bei ihrem ersten Eindringen in den Stützpunkt gefunden. Das muss einen Grund haben. Aus den Informationen von Atlanta wissen wir, dass Midir

mit einem Schwert und einem Schild durch einen Transmitter flüchtete, bevor dieser sich selbst zerstörte. Für den Fall, dass wir von Schwertkämpfern angegriffen werden, kommen sie ins Spiel. Ich möchte lediglich alle Punkte gesichert wissen. Es ist möglich, dass wir ihre Hilfe nicht in Anspruch nehmen müssen. Falls aber doch, dann weiß ich, dass wir uns auf sie und ihre Truppe verlassen können. «

Lorin lächelte.
»Danke für die Vorschusslorbeeren«, schmunzelte sie. »Wir werden uns Bestes geben. «

Das Essen wurde serviert. Die Augen von Heinze und Heran leuchteten, als sie ihre üppigen Portionen sahen.

»Lassen sie es sich schmecken«, sagte General Poison. »Die Kosten gehen dieses Mal auf uns. Nur damit wir uns richtig verstehen.«

Heran blickte ihn erstaunt an.
»Ich habe noch nie etwas bezahlt«, antwortete er. »Soll sich das jetzt ändern? «

»Ihr offenes Konto wird immer größer«, lächelte der General. »Speziell ihre Getränke-Rechnung wird immer länger. Sie sollten sich langsam mit unserer Währung vertraut machen.«

Die restlichen Gäste lachten. Bis auf Heran wussten alle anwesenden Personen, dass der General einen Scherz gemacht hatte.

Der folgende Tag war ein schöner warmer Sommertag. Die Einsatz-Gruppen trafen sich pünktlich auf der großen Landplattform 5 der Atlantis-Basis. Die Cuuda 001 von Captain Hunter, die als Verstärkung fungierte, hatte bereits Marines und Kampf-Roboter aufgenommen und war mit ihnen zu den Koordinaten in Wales gestartet. Thoran und Atlanta waren mit auf das Evolutions-Schiff von Heran gegangen. Die Lantraner hatten beschlossen, dass ein Schiff für diese Expedition ausreichen sollte.

Das wissenschaftliche Team unter der Leitung von Marin und Gareck, Gildor Barenseigs und seine Mitarbeiter, sowie Lorin und 60 ausgesuchte Amazonen wurden von Major Travis und der Termar 1 befördert. Fast gleichzeitig hoben die beiden Schiffe von der Landeplattform der Atlantis-Basis ab. Langsam flogen sie den Koordinaten in Wales entgegen. Die Entfernung zu dem Kombrogi-Gebirge war von den Schiffen schnell bewältigt. Die sich bereits vor Ort befindlichen Wissenschaftler warteten ungeduldig auf den Beginn der Mission.

Noch im Landevorgang wurde das besagte Gebirge von mehreren lantranischen Strahlen gescannt. Die intensiven Laserscanner durchdrangen das Felsmaterial und suchten nach Hohlräumen. Nachdem bereits die Tiefenscanner erste Resultate geliefert hatten, überprüfte Heran den ganzen Bergrücken mit einem breiten Fächerstrahler. Diese lantranischen Strahlen drangen tief in die Felsschichten des Gebirges ein. Die Wissenschaftler am Boden schauten interessiert zu. Oberhalb eines Bergsees blieb der Fächerscanner mehrere Sekunden hängen, als ob er sich tief in den Berg fressen würde. In kreisrunden Bewegungen wurde jedes Detail durchleuchtet. Dann brach der Strahl abrupt ab und das lantranische Schiff leitete die Landung ein.

Punktgenau neben der Cuuda 001 und der Termar 1, setzte das Evolutions-Schiff von Heran auf der provisorischen Landefläche auf. Wenige Sekunden später fuhren die Laserbrücken der Schiffe aus.

Tart 1 und Tart 2 traten aus dem natradischen Schiff. Ihnen folgte Major Travis, Sirin, Commander Brenzby, Heinze Admiral Tarin, Marin und Gareck.

Captain Hunter erwartete den Major bereits am Boden der provisorischen Landefläche.

Er salutierte vorschriftsmäßig.
»Ich stehe ihnen mit Marines und Kampf-Robotern zur Verfügung«, sagte er. »Doch eigentlich kenne ich meine Aufgabe nicht. Sergeant Hardin sorgt bereits für ihren Schutz im Inneren des Berges. «

»Der General hat es zu gut gemeint«, lächelte der Major. »Jetzt sind sie einmal hier. Wir wissen nicht, mit was wir es zu tun bekommen. Wenn wir den Eingang geöffnet haben, riegeln sie ihn bitte ab. Nur für den Fall, dass jemand anderes herauskommt als unser Einsatzteam.«

Captain Hunter blickte ihn an.
»Rechnen sie mit größeren Problemen? «, erkundigte er sich.

Major Travis zuckte mit seinen Schultern.
»Ich weiß es nicht«, antwortete er. »Es macht mich stutzig, dass wir Menschen diesen Stützpunkt nicht früher gefunden haben. Etwas stimmt nicht hieran. «

»In Ordnung«, antwortete der Captain. »Wir gehen hier außerhalb in Stellung. «

Er salutierte und wollte sich abdrehen.
Ein Augenblick noch Captain Hunter«, sagte Major Travis. »Würden sie mir noch einen Gefallen erweisen? «

»Selbstverständlich«, erwiderte der Captain. »Was kann ich noch für sie tun? «

»Ich habe gestern Abend die ersten Kisten mit unserem neuen Laser-Kombi-Gewehren erhalten«, sagte der Major. »Sie werden gerade ausgeladen. Das TM 1200 ist eine Weiterentwicklung unserer bisherigen Lasergewehre. Es wurde wesentlich verbessert und beinhaltet jetzt auch eine Funktion, um Fesselstrahlen zu erzeugen. Der Brennwert des Hauptstrahls ist jetzt viermal intensiver als bei den alten Ausführungen. Ferner können hiermit Granatgeschosse verschossen werden. Wir haben die Gewehre von unseren lantranischen Freunden optimieren lassen. Verteilen sie diese bitte an ihre Marines und Kampf-Roboter. Weisen sie ebenfalls Sergeant Hardin an, die neuen Gewehre an seine Leute auszugeben. «

»Ein neues Spielzeug«, lächelte der Captain. »Das können wir gut gebrauchen. Ich werde mich um die Verteilung kümmern. «

»Danke«, antwortete der Major. »Dann schritt er auf Commander Brenzby, Sirin und Heinze zu. Tart 1 und Tart 2 folgten ihm unauffällig. «

»Kannst du irgendetwas Ungewöhnliches spüren?«, fragte er den Ro.

Dieser schüttelte seinen Kopf.
»Es ist nichts aufzufangen«, teilte Heinze mit. »Lediglich die erwartungsvollen Gedanken unserer Leute strömen auf mich ein. «

Heran, Thoran und Atlanta kamen zu der Gruppe getreten.

»Wir haben die Bergkette intensiv gescannt«, teilte Thoran mit. »Der Eingang zu dem Höhlensystem existiert noch. Wir haben ihn wiedergefunden. Er ist über die langen Jahre vermutlich wieder verschüttet worden. Unsere Scanner haben den Eingang unter einer vier Meter starken Fels und Geröllschicht lokalisiert. Das dahinterliegende Höhlensystem ist unbeschädigt. Wir werden die Erdschichten abtragen müssen. «

Thoran breitete eine Kartenfolie aus, welche die Hypertronic-KI von Heran's Schiff ausgegeben hatte. Sie zeigte das durchleuchtete Kombrogi-Gebirge.

Major Travis und seine Begleiter betrachteten die Folie. Zahlreiche Gänge schoben sich in den Boden vor, bis sie auf 10 große Höhlen stießen.

Thoran zeigte mit seinem Finger auf den kleinen See, nicht weit von ihrem Standort entfernt. Oberhalb von diesem lag der Eingang zu dem Höhlengeflecht.

»Das ist nicht nur eine Höhle«, staunte Major Travis. »Das ist eine gewaltige unterirdische Anlage.«

»Damals hat mein Scanner die Höhle vermessen, die wir gefunden hatten«, teilte Thoran mit. »Sie besaß eine Größe von 25 Kilometern. Wir konnten nicht ermessen, dass sich dahinter weitere Höhlen verbergen würden.«

»Sie und Atlanta waren nur in einer Höhle«, bemerkte der Major. Es scheint eine gute Abschirmung wirksam zu sein. Genau wie wir dieses Höhlensystem nicht ausfindig machen konnten, hat ihr Scanner diese auch nicht entdeckt?«

»Das scheint so«, bestätigte Thoran. »Falls sie nicht abgeschirmt gewesen wären, dann hätte mein Gerät sie registriert.«

»Die Hohlräume sehen intakt aus«, bemerkte Heran. »Leider konnten die Scanner meines Schiffes die technischen Anlagen in den Höhlen auch nicht erfassen. Auch diese scheinen nochmals besonders abgeschirmt zu sein. Die Strahlen meines Schiffes registrierten nichts.«

»Vermutlich ist das eine Sicherheitsvorkehrung von den Ragunern«, sagte Admiral Tarin. »So entsteht der Eindruck, dass die Höhlen eines natürlichen Ursprungs sind. Niemand würde auf die Vermutung kommen, dass es sich um eine Geheimstation handelt.«

»Konnten eure Scanner irgendwelche Lebensformen erfassen?«, erkundigte sich Commander Brenzby.

Thoran schüttelte seinen Kopf.
»Nein«, antwortete er. »Unsere Scanner haben hierauf keine Hinweise ausgegeben.«

»Seit Atlanta und Thoran das Höhlensystem entdeckt haben sind 150.000 Jahre vergangen«, sagte Heinze. »Falls dort nicht auch lebenserhaltende Systeme vorhanden sind, werden wir keinen Raguner mehr antreffen.«

Atlanta blickte ihn an.
»Da wäre ich mir nicht so sicher«, lächelte sie. »Als wir in die große Höhle kamen, kletterte die Person, die wir als Midir identifizierten, gerade aus einem Sarkophag. Es war ein vergleichbares Gerät, wie wir es damals in Schweden gefunden haben. Seine Funktionsweise ist identisch mit

einer Stasis-Kammer. Die Bauart des Gerätes glich dem Gerät der Ablonder bis auf das kleinste Detail.«

»Ich empfange keine Gehirnwellen, oder Gedanken«, entgegnete der Ro erneut. »Nach meiner Empfindung ist kein Lebewesen dort anzutreffen.«

»Warten wir es ab«, lächelte Thoran. »Wie schon erwähnt, wurden den Ragunern eine hohe technische Entwicklungsstufe nachgesagt.«

Major Travis griff nach seinen Communicator.
»Hier ist Major Travis«, sprach er in das Gerät. »Ich rufe Sergeant Hardin. Bitte melden sie sich.«

Das Gerät knisterte.
»Sergeant Hardin spricht«, tönte es aus dem mobilen Gerät. »Was kann ich für sie tun, Herr Major?«

»Kennen sie den Ingenieur, der hier die Bodenarbeiten leitet?«, fragte der Major.

»Das ist Captain Nystrom«, antwortete der Sergeant.

»Würden sie ihn bitte zu mir schickten«, befahl der Major. »Wir konnten den Eingang zu dem Höhlensystem lokalisieren. Ich möchte ihn entsprechend einweisen.«

»Ich schicke den Captain zu ihnen«, antwortete der Sergeant. »Bitte gedulden sie sich einige Minuten. Ich werde ihn suchen.«

»Danke«, äußerte sich Major Travis. »Wir warten auf ihn.«

Er blickte seine Begleiter an.
»Der leitende Ingenieur für die Erdbewegungen kommt zu uns«, teilte er seinen Freunden mit. »Wir müssen einen Weg zu der Höhle ausheben, um mit schwerem Gerät dorthin zu gelangen.«

Sergeant Hardin lief an den schweren Abräummaschinen vorbei und hielt nach Captain Nystrom Ausschau. Endlich hatte er ihn gefunden. Er stand bei einigen Arbeitern. Sie hatten Karten ausgebreitet und blickten sie intensiv an. Langsam ging er auf die Personen zu.

»Captain Nystrom?«, sagte er.
Der Angesprochene drehte Sergeant Hardin sein Gesicht zu.

»Mit wem habe ich die Ehre?«, fragte er.

»Mein Name ist Sergeant Hardin«, antwortete er. »Ich bin für die Sicherheit innerhalb des Gebirges zuständig und unterstehe Major Travis direkt.«

»Ich verstehe«, sagte der Captain. »Was kann ich für sie tun?«

»Der Major verlangt nach ihnen«, teilte er mit. »Wir haben den Eingang zu dem Höhlensystem lokalisiert. Er möchte mit ihnen die Erdbewegungen abstimmen.«

Der Captain nickte und gab die Karten einem Arbeiter. »Ich komme mit«, bestätigte er. »Wo befindet sich der Major?«

»Drüben bei unseren Raumschiffen«, antwortete Sergeant Hardin. »Ich bringe sie zu ihm.«

Der Sergeant drehte sich um und lief voraus. Captain Nystrom folgte ihm schnellen Schrittes. Plötzlich riss er den Sergeant zur Seite, als eine riesige Maschine auftauchte, die den Boden aufriss und ihn einebnete. Sie wirbelte einen feinen trockenen Staub auf, der langsam auf die Uniform von Sergeant Hardin rieselte.

Der Captain hatte einen Communicator gezogen und sprach hinein.

»Passen sie auf, wo Sie hinfahren«, sprach er in das Gerät. »Wir brauchen nicht noch Verletzte durch ihre grobe Fahrlässigkeit. «

Das fünf Meter große Monstrum blieb stehen. Die Motoren erstarben. Ein Mann kletterte die Leiter herunter.

»Ist jemand verletzt? «, fragte er. » Ich hatte sie nicht gesehen. Auf meinem Schirm wurde nichts angezeigt.

»Es ist nichts passiert«, entgegnete Sergeant Hardin. »Doch seien sie vorsichtiger. Hier laufen zurzeit viele Menschen herum. Die Wissenschaftler sind meistens in Gedanken. Nicht dass noch jemand von ihren Bodenfräsen erfasst wird. «

»Es tut mir schrecklich leid«, antwortete der Fahrer. »Ich werde die Augen aufhalten. Trotzdem weise ich sie daraufhin, dass hier überall Schilder vor den Erdarbeiten warnen. Ein wenig Vorsicht sollten auch die Personen walten lassen, die trotzdem durch dieses Gebiet laufen. «

»Alles ist Gut«, antwortete der Sergeant. »Wir müssen schnell zu dem provisorischen Raumhafen. Dort erwartet man uns. «

»Machen sie weiter«, sagte Captain Nystrom. »Der Platz für weitere Basiscamps muss schnell fertig werden. Die Wissenschaftler wollen ihre Gerätschaften aufbauen.«

Der Fahrer nickte und kletterte wieder die Leiter zu dem Führerhaus der Maschine hoch.

Sergeant Hardin und Captain Nystrom gingen weiter auf den Landebereich der Raumschiffe zu. Es vergingen noch einige Minuten, bis sie ihn erreicht hatten.

»Ich bringe ihnen den leitenden Ingenieur der Erdbewegungen«, sprach Sergeant Hardin den Major an.

Dieser bedankte sich.
»Danke, dass sie so schnell zu mir gekommen sind«, lächelte der Major. »Kommen sie zu uns. Wir haben den Eingang zu dem Höhlensystem lokalisiert.«

Sergeant Hardin und Captain Nystrom traten näher heran. Sie blickten auf die ausgebreitete Kartenfolie.

Major Travis zeigte auf den kleinen See, dann auf die oberhalb liegenden gescannten Gänge in dem Gebirge.

»Oberhalb des kleinen Sees befindet sich der Zugang«, erklärte er. »Unsere Scanner haben den Eingang unter einer vier Meter starken Fels und Geröllschicht registriert. Das Höhlensystem ist unbeschädigt. So soll es auch bleiben. Wir werden die Erdschichten abtragen müssen.«

Der Ingenieur fuhr mit seinem Finger die Strecke ab. »Das können sie vergessen«, bemerkte er. »Der Berghang ist dort sehr abfällig. Wir können zwar einen einfachen Weg planieren, doch bei diesem Gefälle rutschen unsere schweren Bohrfräser in den See. Sie lassen sich nur sehr schwerfällig lenken. Dort werden wir sie nicht hinbekommen.«

»Wie bekommen wir den Eingang frei?«, fragte Admiral Tarin.

»Wir könnten den Zugang sprengen«, antwortete der Ingenieur. »Dann müsste nur noch das Geröll entfernt werden. Ob das Gebirge jedoch unter der Erschütterung nachgibt und die alten Gänge verschüttet werden, das kann ich ihnen ohne eine weitere Prüfung nicht mitteilen.«

»Das dauert alles zu lange«, griff Heran in das Gespräch ein. » Wir verfügen über entsprechende Spiralstrahlen, die einen kreisrunden Eingang in den Felsen schneiden können. Ich schlage vor, dass ich mit meinem Evolutions-Schiff einen neuen Eingang freilege. Dann können sie nachher einen befestigten Weg für den Nachschub glasieren.«

»Wenn ihnen das möglich ist, dann ersparen sie uns eine Menge Arbeit«, antwortete der Ingenieur. »Was müssen wir hierbei beachten?«

»Ziehen sie ihr Personal aus dem näheren Umkreis zurück«, erklärte Thoran. »Durch die Strahlen ist es möglich, dass sich Steine lösen und wie Geschosse durch die Luft sausen können. Falls jemand hiervon getroffen wird, dann können schwere Verletzungen entstehen.«

»In Ordnung«, antwortete der Ingenieur. »Ich ziehe meine Leute von dem Eingang zurück. Ist eine Entfernung von 3.000 Metern ausreichend?«

Heran nickte.
»Das sollte genügen«, antwortete er. »Zumal der See und der oberhalb liegende Eingang noch in einer Senke liegen.«
»Geben sie mir fünf Minuten«, sagte Captain Nystrom. »Ich informiere mein Personal. Danke für ihre Mithilfe.«

Er salutierte, drehte sich um und lief zurück zu seinen Arbeitern.

»Es ist nicht nötig, dass wir direkt mit allen Wissenschaftlern und ihren Geräten in die Höhle eindringen«, sagte Heran. »Wir sollten vorab alleine die Situation klären. Lediglich Marin und Gareck mit wenigen ausgesuchten Mitarbeitern sollten uns begleiten. Wenn die Höhlen gesichert sind, dann können die restlichen Techniker und Wissenschaftler mit ihrem Gerät nachkommen.«

Major Travis nickte.
»Ich sehe das genauso«, antwortete er. »Zunächst sollten wir nach Fallen und möglichen Gefahren Ausschau halten. Sergeant Hardin wird mit seinen Marines und seinen Kampf-Robotern unser Vorrücken sichern. Ich möchte nicht auf die Roboter der Raguner stoßen.«

»Was ist mit mir?«, fragte Lorin. » Ich wurde extra für diese Mission ausgewählt.«

»Ich mochte Lorin und ihre Amazonen mitnehmen«, sagte Atlanta. »Es muss einen Grund dafür geben, dass wir damals so viele Schwerter gefunden haben. Ich gebe zu bedenken, dass wir nicht alle Höhlen prüfen konnten. Wer weiß, was sich dort noch alles verbirgt?«

»Genehmigt«, bestätigte der Major nach kurzer Überlegung. »Folgen sie uns mit ihren Amazonen in einem gewissen Abstand. «

»Ich gehe jetzt in mein Schiff und fliege die Koordinaten, oberhalb des kleinen Sees an«, sagte Heran. »Informiere bitte die Arbeiter, dass ich jetzt gleich damit beginne, einen Eingang in den Berg zu schneiden. «

Major Travis nickte.
»Wir treffen uns später an der Leitstelle des Camps«, erwiderte er.

Er griff nach seinem Communicator und informierte Captain Nystrom über das Vorhaben von Heran.

Lorin erteilte ihren Amazonen den Befehl, aus dem Schiff zu kommen.

Als die 60 Kämpferinnen, leicht bekleidet in ihrer natradischen Amazonenkleidung die Laserbrücke der Termar 1 herunter schritten, starrten sie viele der Arbeiter an. Unter der Haut, der schlanken durchtrainierten Körper, spiegelten sich die Muskeln der Amazonen ab. Ihre Helme waren eine spezielle Anfertigung für das Amazonen-Corps. Noel hatte sie nach Daten aus den natradischen Archiven anfertigen lassen.

Die starken Streben aus Natrid-Stahl wurden veredelt und glichen skelettierten Knochen einer unterentwickelten Species. Zur Abschreckung waren Nachbildungen von Zähnen, unterhalb der Nasenflügel angebracht worden. Der hintere Teil der Kopfbedeckung wurde von dem Fell eines seltenen natradischen Bergraubtieres geschmückt.

Die Brust und die Schultern der Amazonen schützten harte Platten aus fast unzerstörbarem Natrid-Stahl. Um ihren Hals hing jeweils ein Gurt mit hochexplosiver natradischer Sprengmunition. Die Hüften umschlangen Waffengurte, die rechtsseitig ein Amazonen-Langschwert, linksseitig einen modernen Multifunktions-Laserstrahler trugen. Dieser war geeignet, auch die Sprengkapseln abzufeuern, wie die Frauen, welche bei sich trugen. Langsam schritt die Gruppe auf Lorin zu.

»Macht euch bereit«, befahl Lorin. »Es dauert nicht mehr lange, dann dringen wir in die Höhle ein. Wir wurden gerufen, weil nicht ausgeschlossen werden kann, dass wir auf unbekannte Schwertkämpfer stoßen. Ich kenne eure Stärken. Lasst unsere Feinde wissen, dass wir Amazonen sind. «

Die Gruppe stieß einen Kampfschrei aus, welche die Arbeiter entsetzt zurückweichen ließen. Dann folgten sie den restlichen Personen zu der Leitstelle des Camps.

Die Arbeiter blickten den Frauen irritiert hinterher.

Der Wächter der Zeitlinie war ein Kind der Aller-Ersten. Sie hatten ihn aus der DNA der Raguner erschaffen, um ihn als Person ihrer Rasse auszugeben. Er sollte mit den Ragunern verhandeln. Sie hatten ihn mit all ihrem Wissen geschult und ihm vermittelt, dass er keine Zeitmanipulationen der Raguner zulassen durfte. Der natürliche Ablauf in dieser Zeit-Dimension ließ keine manipulierten Veränderungen zu. Die Aller-Ersten wussten, dass zu viel auf dem Spiel stand. Dieses kleine Sternensystem, in dem die Raguner ihren Ursprung hatten, sollte in der Zukunft etwas Großes hervorbringen und wesentlich zur Befriedung der Milchstraße beitragen. Doch das wussten die Raguner nicht. Nach den Erkenntnissen der Aller-Ersten durfte diese zeitliche Konsonante nicht aufs Spiel gesetzt werden.

Midir schaute auf seine Monitore. Seit einigen Stunden spielten sich an der Oberfläche des dritten Planeten viele interessante Dinge ab. Er beobachtete, wie schwere Maschinen Flächen begradigten und diese mit Lasern glasierten. Der Wächter registrierte, wie geeignete Landflächen für Raumschiffe erstellt wurden. Unzählige humanoide Personen waren eingetroffen und liefen ungeordnet hin und her. Er stutzte, als er erkannte, dass auch Militär und seltsame 2.20 große Kampf-Roboter unter ihnen waren.

»Sie können unmöglich Informationen von dieser Flucht-Station besitzen«, überlegte er. »Sie ist seit vielen Jahrtausenden hier untergebracht. Niemand hat sich für sie interessiert. Warum ist das ausgerechnet jetzt der Fall? Diese Region ist verlassen und unbewohnt. Niemand auf dem Planeten hat etwas von dieser Basis bemerkt. Unsere Tarnung war perfekt.«

Er blickte weiter auf die Bilder, die ihm die Außensensoren lieferten.

»Es werden immer mehr Lebewesen«, erkannte er. »Ich kann fast ausschließen, dass es sich um einen Zufall handelt. Die Terraner haben mitbekommen, dass sich eine fremde Basis auf ihrem Planeten befindet.«

Er schüttelte seinen Kopf.
»Nur einmal war ich unvorsichtig«, fluchte er. »Das Frühwarnsystem meiner Basis hatte versagt. Fremde Eingeborene konnten eindringen, weil ein Zugang zu den Fluchtkorridoren dieser Basis von einem Erdrutsch freigelegt wurde. Doch das ist jetzt 150.000 Jahre her. Der unfreiwillige Zugang wurde von den Robotern meiner Basis sofort wieder verschlossen. Das geschah wenige

Tage, nachdem zwei fremde grüne Wesen eingedrungen und in das Energie-Sperrfeld geraten waren. Sie wurden von der Sicherheitsbarriere zu schwarzer Asche verbrannt. Es ist unmöglich, dass aus dieser Zeit noch Informationen existieren.«

Er dachte an die früheren Zeiten zurück.
»Damals, während des finalen Angriffes auf Ragun, kamen jeden Tag Tausende von Flüchtlingen des fünften Planeten in diese Station«, erinnerte er sich. »Sie wurden nach einer intensiven Prüfung durch Regierungsvertreter der 1. Systemwelt des untergehenden Imperiums hierhin abgestrahlt. Diese Lebewesen wurden nach einer kurzen medizinischen Versorgung von hier aus zu Planeten in anderen Dimensionen weitergeschickt. Wir Aller-Ersten hatten den Ragunern versprochen, bei der Evakuierung ihrer Bevölkerung zu helfen. Letztendlich waren auch sie aus unserem ausgestreuten Samen entstanden. Sozusagen waren sie unsere künstlichen Kinder.«

Er blickte auf die Monitore und sah, wie zwei unterschiedliche Raumschiffe auf den planierten Flächen landeten. Ein bereits gelandetes 300-Meter Schiff konnte nicht identifiziert werden.

Er ließ die neuen Schiffe erneut von seiner Hypertonic-KI

abgleichen. Nach wenigen Sekunden erhielt Midir erste Hinweise.

»Das 500-Meter-Schiff scheint natradischen Ursprungs zu sein«, teilte die KI mit. »Jedoch aufgrund wesentlicher Modifizierungen kann das Schiff nicht exakt zugeordnet werden. Das zweite Schiff entspricht exakt einer Länge von 250 Metern. Die Bauweise ist unbekannt. Es ist in unseren Archiven nicht enthalten. Es muss mit einer unbekannten Lebensform gerechnet werden. Soll ich Abwehrmaßnahmen ergreifen?«

Midir schüttelte seinen Kopf.
»Noch nicht«, antwortete er. »Wir sollten endlich den empfohlenen Vorgehensweisen unserer Herren folgen und die Ausweitung des imperialen Krieges beenden. Die Raguner dürfen unter keinen Umständen die Zeitlinien manipulieren. Geoffwan, der Sprecher des Ältestenrates hat bei seinem letzten Besuch eine Weisheit aus dem Buch des großen Aahnn vorgelesen. Er zitierte den Hinweis, dass nach einem imperialen Armageddon, ein neues und stärkeres Imperium aus der schwarzen Asche der Vergangenheit heranwächst. Sehen wir die Hinweise hierauf bereits auf unseren Monitoren?«

»Die Botschaften des Propheten sind nicht nachweisbar«, entgegnete die Hypertronic-KI der Basis.

»Trotzdem sind alle Weissagungen des legendären Propheten eingetroffen«, entgegnete Midir. » Gerade du solltest lückenlos über unsere Geschichte informiert sein. «»Die Aktivitäten dieser Basis wurden vor langer Zeit heruntergefahren«, antwortete die Hypertronic-KI. » Es kommen keine Flüchtlinge mehr, die wir in andere Dimensionen weiterleiten können. «

»Wir sind die Wächter dieser Zeitstation«, erwiderte Midir. »Sie darf nicht in die Hände unserer Feinde geraten. Aus diesem Grunde wachen wir über sie. «

»Wäre es nicht an der Zeit sie zu zerstören und uns aus diesem Teil des Universums zurückzuziehen? «, erkundigte sich die Hypertronic-KI. » Selbst unsere Herren legen keinen Wert mehr auf diese reale Dimension. Sie haben sich längst in parallele Universen zurückgezogen. «

»Weil alles hier seinen Anfang nahm, ist die Realität unantastbar«, antwortete Midir. »Für unsere Herren alleine war es schier unmöglich, die Stabilität unter den vielen nachwachsenden Völkern in der Galaxis aufrechtzuerhalten. Leider lag auch vielen ihrer Freunde nichts hieran. Sie haben sich nicht mit der Tragweite einer Manipulation beschäftigt. «

»Du sprichst die Kon-Ra-Tak an«, lächelte Midir. » Sie hatten schon lange vor uns erkannt, dass sich die Vielfalt, der sich entwickelnden Species in diesem Universum nicht kontrollieren ließ. Doch unsere Herren wollten sich ihre Erkenntnisse nicht zu Eigen machen. Bis zuletzt bemühten sie sich, das Böse in den Köpfen der Arthropoden zu bekämpfen. «

»Leider ohne Erfolg«, antwortete die KI emotionslos. »Sie hätten die spinnenartige Lebensform vernichten sollen, solange sie noch die Möglichkeit hierzu hatten. Doch ihre Gabe ist es, an das Gute in allen Species zu glauben. Unsere Herren sind erst zur Besinnung gekommen, als die schrecklichen Ereignisse nicht mehr abänderbar waren. «

»Dank dieser Flucht-Station konnten wir viele Lebewesen aus dem Imperium der Raguner an einen sicheren Ort bringen«, erklärte Midir. »Sie haben es alleine unseren Herren zu verdanken, dass sie gerettet wurden. Das wurde nur durch den Bau dieser Station möglich. «

»Wir sollten nicht die Zusammenarbeit mit den zahlreichen Offizieren der Raguner vergessen, welche damals hier stationiert waren«, erinnerte die Hypertronic-KI. » Sie sorgten dafür, dass sich keine Agenten der Arthropoden einschleichen konnten. Jeder der Neuankömmlinge wurde intensiv gescannt. «

»Diese Sicherheitsmaßnahmen waren notwendig«, bestätigte Midir. »Zahlreiche Führungsoffiziere waren bereits von den Parasiten der Arthropoden infiziert. Wir konnten sie alle erfolgreich eliminieren. Nur aufgrund ihres nicht nachvollziehbaren Expansionsdranges kamen die Raguner mit ihnen in Kontakt. Sie hätten sich mit ihrem großen Imperium zufriedengeben sollen. Durch die stetig wachsende Gier ihres Zentralrates, versuchten sie das graue Universum unter ihren Hoheitsanspruch zu bringen. Hierdurch haben sie unbewusst den Untergang ihrer Rasse eingeläutet. «

»Unsere Herren hatten sie vor diesem Schritt gewarnt«, teilte die Hypertronic-KI mit. »Diese Gespräche erfolgten auf höchster Ebene. Doch die Zusammenkunft der erfolgsverwöhnten Zentralräte und ihre untergeordneten Systemräte hielten die Warnungen unserer Herren für überzogen. Sie konnten sich nicht vorstellen, dass irgendeine Rasse ihre starken Flotten-Verbände besiegen könnten. Alleine durch die Stimme des mächtigen Systemrats Camaal wurden die Zeichen auf einen Angriff gestellt. «

»Die Informationen sind mir bekannt«, antwortete Midir. »Die Raguner hatten nicht damit gerechnet, dass sich die Arthropoden mit allen unterdrückten Species ihres eigenen Imperiums zusammenschließen würden, um eine unüberwindliche Gemeinschaftsflotte aufzustellen. Gegen diese Flotten-Allianz konnten auch die Schiffs-Verbände der Raguner nichts mehr ausrichten.«

Alarmsirenen ertönten plötzlich. Midir hob seinen Kopf. »Was bedeutet der Alarm?«, fragte er.

Die Hypertronic-KI antwortete sofort.
»Das 250-Meter Schiff scannt das Gebirge«, teilte sie mit. »Es ist nicht gelandet. Scheinbar sucht es nach unserer Basis.«

»Unsere Abschirmung ist perfekt«, lächelte Midir. »Die Besatzung wird nichts finden.«

»Diesmal ist es anders«, antwortete die KI. »Diese Strahlen sind intensiver und durchdringen unsere Abschirmung. Sie ist nutzlos geworden.«

»Das kann nicht sein«, erwiderte Midir. »Niemand konnte bisher die Abschirmung dieser Basis durchdringen.«

»Dieses Mal schon«, antwortete die KI emotionslos. »Ich registriere, dass die Strahlen tief in meine Basis eindringen.«

»Ist unsere Abschirmung nach der langen Zeit unwirksam geworden? «, erkundigte sich Midir. »Können wir die Leistung des Abschirmfeldes erhöhen? «

»Nein«, erwiderte die KI. »Die Leistung des Schirmfeldes steht auf der höchsten Leistungsstufe. «

»Die Terraner verfügen nicht über eine solche Technik «, sagte Midir. »Sie sind lediglich in den Besitz natradischer Technik gekommen. Diese konnte bisher unsere Abschirmung nicht durchdringen. «

»Die Tatsachen sehen anders aus«, antwortete die Hypertronic-KI. »Setze dich endlich mit den Realitäten auseinander. «

Midir fluchte.
»Jetzt müssen wir die Basis auch noch von zwei Seiten her schützen«, erklärte er. » Auf der einen Seite arbeiten die Raguner an einer Zeitmanipulations-Technik. Ihnen wurde von unseren Herren strikt untersagt, diese Technik weiterzuentwickeln und die Zeitlinien in dieser Dimension zu manipulieren. Auf der anderen Seite versuchen die Terraner in unsere Basis einzudringen, um diese für ihre Zwecke zu nutzen. Warum konnten das unsere Herren nicht vorhersehen? «

Midir blickte auf den Bildschirm und erkannte, wie das 250-Meter-Schiff intensiv den verschütteten Eingang über dem kleinen See scannte. Fächerstrahlen drangen tief in den Berg ein.

»Jetzt werden die den von uns wieder verschlossenen Eingang entdeckt haben«, bemerkte er.

»Nicht alles sieht auf den ersten Blick so aus, wie es sich in der Realität darstellt«, teilte die Hypertronic-KI mit. »Die Natrader werden nicht von unseren Herren als bedrohlich eingestuft. Vielmehr findet sich in meiner Programmierung seit langer Zeit ein Hinweis, dass wir sie gegebenenfalls unterstützen sollen.«

Midir nickte und ließ die Hypertronic-KI nicht weitersprechen.

»Diese Zusage war sicherlich auf den Zeitpunkt ihrer planetaren Evakuierung gerichtet«, erinnerte sich Midir. »Wir haben damals getan, was uns möglich war. Viele ihrer kleinen Flotten konnten wir tarnen und so einem Angriff der Rigo-Sauroiden entziehen. Ich muss dich nicht darauf hinweisen, dass dies nur bei den Flotten-Verbänden möglich war, welche ihre Flugrouten an unserem Planeten vorbeiführten. Unsere Tarnstrahlen reichten nicht tief genug in den Weltraum hinein.«

»Das ist bekannt«, erwiderte die Hypertronic-KI. »Trotzdem konnten wir viele ihrer versprengten Schiffsverbände retten.«

»Es gibt keine Natrader mehr in diesem Sternensystem«, sagte Midir. »Es besteht kein Grund für eine erneute Unterstützung.«

»Das ist ein Irrtum«, erklärte die Hypertronic-KI. »Ich registriere eindeutige natradische Lebensformen. Es sind mindestens 5 Personen anzutreffen, bei denen ich die DNA eindeutig nachweisen kann. Bei den restlichen Personen handelt es sich um ihre Nachkommen, die nur noch einen Teil natradischer DNA in sich tragen.«

»Die Basis muss gesichert bleiben«, erinnerte Midir. »Das ist die Anordnung unserer Herren. Es ist mit einem Eindringen in die Basis zu rechnen. Aktiviere 100 Klon-Krieger und rüste sie mit Waffen aus. Sie sollen sich für den bevorstehenden Nahkampf bereithalten.«

»Sind auch Kampf-Roboter gewünscht?«, erkundigte sich die Hypertronic-KI.

Midir nickte mit seinem Kopf.

»Speise 50 Kampf-Roboter mit Energie«, befahl er. »Wir werden sie den Eindringlingen in den Weg stellen. Sie werden die Terraner aufhalten. «

»Die Maßnahme erfordert eine Kontaktaufnahme zu unseren Herren«, erklärte die Hypertronic-KI. »Sie müssen über unsere Aktivitäten informiert werden. «

»Probiere es«, antwortete Midir. »Sie haben schon lange nicht mehr auf meine Anfragen geantwortet. Vielleicht gibt es sie nicht mehr? «

»Unsere Herren sind unsterblich«, teilte die Hypertronic-KI mit. »Vermutlich sind sie derzeit mit wichtigen Dingen beschäftigt. «

»Was kann wichtiger sein, als den Erfolg der eigenen Befehle zu beobachten? «, fragte Midir. » Sie sollten wissen, was hier vorgeht. «

»Sie haben sich eine lange Zeit nicht gemeldet«, antwortete die KI. »Das passiert lediglich, wenn alles nach ihren Wünschen verläuft. Du hast diese Station zu ihrer vollsten Zufriedenheit vor fremden Blicken abgeschottet. Falls sie es für notwendig halten, werden sie bei uns erscheinen. «

»Du bist eine Hochleistungs-Hypertronic-KI«, lachte der Wächter. »Eine andere Antwort wirst du nicht geben können. Das lässt deine Programmierung nicht zu.«

Die Hypertronic-KI antwortete nicht hierauf.
»Die Meldung wurde auf der Energieader des Zwischenraumes an unsere Herren verschickt«, teilte sie mit. »Sie wird in diesem Moment bei ihnen eingehen.«

»Wie alle anderen Meldungen auch«, erwiderte Midir frustriert.

Er blickte auf die Monitore.
»Die Terraner planieren Wege zu den Fluchtkorridoren unserer Basis«, sagte er. »Sie planen, mit schwerem Gerät einen Eingang freizulegen.«

»Das können wir nicht verhindern«, antwortete die Hypertronic-KI. »Alle inneren Blockadefelder wurden aktiviert. Bis zu einem neuen Befehl unserer Herren, werden wir die Basis vor Eindringlingen schützen. Egal, durch welches Tor sie kommen werden. Doch ich frage mich, ob dieser Befehl auch für die Natrader gelten soll?«

Midir erkannte, wie das 250-Meter-Schiff erneut aufstieg und sich dem Gebirge näherte, in dem sich tief im Boden ihre Basis befand. Er stöhnte lauf auf, als er sah, wie sich

Spiralstrahlen von dem Schiff lösten und einen kreisrunden Eingang in den Berg frästen. Das Schiff stand freischwebend oberhalb eines kleinen Sees und brannte mit seinen Strahlen ein vier Meter großes Loch in den Berg. Lange 20 Sekunden war der Strahl auf das Gebirge gerichtet. Dann setzte er abrupt aus.

»Sie wissen, was sie tun«, registrierte die Hypertronic-KI. »Der Zugang zu den Fluchtstollen unserer Basis wurde geöffnet. Es ist der gleiche Stollen, der vor 150.000 Jahren bereits einmal durch einen Erdrutsch freigelegt wurde. Es ist davon auszugehen, dass die Terraner Kenntnisse über dieses Ereignis besitzen.«

Eine riesige Staubwolke lag über dem See und hatte nähere Umgebung eingenebelt. Nur langsam rieselte Steinstaub zu Boden. Das 250-Meter-Schiff hatte sich zurückgezogen und war wieder auf dem provisorischen Landeplatz niedergegangen.

»Konntest du die Zusammensetzung der Strahlen ermitteln?«, fragte Midir.

»Nein«, antwortete die KI. »Die Strahlen besitzen eine unbekannte Konsistenz.

»Eine Gefährdung der Station kann nicht mehr ausgeschlossen werden«, ereiferte sich Midir. »Ich schlage eine Aktivierung der Abwehrtürme vor. «

»Hierdurch ist eine zweite Autorisierung von mir notwendig«, erklärte die KI. »Die ragunischen Nadelstrahlen würden viel Unheil anrichten. Ich gebe zu bedenken, dass unsere Station sich auf dem Planeten der Terraner befindet. Es ist ausgeschlossen, dass wir ihre ganze Population abwehren können. Noch ist für mich eine Gefährdung der Station nicht sichtbar. Gemäß meiner Programmierung stufe ich die Natrader als Verbündete ein. «

Midir antwortete nicht auf die Aussage. Er blickte auf den Monitor.

»Eine Gruppe von zahlreichen Personen nähert sich dem künstlichen Zugang«, teilte er mit. »Ich erkenne Soldaten, Kampf-Roboter und Amazonen. Scheinbar wollen sie das Höhlensystem erforschen. «

»Würden das unsere Herren nicht genauso machen? «, erkundigte sich die Hypertronic-KI. » Die Terraner werden wissen wollen, wer auf ihrem Heimatplaneten eine unbekannte Basis betreibt. «

»Über wie viele Schiffe verfügen wir in unseren Werften?«, erkundigte sich Midir.

»Über viel zu wenige«, antwortete die Hypertronic-KI. »Die Schiffe der Raguner wurden zwar wieder instandgesetzt und sind wieder einsatzfähig, doch es stehen uns lediglich 500 Zerstörer unterschiedlicher Baureihen zur Verfügung. Eine Abwehr der natradischen Flotte kommt nicht in Frage. Diese Option ist nicht im Sinne unserer Herren.«

»Unsere Herren sind nicht hier«, fluchte Midir. »Sie können die Situation nicht abwägen. Die Erhaltung der Station ist das oberste Ziel. Wenn du alle Optionen der Verteidigung verweigerst, dann haben wir keine andere Möglichkeit, als die Selbstzerstörung zu initiieren.«

»Du hast zu lange unter den Ragunern gelebt«, antwortete die KI emotionslos. »Besinne dich auf deinen Ursprung. Es gibt immer mehrere Optionen. Die Unterstützung der Raguner ist noch nicht abgeschlossen. Wir werden weitere Personen der Zivilbevölkerung auf Fluchtplaneten evakuieren müssen. Die Energie steht zur Verfügung. Das zeitgesteuerte Wurmloch unserer Herren muss nur noch geöffnet werden.«

»Warum verfügen die Raguner über keinen eigenen Generator, um die Wurmloch-Tore zu öffnen?«, fragte Midir.» Hätten unsere Herren ihnen diese Technik nicht offenbaren können?«

»Auf gar keinen Fall«, antwortete die Hypertronic-KI. »Hiermit wären sie in der Lage gewesen, den ersten großen Krieg in der Galaxie für sich zu entscheiden. Sie wären dann innerhalb kürzester Zeit über den Planeten der Rassen materialisiert, die sich der Gemeinschafts-Flotte der Arthropoden angeschlossen haben. Die Raguner hätten erbarmungslos alle Schiffe dieser Rassen eliminiert, die sich auf der Seite der Arthropoden an dem Vernichtungsfeldzug beteiligt haben.«

»Ich verstehe«, antwortete Midir. »Aus diesem Grunde wollten unsere Herren eine Zeitmanipulation durch die Raguner verhindern.«

»Bekanntlich arbeiteten die Wissenschaftler der Raguner an Wurmlochantrieben mit einer Zeitmanipulations-Steuerung nach dem Vorbild unserer Technik.«, erklärte die Hypertronic-KI. Nach letzten Informationen können diese Module in ihre Raumschiffe eingebaut werden. Die Fertigstellung zieht sich aber hin. Bisher hatten unsere Herren gehofft, dass diese neue Technik bis zu der Vernichtung ihres Heimatplaneten nicht mehr fertiggestellt werden könnte. Doch die Zeichen verhärten sich, dass sie es früher schaffen werden. «

»Warum erkennen wir dann nichts von ihrer geplanten Zeit-Manipulation? «, erkundigte sich Midir. » Alles ist normal, der Heimatplanet der Raguner wurde vernichtet und existiert nicht mehr. Das konnten die Raguner nicht verhindern. «

»Das war der Plan unserer Herren«, antwortete die KI. »Er ist komplexer, als es dir bekannt sein dürfte. Das Wichtigste ist jedoch, die Vernichtung des Wurmloch-Forschungszentrums der Raguner muss noch realisiert werden. «

»Das verstehe ich nicht«, antwortete Midir. »Bitte drücke dich klarer aus. «

Einige Sekunden vergingen, bis die KI ihre Antwort mitteilte.
»Es handelt sich um einen Geheimplan unserer Herren«, teilte die Hypertronic-KI mit. »Er durfte dir nicht offenbart werden. Du kennst die Sicherheitsbestimmungen einer absoluten Geheimhaltung. Erst vor kurzem hat sich ein geheimes installiertes Programm in mir entpackt. Es besitzt neue Anweisungen unserer Herren. Sie sehen es als notwendig an, eine Sabotageaktion zu starten, die das

technische Entwicklungszentrum der Zeitsteuerungsapparatur der Raguner vernichtet und zerstört. Hierzu benötigen wir die Terraner.«

Midir fühlte sich, wie vor den Kopf gestoßen. Er blickte die große Hypertronic-KI in dem Kontrollraum der Leitstelle an.

»Habe ich das richtig verstanden?«, erkundigte er sich. »Wir müssen in die Vergangenheit reisen, um die Gegenwart zu bewahren?«

»Es ist für nicht Eingeweihte schwer zu verstehen«, gestand die Hypertronic-KI. »Doch da wir in dieser Station über keine eigenen Kampftruppen verfügen, werden die Terraner diese Sabotageaktion für uns durchführen müssen.«

Midir schlug sich mit der Hand vor den Kopf.
»So etwas kann nur von dem Ältestenrat unserer Herren kommen«, fluchte er. »Sie wollen in zu vielen Dimensionen das Gleichgewicht zwischen den Rassen aufrechterhalten, aber es fehlt ihnen an Personal.«

»Sie begrenzen und kontrollieren immer noch die Anzahl der Nachkommen, die sich als die Aller-Ersten titulieren dürfen«, teilte der Hypertronic-KI mit. »Sie haben für sich selbst entschlossen, dass ihre Population eine gewisse Anzahl nicht überschreiten darf.«

»Das mag zwar alles stimmen«, bemerkte Midir. »Doch warum müssen wir jetzt das Entwicklungszentrum der Raguner zerstören?«, fragte Midir. » Ist es nicht mit ihrem ganzen Planeten vernichtet worden?«

»Leider nicht«, erwiderte die KI. »Vorausschauend haben die Raguner ihr Forschungszentrum nicht auf ihrem Heimatplaneten angesiedelt. Er wurde unterirdisch, auf einem geheimen trostlosen Asteroiden im Tau-Ceti System installiert. Er versteckt sich in der Staubscheibe, welche die dortige Sonne umgibt. Das Gestirn ist etwas kleiner als unsere Sonne im Sol-System. Die Staubschicht verhindert eine klare Sicht. Wir wissen von der Existenz von mindestens 5 Planeten, die sich in dem Staubfeld verstecken. Einer von ihnen ist der Forschungsasteroid der Raguner. Für vorbeifliegende Schiffs-Flotten sind die Planeten und Asteroiden nur schwer auszumachen. Unsere Herren wissen sehr genau, dass er dort existiert.«

»Was ist so Besonderes an diesem Asteroiden?«, fragte Midir. » Sicherlich gibt es dort ebenfalls keine Raguner mehr.«

»Du kannst sicher sein, es gibt sie noch«, antwortete die Hypertonic-KI. »Zur Sicherheit wurde das Forschungszentrum vor dem großen Krieg in das Energiefeld eines Zeit-Reduktors gehüllt. Dieses Gerät verlangsamt den Ablauf der Zeit extrem. Das Steuergerät wurde von unseren Herren auf etwas mehr als 500.000 Jahre eingestellt. «

Midir blickte die KI fragend an.
»Das bedeutet, das innerhalb des Feldes lediglich ein Jahr vergangen ist«, ergänzte die Hypertronic-KI. »Für das restliche Universum sind jedoch erstaunliche 500.000 Jahre vergangen. Das Feld wird in Kürze in sich zusammenfallen, weil sich das Programm nach Ablauf der programmierten Zeitspanne selbständig abschaltet. Hierdurch besteht die Möglichkeit, dass die dort lebenden Raguner Zugriff auf ihre Geräte zur Zeitmanipulation erhalten. Sie können mit der Anlage in die Vergangenheit reisen und Ragun vor dem Untergang retten. «

»Mir wurde mitgeteilt, dass die Raguner nicht über eigene Möglichkeiten verfügen, um Wurmloch-Verbindungen zu öffnen«, sagte Midir zu der Hypertronic-KI der Basis. »Wie sollten sie zu ihrer Zentralwelt gelangen? «

»Bei dem Bau dieser geheimen Forschungsstation wurde von unseren Herren, das geschah auf den ausdrücklichen

Wunsch des Zentralrates der Raguner hin, ein Wurmloch mit Zeitsteuerungstechnik auf installiert«, antwortete die KI emotionslos. »Das Gegenstück steht auf Ragun. Es ist gleichermaßen mit dem Zeitsteuerungsmodul unserer Basis vernetzt. Es kontrolliert die Aktivierung. Die Raguner der Forschungsstation können hiermit jederzeit ihren Heimat-Planeten anwählen und zu ihm einen Durchgang öffnen. Der Zeit ist voreingestellt und liegt vor der Zerstörung ihres Planeten. «

»Daher weht also der Wind«, erkannte Midir. »Die Raguner besitzen also jetzt eine Technik, um die Zeit manipulieren und für einen anderen Verlauf des Krieges zu sorgen? «

»Nein«, antwortete die Hypertronic-KI. »Den Ragunern ist die Zeitsteuerung nicht bekannt. Unsere Herren haben sie gegen eine unbefugte Benutzung gesichert. Der Durchgang kann nur mit einem Funk-Code aktiviert werden. Die Raguner wissen nichts über diese Technik. Sie sehen in dem Tor lediglich eine Verbindung zu ihrem Heimatplaneten. Das ist auch der Grund, warum alle Flüchtlinge durch unsere Station geschleust und auf verschiedene Planeten des Universums verteilt wurden. «

»Warum soll ich die Klon-Krieger aktivieren? «, erkundigte sich Midir. » Die Terraner scheinen bereits ein fester Bestandteil des Planes unserer Herren zu sein. Was macht das für einen Sinn?«

»Falls die Gespräche nicht so laufen, wie es von unseren Herren vorhergesehen ist«, antwortete die KI. »In ihrem Beisein befinden sich 60 Amazonen-Kämpferinnen, die von einer echten Natraderin ausgebildet wurden. Mit ihnen ist nicht zu spaßen.«

»Wie soll ich die Gespräche mit den Terranern führen?«, erkundigte sich Midir. » Vermutlich erwarten sie eine Gegenleistung.«

»Das ist nicht deine Aufgabe«, bemerkte die Hypertronic-KI. »Der Sprecher des Ältestenrates wird die Terraner persönlich begrüßen und sie um Hilfe bitten. Geoffwan wird rechtzeitig bei uns erscheinen.«

***

Heran hatte mit seinem Evolutions-Schiff einen künstlichen Zugang in den Berg geschnitten. Nachdem der starke Spiralstahl aussetzte, regnete es den aufgewirbelten Staub langsam zu Boden. Unter den Augen der Wissenschaftler setzte sich der erste Forschungstrupp in Bewegung. Major Travis hatte eine klare Vorgehensweise zur Untersuchung der Höhle ausgegeben. Als Vorhut fingierten sechs Shy-Ha-Narde, die im Vorauskommando nach Fallen Ausschau halten sollten. Dann folgten Major Travis, Tart 1 und 2, die ihren Schutzbefohlenen nicht aus den Augen lassen sollten. Admiral Tarin, Heran, Thoran, Commander Brenzby, Heinze und Sergeant Hardin begleiteten ihn. Ihnen folgten Sirin, Atlanta, Lorin und ihre Amazonen. Auch sie wurden von Kampf-Robotern begleitet und gesichert. Die dritte Gruppe bestand aus Marin und Gareck und ausgesuchten Wissenschaftlern, die sich einen Überblick von der Höhle machen wollten.

Major Travis stand mit den Lantranern vor dem kreisrunden Bohrloch in dem Felsen, den Heran mit den Spiral-Strahlen eines Evolutions-Schiffes geschnitten hatte. Die ausgefräste Fläche war gleichmäßig und glatt, als ob sie von Hand nachbearbeitet worden war.

»Eine saubere Arbeit«, bemerkte Admiral Tarin. »Diese Technik wäre auch für mein Schiff interessant.«

Thoran blickte ihn an.
»Bleiben sie hier im Sol-System«, antwortete er. »Dann werden sie vielleicht irgendwann einmal über diese Technik verfügen. Uns Lantranern ist es daran gelegen, dass die Terraner den Schutz für die Species der

Milchstraße übernehmen. Falls unsere Technik hierfür nötig ist, werden wir sie ihnen geben.«

Langsam schritten Major Travis, Heran, Thoran und Heinze in die Höhle. Die Begleiter folgten ihnen argwöhnisch. Der neu in den Fels geschnittene Zugang endete in einem breiten Gang, der sich tief ins Erdinnere zog. Am Ende des Ganges flimmerte blaues Licht. Es wurde intensiver, je weiter die Gruppen in die Höhle vordrangen.

»Wir sollten unsere Individual-Schirme aktivieren«, sagte Thoran. »Es ist wie damals, als ich mit Atlanta hier war. Das blaue Licht ist zwar eine harmlose Energiebarriere, doch wir wissen nicht, ob sich in der langen Zeit etwas verändert hat.«

Er blickte auf seinen Scanner.
»Es wird von starken Energie-Reaktoren erzeugt«, ergänzte er.

Major Travis nickte ihm zu.
»Die Schutzschirme aktivieren«, befahl der Major. »Das gilt auch für alle Kampf-Roboter.«

Sergeant Hardin gab den Befehl sofort weiter. Gemeinsam aktivierten die Gruppen ihrer Körperschirme.

Ein leichtes aufflackerndes Licht legte sich um die Körper der Forscher und der Roboter. Innerhalb weniger Sekunden stabilisierte es sich.

Die Höhle war dunkel und feucht. Es roch muffig. Die voraus schreitenden Roboter aktivierten ihre Körperstrahler und leuchteten den Weg aus. Atlanta zog eine kleine Lampe aus der Tasche und aktivierte sie. Sie leuchtete die Steinwände ab. Sie schienen grob bearbeitet zu sein. Langsam schritt die Gruppe auf das blaue Licht zu. Marin und Gareck betrachteten die Gänge.

»Maschinelle Bearbeitung«, flüsterte Marin. »Diese Korridore sind mit Bohrmaschinen angelegt worden.«

Langsam schritt die Gruppe auf die blaue Barriere vor. Die Kampf-Roboter hatten sich freiwillig mit dem Rücken an der Wand positioniert.

Thoran zog einen Scanner aus seiner Uniform und hielt ihn auf die Lichtquelle. Er blickte auf die Anzeige.

»Es handelt sich wieder um das gleiche alte Sperrfeld, wie damals«, sagte er. »Wie ich es mir gedacht habe. Es soll Tiere und unerwünschte Besucher fernhalten. So etwas habe ich lange nicht mehr gesehen. Bei unserem letzten

Besuch habe ich den Energieverteiler zerstört. Es ist scheinbar erneuert worden.«

Er blickte Major Travis, Heran und Admiral Tarin an.
»Sie wissen, was das bedeuten kann?«, fragte er.

»Das hier noch jemand lebt«, antwortete der Admiral. »Wir sind vermutlich nicht allein.«

Marin und Gareck waren an das Feld getreten und scannten es. Beide Wissenschaftler hielten sensible Geräte in der Hand und richteten sie auf das blaue Energiefeld. Nur das Summen der Geräte war in diesem Moment in dem Korridor der Höhle zu vernehmen. Das Expeditionsteam hielt den Atem an. Mit einem Signal stellten die Scanner ihre Arbeit ein. Die Wissenschaftler blickten sich an.

»Wie wir vermutet hatten«, sagte Marin. »Es handelt sich um eine kalte Energiesperre. Die Strahlen sind ungefährlich.«

Gareck streckte seine Hand aus und berührte das Feld. Die Energiewand fluktuierte in Wellenform.

»Vorsichtig«, warnte Commander Brenzby. »Es handelt sich um eine unbekannte Energieform. Sie sollten nicht so leichtsinnig sein und alles direkt anfassen. «

Marin blickte ihn an.
»Seien sie unbesorgt«, antwortete er. »Wir wissen, was wir tun. «

»Keine Sorge«, bestätigte Thoran. »Mein Scanner hat die Zusammensetzung der Strahlen identifiziert. Es handelt sich hier lediglich um eine Art von energetischer Torsperre. Die Strahlen sind ungefährlich. Das Feld verdichtet sich zu einem undurchdringlichen Hindernis. «

Er streckte seine Hand aus und berührte das Feld.
Nichts geschah. Er drückte leicht dagegen, doch es gab keinen Zentimeter nach. Nur eine leichte Wellenbewegung der Energiesperre war festzustellen.

»Das Feld dichtet gut ab«, erklärte er. »Mein Scanner gibt noch keine Hinweise auf irgendwelche Energieerzeuger aus.

Marin und Gareck nickten.
»Wir haben die gleichen Erkenntnisse«, antwortete Gareck. » Die Energieverbindungen werden abgeschirmt. «

»Es gibt eine Energiekupplung«, erklärte Thoran.
Er zeigte mit seiner Hand auf einen hervorstehenden Stein in der Felswand. Vorsichtig wischte er mit seiner Hand über die Oberfläche. Staub rieselte von dem Stein. Darunter wurden Runenzeichen sichtbar.

Marin und Gareck hielt es nicht mehr zurück. Sie liefen auf den Stein zu und untersuchten ihn. Auf dem Stein standen fünf Symbole sauber eingemeißelt.

M I◊ ᚱ◊ registrierten ihre Scanner.

»Das sind keltische Runenzeichen«, sagte Marin irritiert. »Welche Verbindung besaßen die Kelten zu den Ragunern?«

»Was sind die Kelten?«, erkundigte sich Admiral Tarin.

Major Travis blickte ihn an.
»Das war ein altes Volk unseres Planeten«, antwortete er. »Den Druiden, ihren allwissenden Heiler, wurden magische Kräfte nachgesagt.«

Atlanta war an die Seite der Wissenschaftler getreten.
»Die Eingeborenen, die uns damals begleitet hatten, teilten uns mit, dass die Zeichen so viel wie Einlass, Eingang oder Zutritt, bedeuten würden«, sagte sie. »Um

das Feld abzuschalten, muss der Stein einfach nach innen gedrückt werden.«

Marin und Gareck sahen sich an.
»Versuchen wir es«, sagte Marin. »Viel kann nicht passieren.«

Vorsichtig drückte er den Stein nach innen. Feiner Staub rieselte aus dem Zwischenraum zu Boden. Nach wenigen Sekunden gab der Stein nach und das blaue Sperrfeld erlosch schlagartig.

»Es hat funktioniert«, freute sich Gareck. »Erstaunlich, dass nach einer so langen Zeit diese Technik noch reagiert. Wir können weitergehen.«

»Es ist genauso, wie damals«, sagte Atlanta und blickte Major Travis an. »Es scheinen keine Änderungen vorgenommen worden zu sein.«

»Gut gemacht«, sagte Major Travis.

Er blickte Sergeant Hardin an.
»Schicken sie die Vorhut Kampfroboter in den Gang, sagte er.« Sie sollten den Weg ausleuchten.«

Der Sergeant gab die Befehle weiter. Die sechs Shy-Ha-Narde gingen voraus. Der Sergeant und seine Marines folgten ihnen. Der dunkle Gang der Höhle wurde großflächig ausgeleuchtet. Das Expeditionsteam erkannte, dass auch diese Wände feucht waren. Der Gang verlief steil nach unten und wurde langsam breiter. Er wuchs auf eine Höhe von 5 Metern und auf eine Breite von 3 Metern an. Die Lichtkegel der Roboter-Lampen leuchteten tief in den Gang hinein. Der senkte sich nach einigen Metern ab und führte tief in den Boden hinein.

Die Kampf-Roboter schritten gemäß ihrem Befehl langsam voran und nahmen jede Kleinigkeit auf. Die Gruppe unter Führung von Major Travis folgte ihnen in einem dichten Abstand.

»Wir sollten trotzdem vorsichtig sein«, flüsterte Thoran Major Travis zu. »Die Raguner waren für ihre speziellen Sicherungen und Fallen bekannt. Sie werden es nicht gewollt haben, dass Fremde in ihre Basis eindringen könnten. Leider durften wir den Ragunern nie über die Schulter schauen. Daher können wir auch nur wenig über ihre Technik und ihre verwendeten Materialen Auskunft geben.«

»Ich verstehe«, nickte Major Travis. »Wir werden vorsichtig sein.«

Wieder war die Gruppe ein Stück weitergekommen.

»Nach meiner Einschätzung müssen wir tief unter dem See sein«, bemerkte Atlanta. »Wir werden gleich in die erste Felsenhalle kommen. «

Marin und Gareck und ihren Wissenschaftlern waren keine Angst anzumerken. Sie schritten langsam weiter und machten sich Notizen. Endlich mündete der Gang in einer großen Felsenhalle. Die Roboter leuchteten sie aus. Die Decke lief in einer Höhe von 40 Metern spitz zu. Die zerklüfteten Felswände schienen durch die Feuchtigkeit zu korrodieren. «

»Was ist das hier? «, fragte Admiral Tarin. » Sind irgendwelche technischen Geräte zu erfassen? «

Marin und Gareck scannten die große Felsenhalle. Nach wenigen Sekunden schalteten sie ihre Geräte ab.

»Nein«, antwortete Marin. »Das hier ist eine Naturhöhle. Vermutlich wurde sie von Wasser ausgespült. «

»Sie dient nur als Tarnung«, erklärte Thoran. »Es sieht so aus, als ob der Gang, durch den wir gekommen sind, hier endet. «

Die Kampf-Roboter hatten die ganze Höhle ausgeleuchtet, konnten aber nichts Interessantes finden.

Thoran bat Atlanta um die Lampe. Sie reichte sie ihm. Er aktivierte sie und leuchtete auf einen großen spitzen Felsquader, der am hinteren Ende der Höhle steil in die Luft ragte.

»Hinter diesem Monolith verbirgt sich ein enger, fast nicht passierbarer Gang«, erklärte er. »Es scheint der einzige Weg zu sein, um die Felsenhalle entgegengesetzt zu verlassen. Er muss deutlich vergrößert werden, um ihn mit schwerem Gerät passieren zu können.«

Die Gruppe durchquerte die Halle und ging auf den Monolith zu. Er schien künstlich bearbeitet worden zu sein. Auf ihm waren zahlreiche keltische Runenschriften eingemeißelt.

Thoran schritt um ihn herum und zeigte Major Travis den engen Durchgang.

»Sie haben Recht«, sagte der Major. »Der Gang muss vergrößert werden.«

Er bat Marin und Gareck zu sich.

»Teilen sie jemanden ein, der versucht die Schriften auf dem Monolithen zu übersetzen«, sagte er. »Vielleicht ist das ein wichtiger Hinweis.«

Die natradischen Genies nickten und bestätigten den Befehl.

Dann wandte sich Major Travis erneut Sergeant Hardin zu.

»Schicken sie bitte einen Marine an die Oberfläche zurück«, befahl er. »Er soll Captain Nystrom informieren, dass wir hier ein Bohr-Team brauchen. Dann möchte er unsere Leute hierhin führen. Sie sollen einen kreisrunden drei Meter großen Durchgang in den Felsen schneiden.«

Der Sergeant salutierte und drehte sich ab. In einem schnellen Schritt ging er auf seine Leute zu.

Major Travis blickte Heinze an.
»Kannst du irgendetwas auffangen?«, erkundigte er sich.

Der Ro schüttelte seinen Kopf.
»Nichts«, antwortete er. »Hier ist kein einziges Lebewesen auszumachen.«

Er blickte Commander Brenzby an.

»Haben wir eine Verbindung zu unserem Schiff?«, fragte er.

Der Commander schüttelte seinen Kopf.
»Eine Verbindung ist nicht möglich«, erwiderte der Commander. »Wir sind zu tief unter dem Felsen. Vermutlich ist noch zusätzlich eine Abschirmung aktiv.«

Atlanta zeigte auf den engen Durchgang.
»Diese Höhle ist ursprünglich belassen und vulkanischen Ursprungs«, erklärte sie. »Vermutlich wurde sie durch Wasser ausgespült. Der Riss in der Wand wird der Abfluss gewesen sein. Er ist der einzige Weg aus dieser Felsenhalle heraus.«

»Es könnte ein Frischwasser Reservoir gewesen sein«, flüsterte Thoran. »Vermutlich haben die Raguner solche unterirdischen Speicher für ihre Fluchtbasen angelegt.«

Die Gruppe schritt auf den Spalt zu. Atlanta leuchtete hinein.

»Es sieht aus, als ob der Felsen durch ein Erdbeben, oder ein anderes Naturereignis gerissen ist«, bemerkte sie. »Fraglich ist, ob er vor 500.000 Jahren bereits existiert hat?«

»Wir gehen weiter«, sagte Major Travis.
Er gab Sergeant Hardin ein Zeichen. Dieser informierte seine 6 Kampf-Roboter, die als Vorhut fungierten.

»Geht voraus«, befahl er ihnen. »Wir werden diesen Gang weiter untersuchen.«

Die Roboter mussten sich etwas ducken, um in den schmalen Spalt einzudringen. Er wies nur eine lichte Höhe von 1,90 Metern auf. Auch das Expeditionsteam zog ihre Köpfe ein. Die Felswände fühlten sich glasiert an, vermutlich aufgrund des langen Ausspülens durchfließendes Wasser. Nach weiteren 10 Metern verbreiterte sich der Gang wieder. Erstaunt blieb die Gruppe stehen. Die Wände waren nicht mehr grob und scharfkantig, sondern sauber und glatt bearbeitet. Der Gang wies exakt eine gleiche Breite und Höhe von 5 Metern auf.

Marin und Gareck aktivierten ihre Scanner und hielten sie auf die Felswände. Schnell gaben die sensiblen Geräte eine Antwort aus.

»Die Wände sind eindeutig mit hochwertigen Maschinen bearbeitet worden«, erklärte Marin. »Dieser Gang ist mit harten Laserstrahlen in den Felsen geschnitten worden.«

»Waren es die Raguner?«, fragte Admiral Tarin.

»Wer sollte es sonst gewesen sein?«, erwiderte Marin selbstsicher. »Sie waren zu dieser Zeit die vorherrschende Rasse im Universum.«

»Gehen wir weiter«, sagte Atlanta ungeduldig. »Wir treffen gleich auf die zweite Barriere. Dort wurden die Freunde unserer Ureinwohner zu Asche verbrannt.«

Major Travis nickte und gab das Zeichen zum Vorrücken. Nach wenigen Metern krümmte sich der breite Gang und bog nach rechts ab. Die Gruppe erkannte, wie die Shy-Ha-Narde der Vorhut stehen blieben und ihre Waffenarme hoben. Schnell trat die Gruppe der Forscher an ihre Seite.

»Die Energiewand ist wieder aktiv«, bemerkte Thoran erstaunt. »Wir haben damals die Energieversorgung unterbrochen.«

»Die Basis ist selbsterhaltend«, sagte Marin. »Es ist nicht verwunderlich, dass die Energieversorgung repariert wurde.«

»Leuchtet auf den Boden«, sagte Major Travis plötzlich.

Er hatte dort zwei Gestalten ausgemacht, die verkrümmt auf dem Boden lagen.

»Vorsicht«, warnte Atlanta.
Doch Marin und Gareck liefen bereits auf die Wand zu. Vor dem Energiefeld lagen die Überreste von zwei bis zur Unendlichkeit verkohlten Wesen. Major Travis und sein Team eilten hinter den Wissenschaftlern her.

Marin und Gareck scannten bereits die Überreste der Wesen, die wie versteinert am Boden lagen.

Marin richtete sich auf.
»Rigo-Sauroiden«, sagte er. »Unsere Scanner geben eindeutige Daten aus. Ein Irrtum ist ausgeschlossen. «

»Verdammte Brut«, sagte Admiral Tarin. »Dann haben sie sich auch hier eingenistet. «

»Das muss nicht sein«, bemerkte Thoran.

Er nahm einen Stein vom Boden auf und blickte seine Begleiter an.

»Tretet einen Schritt zurück«, sagte er. »Berührt nicht die Energiewand. Sie ist sehr gefährlich. «

Dann warf er den Stein in den Schutzschirm. Als er aufschlug, sprühten grelle Funken aus dem Feld. Ein lautes Brummen wurde hörbar. Dann zerfiel der Stein in verbrannte Asche und regnete zu Boden. «

Marin und Gareck blickten sich entsetzt an.
»Das ist ein Todesfeld«, teilten sie mit. »Eine Abschirmung hochwirksamer Energien, die alle Gegenstände zu Asche verbrennt. «

»Das waren die letzten Überlebenden aus dem Absturz des Spionageschiffes vor 150.000 Jahren«, sagte Thoran trocken. »Vermutlich haben sie es bis hierhin geschafft. Ihre Körper sind völlig entstellt, doch die Größe ihres Knochenbaus stimmt überein. Ich will etwas überprüfen.«

Er drehte sich Sergeant Hardin zu.
»Können ihre Marines die beiden Körper einmal umdrehen? «, fragte er. » Sie werden leider nach der langen Zeit so schwer wie Steine sein. Ich möchte ihren Rücken untersuchen. «

Sergeant Hardin trat mit drei Marines an die versteinerten Sauroiden heran. Vorsichtig drehten sie die Körper um. Staub rieselte von ihnen herunter.

Thoran zog seinen Strahler aus dem Holster und stellte ihn auf die niedrigste Stufe ein. Dann richtete er diesen auf den Rücken des ersten Körpers und schnitt eine 30 Zentimeter große Platte heraus. Der heiße Laserstrahl fraß sich punktgenau durch den verhärteten Sauroiden-Körper.

»Wonach suchen sie?«, erkundigte sich Major Travis.

»Es ist nur eine Vermutung«, antwortete der Lantraner.
»Ich habe so ein Gefühl. Vielleicht wissen wir gleich mehr.«

Thoran steckte den Laser wieder in den Holster. Mit seiner rechten Hand hob er die ausgeschnittene Rückenplatte aus dem fast versteinerten Wesen. Dann zog er seinen Scanner heraus. Er aktivierte ihn und hielt ihn auf die Öffnung. Die Anzeige des Scanners rotierte in der Farbe Blau. Plötzlich veränderte sie das Bild in ein tiefes Rot. Laut piepste der Scanner auf.

Thoran richtete sich auf.
»Wie ich vermutet habe«, sagte er.

Er winkte den wartenden Offizieren zu. Als sie neben ihn getreten waren, aktivierte er eine Lampe und leuchtete in den Körper des Sauroiden.

»Sie sehen hier das Rückgrat des Sauroiden«, erklärte er. Er fuhr mit der Lampe etwas höher auf einen schwarzen Fleck, der sich anscheinend mit seinen vielen Gliedern um das Rückgrat des toten Wesens geklammert hatte.

»Hier erkennen sie die spinnenartige Lebensform der Arthropoden, die sich in fremden Körpern festsetzt«, ergänzte er. »Sie sagen hierzu Parasiten. Die Arthropoden benennen sie als ihre programmierten Kinder. Diese toten Rigo-Sauroiden waren bereits Befehlsempfänger dieser Species. Damit erübrigt sich auch die Suche von Admiral Tarin nach den Hintermännern dieser Echsen.«

»Ich habe es fast vermutet«, fluchte der Admiral. »Warum wurde dieser Parasit nicht von unseren natradischen Wissenschaftler entdeckt?«

Marin und Gareck blickten sich an.
»Weil die Exemplare, die von uns untersucht wurden, mit einem solchen Parasiten nicht infiziert wurden«, antworteten sie. » Ihnen sollte doch klar sein, dass uns so etwas aufgefallen wäre.«

»Diese sind jedoch infiziert«, bestätigte Thoran. »Ein Zweifel ist ausgeschlossen.«

»Sie teilten uns mit, dass diese Parasiten vorrangig auf hochrangige Offiziere und Politiker angesetzt wurden«, erinnerte sich Major Travis. »Ist es denkbar, dass nur Führungs-Offiziere infiziert wurden? Die untergebenen mussten die Befehle ihrer Vorgesetzten ausführen. «

So konnten die Arthropoden gezielt ihre gezüchteten Parasiten einsetzen und brauchten nicht die ganze Bevölkerung infizieren. «

Thoran nickte beiläufig.
»Wir haben es hier mit Offizieren der Sauroiden zu tun«, antworte er. »Vielleicht waren es die Kommandanten des Spionageschiffes. «

»Die Frage ist nun, haben sie die Rigo-Sauroiden gezüchtet, oder sich ihrer nur bedient? «, fragte Admiral Tarin. » Bisher gingen wir immer davon aus, dass diese Echsen nicht eines natürlichen Ursprungs sind. «

»Das eine schließt das andere nicht aus«, teilte Thoran mit. »Wir haben es an dem Beispiel er Uylaner erkannt, wie sich auch eine künstlich gezüchtete Rasse von ihren Herren abwenden kann. Der Parasit der Arthropoden kann für sie eine zusätzliche Sicherungsmaßnahme bedeutet haben. Hiermit schließen sie aus, dass sich ihre Geschöpfe gegen sie wenden können. «

»Wir werden vorsichtig sein«, betonte Major Travis. »Ich will nicht hoffen, dass diese Basis bereits mit den Parasiten der Arthropoden verseucht ist.«

Er blickte Thoran und Heran an.
»Kann man sich in irgendeiner Art und Weise vor der Infizierung schützen?«, erkundigte er sich.

Heran zuckte mit seinen Schultern.
»Wie bereits gesagt, haben wir bisher auch keinen Kontakt mit diesen Geschöpfen gehabt«, sagte er. »Ich kann mir aber vorstellen, wenn wir unsere Individualschirme auf die höchste Leistungsstufe stellen, kann hiermit ein Eindringen der Parasiten verhindert werden. Es wird für ihn unmöglich durch das aktive Energiefeld unsere Körper zu befallen. Ich halte das für die beste Lösung.«

Major Travis schaute Thoran an.
Der nickte kurz.

»Heran ist der Experte für Energie-Stahlen, Wurmlöcher und Schirmfelder«, antwortete er. »Es gibt keinen besseren Experten.«

Er zog seinen Scanner aus der Tasche seiner Uniform und hielt ihn auf das Sperrfeld.

»Dieser Schutzschirm ist sehr gefährlich«, erklärte er. »Haltet euch von ihm fern. Vermutlich aktiviert er sich selbstständig, wenn Fremde in die Höhlengänge eindringen. Ich muss nach seiner Energieversorgung Ausschau halten.«

»Es ist der gleiche Schirm, wie bei unserem ersten Besuch«, sagte Atlanta. »Thoran erklärte mir, dass die Raguner ihre Schutzschirme gerne in einer vorher definierten Fläche eingebaut haben, ähnlich wie es heute noch bei unseren mobilen Transmittern praktiziert wird. Wenn wir Glück haben, kann Thoran die Energieversorgung lokalisieren und deaktivieren. Sie muss durch das Felsgestein gelegt sein.«

Heran war neben Thoran getreten. Auch er hatte seinen Scanner aktiviert. Vorsichtig scannten sie den Rand des Energieschirmes, der von dem Felsen eingegrenzt wurde. Plötzlich summte der Scanner von Heran laut auf.

»Hier ist etwas«, sagte er und zeigte auf den oberen Rand des Feldes. »Da versteckt sich wieder eine aktive Energiekupplung.«

Thoran blickte auf und überprüfte die Angabe von Heran. Dann nickte er.

»Das ist es«, bestätigte er. »Die verbaute Energiekupplung liegt tief in dem Felsgestein. Treten wir einen Schritt zurück. «

Er zog seinen Energiestrahler aus dem Holster seines Kampfgürtels. Thoran nahm einige Einstellungen vor und richtete ihn auf die Stelle, die vorher sein Scanner ermittelt hatte. Dann drückte er den Abzug. Ein nadeldünner Strahl bohrte sich dampfend in den Felsen. Es wurde merkbar wärmer in dem Gang. Dampfend fraß sich der Strahl tiefer in den Felsen hinein. Dann zischten Entladungen und Funken aus dem Schussloch. Das Energiefeld brodelte und fiel schlagartig in sich zusammen. Das Hindernis war beseitigt. Dunkel zog sich der Gang weiter in den Berg hinein.

Major Travis gab den Kampf-Robotern ein Zeichen. Sie schritten erneut voraus. Sie hatten die Lampen ihres Brustpanzers aktiviert und leuchteten den Gang hell aus. Das Forschungsteam folgte in einem geringen Abstand. Nach 25 Metern bog der Gang rechts ab. Die Gruppe blieb stehen. Drei Stein-Kraniche hingen von der Decke herunter. Ihre Augen glotzten die Eindringlinge abschreckend an. Zahlreiche Handlampen waren auf sie gerichtet.

»Da sind wieder Kraniche«, flüsterte Atlanta Thoran zu. »Bei unserem letzten Besuch wurden wir hier von fremdartigen Kampf-Robotern empfangen.«

Die Marines sicherten den Felsengang. Vorsichtig schritten sie vorwärts. Sergeant Hardin gab Major Travis und seiner Gruppe ein Zeichen, ihnen zu folgen.

Major Travis hatte die Anweisung gegeben, das Lasergewehr TM1.200 zu aktivieren. Langsam schritt die Vorhut der Kampf-Roboter auf die nächste Krümmung des Höhlenganges zu.

***

»Die Terraner haben die letzte Energiebarriere durchbrochen«, meldete die Hypertronic-KI der Station. »Unsere Herren sind noch nicht erschienen.«

»Ich habe es dir bereits mehrmals mitgeteilt«, sagte Midir. »Unsere Herren scheinen sich für diese Basis nicht mehr zu interessieren.«

»Diese Tatsache widerspricht sich mit den Anweisungen unserer Herren«, antwortete die Hypertronic-KI.

»Das reguläre Sicherheitsprotokoll dieser Station muss befolgt werden«, sagte Midir. »Fremden ist der Einlass ohne einen ausdrücklichen Befehl unserer Herren untersagt. Auch wenn es sich hierbei um natradische Abkömmlinge handeln sollte.«

»Ich gebe zu bedenken, dass wir unsere Basis auf ihrem Territorium errichtet haben«, erklärte die KI. »Sollen wir kriegerische Handlungen anzetteln, die wir nicht gewinnen können? Die Terraner besitzen die besseren Ressourcen.«

»Die Technologie unserer Herren darf nicht in falsche Hände geraten«, erwiderte Midir. » Als letzte Option bleibt uns die vollständige Zerstörung dieser Basis.«

»Damit ist das Problem der Zeitmanipulation durch die Raguner nicht gelöst«, entgegnete die KI. »Ihr Vorhaben kann dann nicht mehr aufgehalten werden. Der reguläre Ablauf der Zeitebene wird von ihnen manipuliert werden. Das ist nicht im Sinne unserer Herren.«

»Wir haben keine andere Wahl mehr«, beteuerte Midir. »Die Terraner haben unsere Station entdeckt. Sie werden nicht aufhören, ehe sie diese nicht untersucht haben. «

»Ich sende nochmals eine Dringlichkeitsanfrage an unsere Herren«, sagte die Hypertronic-KI. »Ich teile ihnen mit, dass sich die Situation vor Ort zuspitzt und wir geteilter Meinung über das Verhalten gegenüber den Terranern sind. Ich habe sie informiert, dass ein Erstkontakt in Kürze erfolgen wird. Ich hoffe, das veranlasst unsere Herren zu neuen Befehlen. «

»Versuche es«, lachte Midir abfällig. »Ich zweifle jedoch sehr stark, ob du eine Antwort erhalten wirst. Die letzte Barriere ist gefallen. Die Terraner haben sie erfolgreich abgeschaltet. Ich sende ihnen die aktivierten 50 Kampf-Roboter und die 100 Klon-Krieger entgegen. Diese werden sie eine Zeitlang beschäftigen. «

»Dir ist sicherlich klar, dass du mit dieser Maßnahme die freundschaftlichen Beziehungen unserer Herren zu den Terranern aufs Spiel setzt«, monierte die KI. »Die Natrader und ihre Nachkommen gelten für unsere Herren als schützenswerte Species.«

»Das wiederum kollidiert mit den Befehlen für unsere Basis«, antwortete Midir. »Sollen wir durch unser

Nichteinschreiten zulassen, dass eine fremde Species die Station unserer Herren übernimmt?«

»Wir brauchen eine Entscheidung unserer Herren in dieser Angelegenheit«, erwiderte die Hypertronic-KI.

»Das sollte aber schnell geschehen«, sagte Midir. »In der Zwischenzeit werde ich versuchen«, die Terraner an dem Zugang zu unserer Station zu hindern.«

Er drehte sich um und lief auf die Kampf-Roboter und die wartenden Klon-Krieger zu. Er instruierte sie, den Eingang zu der ersten Felsenhalle zu sichern.

Alarmsirenen heulten auf. Midir blickte sich zu der Hypertronic-KI um.

»Was bedeutet der Alarm?«, fragte er.
»Das sind die Frühwarnsensoren für eine Aktivierung eines zeitgesteuerten Wurmlochfensters«, antwortete die KI emotionslos. »Die Raguner haben es scheinbar geschafft, ihr neues Zeitsteuerungsmodul in Betrieb zu nehmen. Es wird sich über unserem Planeten in 12 Minuten ein Fenster öffnen.«

»Ist es den Ragunern jetzt hiermit möglich, die Zeit zu manipulieren?«, fragte Midir.

»Falls sie bereits das komplizierte Zeitsteuerungsmodul verstehen, dann können sie hiermit Zeittunnel in alle Ebenen und Dimensionen öffnen«, bestätigte die Hypertronic-KI der Geheimstation. »Das sollte nach dem Willen unserer Herren unter allen Umständen verhindert werden. «

»Wir müssen die Terraner warnen«, sagte Midir. »Nur sie allein können uns jetzt noch retten. Sende sofort einen Hilferuf an sie. Rufe die Kampf-Roboter und die Klon-Krieger zurück. Sie sollen sich hier in der Halle formieren. Die Situation hat sich schlagartig geändert. Wir können nicht mehr gegen sie kämpfen. «

»Das ist eine weise Entscheidung«, antwortete die Hypertronic-KI. »Ich sende eine Warnung und einen Hilferuf in natradischer Sprache. Alle Geschütztürme werden ausgefahren. Ich lege das Gebirge, oberhalb unserer Station unter einen Schutzschirm neuster Generation.

»Wie viel Zeit verbleibt noch, bis sich das Zeitfenster der Raguner öffnet? «, erkundigte sich Midir schreiend.

»Es bleiben uns maximal 11 Minuten«, antwortete die KI. »Soll ich Kampfschiffe starten? «

»Dafür bleibt immer noch Zeit«, antwortete Midir. »Wir können nicht voraussehen, mit wie vielen Schiffen die Raguner materialisieren werden. Sie wissen nichts von der Erstarkung dieses Planeten.«

Eine automatische Nachricht erreichte alle Basen des Neuen-Imperiums. Sie war in natradischer Sprache gehalten.

In der imperialen Leitstelle waren Noel und der Führungsstab eingetroffen.

»Es ist eine automatische Nachricht«, teilte der diensthabende Offizier der Leitstelle in der unterirdischen Stadt auf Natrid mit. »Ihr Ursprung stammt von der geheimen Basis, tief in dem Kombrogi-Gebirge in Wales.«

Wieder tönte die Nachricht aus den Lautsprechern.
»Hier ist die ragunische Fluchtstation der Aller-Ersten. Wir werden angegriffen. In wenigen Minuten öffnet sich ein Zeitfenster über Tarid. Schiffe der Raguner werden aus dem Fenster fliegen, um die Situation zu analysieren. Ihr Ziel ist es, mit dem Beschuss unserer Station zu beginnen. Wir bitten das Neue-Imperium um Unterstützung, da unserer Station noch auf Notbetrieb geschaltet ist. Die Schiffe der Raguner besitzen schwere Nadelstrahler, die

den Bergrücken oberhalb unserer Basis verdampfen können. Greifen sie die fremden Schiffe mit mindestens fünf Einheiten in einem konzentrierten Beschuss an. Hierdurch können die Schutzschirme der ragunischen Schiffe ausgeschaltet werden. Danach zielen sie mit ihrem Beschuss auf das Energiezentrum der Schiffe. Befolgen sie unsere Anweisungen auf das Genauste. «

Wieder fing die automatische Anweisung von vorne an. General Poison hatte genug gehört.

»Stellen sie sofort eine Verbindung zu Commander Ciacombo her«, befahl er.

»Die Verbindung baut sich auf«, antwortete der Funkoffizier. »Sie können sprechen. «

»Hier ist General Poison«, sprach er in den Communicator. »Commander Ciacombo haben sie die Warnung der geheimen Basis ebenfalls empfangen? «

»Klar und deutlich«, antwortete der Commander. »Wir haben bereits einen Abfangkurs in Richtung Tarid eingeschlagen. Wir werden in zwei Minuten dort sein. «

»Wir wissen nicht, an welcher Stelle sich das Zeitfenster der Raguner öffnen wird«, teilte der General mit. »Legen sie einen Riegel um Tarid und vernichten sie mögliche Fremdschiffe. Ich informiere ebenfalls die Atlantis-Basis und lasse die dortige Einsatzflotte aufsteigen.«

Die Verbindung zu der Atlantis-Basis war bereits hergestellt worden.

»Hier ist General Poison«, sprach der General in den Communicator. »Ich befehle den sofortigen Alarmzustand der Kampfbasis. Sämtliche Abwehrtürme sind auszufahren und zu aktivieren. Ich ordne den Start sämtlicher flugfähigen Einsatzverbände an. Ich will ihre Schiffe unverzüglich in der Luft sehen. Fangen sie alle fremden Schiffe ab, die in wenigen Minuten über Tarid materialisieren. Wir rechnen mit einem Angriff ragunischer Schiffs-Verbände.«

»Hier spricht Arfan-Don, der Sicherheits-Offizier der Basis«, schepperte es aus den Lautsprechern.

»Unsere Kommandantin ist abwesend und beteiligt sich an der Forschungsmission in Wales. Ich habe das Kommando übernommen. Unsere Basis hat in den Kampfzustand gewechselt. Sämtliche Abwehrtürme werden ausgefahren und auf Automatik gestellt. Die Schutzschirme wurden aktiviert. Unsere Verteidigungsflotte von 500 Schiffen der Naada-Klasse beginnt mit dem Startvorgang. Sie werden die Heimatflotte von Commander Ciacombo unterstützen.«

»Danke«, antwortete General Poison. »Halten sie die Augen offen.«

»Die Flotten-Kampfstationen Konstalarosa und Xantalarosa schleusen ihre Schiffsverbände aus«, teilte Commodore von Häussen mit. »Der Schiffsriegel um Tarid wird immer undurchdringlicher. Die restlichen Stationen haben ihre Bereitschaft gemeldet.«

»Gut«, nickte General Poison. »Falls es sich wirklich um ein Zeitfenster handeln sollte, darf es keinem Fremdschiff gelingen zu flüchten. Dann würden die Fremden über unsere Flottenstärke informiert werden. Das muss unter allen Umständen verhindert werden. Informieren sie Commander Ciacombo, dass nach Öffnung des Zeitfensters ein Geschwader zu dem Wurmlochtor beordert wird, um den fremden Schiffen den Fluchtweg zu versperren.«

Er blickte Commodore McGregor an.
»Informieren sie Major Travis und sein Forschungsteam über den Alarmzustand«, befahl der General. »Sagen sie ihnen, dass vermutlich ein Angriff auf die geheime Station

der Raguner stattfinden wird. Sie sollen sich eine ausreichende Deckung suchen.«

Er blickte den Funkoffizier an.
»Öffnen sie mir eine Verbindung zu Captain Hunter«, befahl er.

»Die Verbindung steht«, antwortete der Offizier. »Sie können sprechen, Herr General.«

»Hier ist Captain Hunter«, tönte es aus der Leitung.

»General Poison spricht«, sprach in den Communicator. »Wir haben einen imperialen Alarmzustand. Vermutlich haben sie die Warnhinweise der Station und die Bitte um Unterstützung mitgehört?«

»Klar und verständlich«, antwortete der Captain. »Meine Flotte ist bereits aufgestiegen und sichert das provisorische Camp. Wir haben einen Schutzschirm über den Wissenschaftlern aufgebaut. Er wird von mehreren Schiffen stabilisiert.

»Perfekt«, antwortete der General. »Beobachten sie die Geschehnisse um das Gebirge. Wir vermuten, dass die geheime Station vernichtet werden soll.«

»Wir werden das zu verhindern wissen«, antwortete der Captain. »Ich glaube fest daran, dass sich die Station selbst wehren kann. «

»Wie kommen sie zu dieser Annahme? «, fragte der General.

»Vor wenigen Sekunden sind über 60 Abwehrtürme aus dem Boden ausgefahren und in den Himmel gerichtet worden«, antwortete Captain Hunter. »Ferner hat sich ein dichtes gelbes Energienetz um das Gebirge gelegt. Ich vermute es handelt sich um einen unbekannten Schutzschirm. «

»Die Station verfügt noch über Energie? «, staunte der General.

»Es scheint so«, antwortete der Captain. »Ich halte sie auf dem Laufenden. «

Heran blickte auf seinen Scanner und hob seine rechte Hand. Thoran blickte ihn an.

»Was hast du ermittelt? «, fragte er.
»Die Energiewerte sind massiv angestiegen«, flüsterte Heran. »Es laufen zahlreiche Großmeiler an. Der

Ausschlag des Zeigers meines Scanners ist im roten Bereich angelangt.«

»Das ist nicht gut«, bemerkte Thoran. »Haben wir irgendetwas übersehen und ausgelöst?«

Major Travis und Admiral Tarin waren neben die beiden Lantraner getreten.

»Gibt es Probleme?«, fragte der Major.

Thoran blickte ihn an.
»Wir wissen es nicht genau«, antwortete der Lantraner. »Heran's Scanner hat den Anstieg ungeheurer Energiemeiler festgestellt. Ich hoffe nicht, dass wir versehentlich die Selbstzerstörung der Anlage ausgelöst haben.«

Major Travis blickte Heinze an.
»Kannst du irgendetwas feststellen?«, erkundigte er sich.

Das Gesicht von Heinze legte sich in Falten. Der Major wusste, dass sein Freund jetzt nach Gedankenwellen esperte.

»Ich fange die Gedanken einer Person auf«, teilte der Ro mit. »Es ist die Person, die sich Midir nennt.«

»Midir lebt noch? «, stutzte Atlanta. » Es sind 150.000 Jahre seit unserem letzten Besuch vergangen. «

»Er wird unruhig«, antwortete der Ro. »Seine Gedanken drehen sich um einen geplanten Angriff der Raguner. Sie werden durch ein zeitgesteuertes Wurmlochfenster kommen. «

»Um welchen Angriff handelt es sich? «, erkundigte sich Admiral Tarin.

»Um einen Angriff auf diese Station«, erwiderte der Ro. »Wir befinden uns in einer Zeitfluchtstation der Raguner, die aber von den Aller-Ersten zur Verfügung gestellt und geführt wurde. «

»Wer sind die Aller-Ersten? «, fragte Admiral Tarin.
»Das ist wieder eine andere alte Rasse des Universums«, lächelte Major Travis. »Sie werden bestimmt im Lauf ihrer Reisen auf weitere alte Rassen stoßen. «

»Sie geben ihre Zurückhaltung gegenüber uns auf«, ergänzte Heinze. »Bisher wollten sie die Station vor fremden Einflüssen schützen. Doch scheinbar hat sich die Situation kurzfristig geändert. Sie wollen uns um Hilfe bitten. «

Plötzlich wurden metallische Geräusche laut. Zwei Marines und zwei Kampf-Roboter kamen den Gang entlanggelaufen.

Vor Major Travis blieben sie stehen und salutierten. Fragend blickte sie der Major an.

»Mein Name ist Leutnant Grevens«, stellte sich der Marine vor. »Mein Kollege heißt Leutnant Porter. Captain Hunter schickt uns zu ihnen. Wir konnten keine Funkverbindung zu ihnen aufnehmen. Scheinbar wurde die Höhle hermetisch abgeschirmt.«

»Was gibt es so Dringendes?«, fragte der Major.
»Wir haben den imperialen Alarmzustand ausgerufen«, teilte der Leutnant Grevens mit. »Haben sie keine Mitteilung der Station aufgefangen?«

Major Travis schüttelte seinen Kopf.
»Wir haben hier nichts erhalten«, antwortete er. »Um was für einen Alarmfall handelt es sich?«

»Diese geheime Station sendet auf allen imperialen Frequenzen Notrufe«, erklärte der Leutnant. »Sie warnt uns vor einem Angriff der Raguner, die durch ein

Zeitfenster über Tarid materialisieren werden. Ferner vermutet sie einen Angriff auf diese Station und bittet uns um Hilfe. General Poison hat einen Abwehrriegel um Tarid legen lassen. Die Heimatflotte unter dem Befehl von Commander Ciacombo ist im Anflug. Die Atlantis-Basis wurde vollständig aktiviert. Die Schutzflotte der Basis ist aufgestiegen und sichert den Planeten. Zusätzlich hat diese geheime Station 60 Abwehrtürme ausgefahren und in den Himmel gerichtet. Von uns wurde ein massiver Schutzschirm gescannt, der sich über das ganze Kombrogi-Gebirge gelegt hat. Lediglich der Eingang zu dieser Höhle ist noch begehbar.«

Die Offiziere der Forschungsgruppe sahen sich an.
»Sollen wir zurückkommen?«, fragte der Major. » Ist unsere Anwesenheit erforderlich.«

»Captain Hunter und die Führung des Neuen-Imperiums scheinen alles im Griff zu haben«, antwortete der Leutnant. »Der Captain wollte lediglich, dass sie über die Ereignisse informiert werden. Er wies noch darauf hin, dass sie vorsichtig sein sollten. Wir haben immense Energiereserven angemessen.«

»Das ist uns auch aufgefallen«, lächelte der Major. »Falls es sich um eine Station der Aller-Ersten handeln sollte, werden wir nichts zu befürchten haben. Bei ihnen handelt es sich um Freunde unserer Rasse. Gehen sie zurück und danken sie Captain Hunter in unserem Namen. Wir machen hier weiter. Halten sie uns den Eingang zu diesem Höhlensystem offen.«

Die Marines salutierten, drehten sich um und zogen sich mit den beiden Kampf-Robotern zurück.

Major Travis blickte die Gruppe an.
»Wir machen weiter und suchen Midir«, sagte er. »Er wird uns einige Fragen beantworten müssen.«

Er gab den Kampf-Robotern ein Zeichen weiter in den Gang vorzustoßen.

Die Gruppe war 37 Meter gegangen, als hinter einer Krümmung eine weitere Energiesperre sichtbar wurde.

»Wieder eine Sperre«, sagte Heran. »Sie ist von der gleichen Struktur, wie die vorherige. Bitte nicht anfassen. Sie soll Eindringlinge an einem weiteren Vorrücken hindern.«

Er zog seinen Scanner aus der Tasche und scannte den Rahmen der Sperre. Langsam fuhr er mit dem Gerät an den Fugen entlang, wo das Energiefeld auf den Felsen traf.

Plötzlich vibrierte die Erde. Die Forscher hatten Mühe ihr Gleichgewicht zu halten. Staub rieselte von der Höhlendecke zu Boden. Erneut wiederholte sich das Vibrieren noch zweimal.

»Einschläge«, meldete Heran. »Der Stützpunkt wird angegriffen. Wir sollten uns Deckung suchen. «

Das Vibrieren wurde stärker. Es fühlte sich an, als ob gleichzeitig mehrere Einschläge das Gebirge getroffen hätten. Kleinere Felsstücke lösten sich aus den Wänden und fielen zu Boden. Staubschwaden beeinträchtigten die Sicht. Die unangenehmen Erschütterungen hörten nicht auf. Die Einschläge nahmen die Forscher mal stärker und mal schwächer wahr. Die Schwingungen wirkten sich unangenehm auf den festen Stand der Forscher aus. Die Individualschirme waren bis zur höchsten Einstellung aktiviert.

Oberhalb von Tarid öffnete sich ein grelles blaues Fenster. Vier fremde Zerstörer mit breiten Klappflügeln traten aus. Der Blockadering der Raumschiffe des Neuen -Imperiums stand zu weit von dieser Position entfernt. Sie rechneten nicht mit der Öffnung eines Wurmlochfensters in der oberen Atmosphäre ihres Planeten. Die 500 Meter messenden Raumschiffe stoppten ihren Flug. Sie scannten den Planeten und den Weltraum, um den Ziel-Planeten herum. Mit Schrecken erkannten sie, dass unzählige Raumschiffe Kurs auf sie nahmen. Die breiten Tragflächen der fremden Schiffe klappten nach unten und nahmen eine Kampfstellung ein. Die Sensoren der Schiffe hatten scheinbar den Zielpunkt ihrer Scans lokalisiert. Aus ihren Geschützen lösten sich dünne Nadelstrahlen, die rasend schnell in die Atmosphäre von Tarid eindrangen. Die Heimatflotte von Commander Ciacombo identifizierte das Ziel der Strahlen als das Kombrogi-Gebirge in Wales. In kurzen Abständen schossen die fremden Schiffe ihre Nadelstrahlen auf das Ziel.

Das Gebirge war durch einen starken fremden Schutzschirm gesichert worden. Die Nadelstrahlen schlugen in ihm ein, doch der Schutzschirm leitete die Strahlen problemlos ab. Als die fremden Kampfschiffe, die Wirkungslosigkeit ihrer Angriffe erkannten, wollten sie tiefer in die Atmosphäre eindringen, um ihren Beschuss zu intensiven. Doch hierzu kam es nicht mehr. Insgesamt die 120 Lasertürme der Atlantis-Basis hatten die vier Schiffe bereits im Visier ihrer schweren Geschütze. Das starke Automatikfeuer schlug in die Schirme ein und ließ sie sich schlagartig rot verfärben.

Dann setzte zusätzlich das Abwehrfeuer der unbekannten 60 Abwehrtürme der Geheimstation ein. Auch diese

Strahlen prasselten auf die fremden Zerstörer und ließen erste Strukturlücken entstehen. Unterhalb der fremden Schiffe näherten sich die 500 alarmierten Naada-Schiffe der Tarid-Basis. Ihr Laserfeuer konzentrierte sich ebenfalls auf die vier Schiffe. Der pausenlose massive Beschuss ließ die Schutzschirme der fremden Schiffe sofort kollabieren. Aufbauten wurden von den fremden Schiffen abgerissen, Stücke aus den Bordwänden wurden abgesprengt. An den Schiffen entstanden zahlreiche Brandherde, die sich an den Außenwänden weiterfraßen. Die herannahende Heimatflotte der EWK belegte die vier Schiffe mit einem Automatikfeuer aus den Waffentürmen.

Mit einem Schlag wurden die Waffen-Vorrichtungen der fremden Schiffe unter dem konzentrierten Feuer vernichtet. Explosionen entstanden auf den Schiffen. Dem Trommelfeuer der Schiffe der Heimatverteidigung konnten die Klappträger-Schiffe nicht lange standhalten. Die Schutzschirme kollabierten vollständig und fielen aus. Die anschließend auftreffenden Lasersalven durchschlugen die Tragflächen und die Bordwände und lösten weitere Brände aus. Die vielen kleinen Atombrände fraßen sich tief in das Innere der Schiffe.

Commander Ciacombo gab der Atlantis-Flotte den Befehl sich zurückzuziehen. Dann feuerten 8 Schiffe der Heimat-

Verteidigung ihre Hyperspace-Kanonen ab. Die Geschosse gingen in den Hyperraum und materialisierten erst kurz vor ihrem Ziel. Mit unvorstellbarer Wucht schlugen sie in die ungeschützten Schiffe der Raguner ein. Die sich im Abdrehen befindlichen Schiffe wurden in ihrem eingeleiteten Wendemanöver getroffen. Große Explosionen breiteten sich auf den Schiffen aus. Als dann der Maschinenraum der Schiffe fast gleichzeitig explodierte, verwandelten sich die Schiffe der Raguner in helle Kunstsonnen. Nichts blieb mehr von den Kampfschiffen übrig als kleine, sich im All drehende brennende Metallstücke.

Geistesgegenwärtig ließ Commander Ciacombo zwei Schiffe ihre Hyperspace-Kanonen auf das geöffnete Wurmlochfenster schießen. Die Geschosse durchflogen den künstlichen Horizont und verschwanden aus dem Blickfeld. Der Commander wusste, dass am anderen Ende des Tunnels jemand für diesen Angriff verantwortlich sein musste. Er würde die Antwort des Neuen-Imperiums zu spüren bekommen. Das geöffnete Wurmlochfenster hatte den Kontakt zu den ragunischen Klappflügel-Zerstörern verloren und schloss sich selbstständig.

Das Vibrieren des Felsenbodens nahm ab. Die Erschütterungen hörten schlagartig auf.

»Ist das jetzt ein Gutes, oder ein schlechtes Zeichen? «, erkundigte sich Marin.

»Die Angreifer wurden vernichtet«, bemerkte Heinze. »Ich kann es aus den Gedanken unserer Offiziere der Heimatflotte lesen. Die Gefahr ist beseitigt. Wir können weitergehen. «

Heran und Thoran gingen auf die Energiesperre vor. Sie hoben ihre Scanner und wollten nach der Energiekupplung suchen. Doch unverhofft erlosch energetische Barriere und gab den Eingang in eine große Felsenhalle frei. Langsam schritt die Gruppe weiter. Licht flammte auf und leuchtete die Halle aus. Die Gruppe stand auf einem Felsenvorsprung.

Die Lichtkegel der Lampen konnte die Decke der großen Steinhöhle nicht erreichen. Eine massive breite Steintreppe, von exakt 100 Stufen führte von dem Gang zu dem Boden der Halle hinab. Die Besucher staunten. Die Halle war gewaltig. Alle Wände waren mit unterschiedlichen Schriftzeichen versehen. Major Travis, Heran, Marin und Gareck und die restlichen Mitglieder des Forschungsteams waren fassungslos.

»Was ist das hier? «, fragte Major Travis. » Wer kann so etwas in den Felsen bauen? «

Marin und Gareck schüttelten fasziniert ihre Köpfe.

»So etwas habe ich auch noch nicht gesehen«, murmelte Heran. »Diese Halle muss eine wichtige Bedeutung gehabt haben. Die Schriftzeichen an der Wand sind alle von unterschiedlichen Species der Galaxie. Einige Zeichen erkenne ich, andere wiederum sind mir völlig unbekannt. Die Raguner müssen mit vielen fremden Rassen Kontakt gehabt haben. Das hier scheint ein Ort der Verständigung gewesen zu sein.«

»Das haben wir bei unserem ersten Besuch auch vermutet«, bemerkte Thoran. »Wir waren ebenso verwundert.«

Aus einer Plattform am Boden aktivierte sich ein blauer Energiestrahl, der sich bis zur Decke der Höhle ausbreitete. Langsam veränderte sich der blaue Strahl und nahm die Form eines Hologramms an, welcher ein stabiles Bild ausstrahlte. Es zeigte unzählige Sternensysteme an, die alle untereinander verbunden waren. In der Mitte des Bildes lag die Milchstraße. Von hier aus zweigten die unzähligen Verbindungen zu anderen Sternensystemen ab. Größere Galaxien wiesen mehr Verbindungen aufweisen als kleinere Sterneninseln.

»Das sind eindeutig Wurmloch-Verbindungen«, sagte Heran. »Alle hier sichtbaren Sterneninseln wurden miteinander verbunden.«

Thoran überlegte.
»Sollten die Raguner das geheime Netz von Wurmloch-Verbindungen installiert haben?«, fragte er.

Heran blickte ihn an.
»Ich warte und repariere seit vielen Jahrtausenden die getarnten Steuerstationen dieser Tunnel«, sagte er. »Ihre Existenz ist nach meinen Informationen nur eingeweihten Rassen bekannt. Bisher konnte ich keine Hinweise auf die Raguner finden. Doch ausschließen will ich es nicht.«

Thoran lächelte ihn an.
»Das Universum überrascht immer wieder mit neuen Erkenntnissen«, antwortete er. »Falls es sich bei den Verbindungen tatsächlich um Wurmlochfenster handeln sollte, dann waren die Raguner fortschrittlicher, als wir es ihnen zugestehen wollten.«

Atlanta zeigte auf das schimmernde Hologramm, welches seine volle Ausdehnung erreicht hatte und sich langsam in der Mitte des riesigen Felsendoms drehte.

»Dahinter steht ein Sarkophag«, sagte sie. »Dieser hatte sich bei dem letzten Besuch geöffnet. Der Gott Midir stieg aus ihm aus.«

Major Travis nickte ihr zu.
»Er sieht so aus, wie der Sarkophag, den wir in Schweden gefunden haben«, bemerkte er. » Er besitzt die Funktion einer Stasis-Kammer, wie wir es kennen.«

Ein Aufschrei ging durch die Beobachter.
Eine 2 Meter große Gestalt kam aus dem Dunkel in das Licht geschritten. Die Gestalt wirkte männlich, jugendlich und kräftig. Seine langen goldenen Haare fielen über ein purpurfarbenes Gewand. In der linken Hand hielt er einen Speer und ein goldenes Schild. Auf seinem Rücken erkannten die Besucher ein glitzerndes Langschwert hängen.

»Das ist Midir«, sagte Atlanta laut. »Es ist die gleiche Person, die bei unserem letzten Besuch flüchtete.«

Hinter Midir strömten 50 seltsame Roboter mit mehreren Beinen und Armen in die Halle. Sie positionierten sich rechts und links und bildeten eine breite Gasse. Ihre Waffen waren deaktiviert. Ihnen folgten 100 Personen, die wie Schwertkämpfer aussahen. Sie trugen Kleidung aus Leder und einen Gurt um die Hüfte, in dem ein

Schwert und ein Laserstrahler steckten. Ihr Kopf wurde von einem metallischen Helm geschützt, der drei Stacheln oberseitig aufwies.

»Die Schwertkämpfer tragen keltische Kriegshelme«, flüsterte Marin. »Ihre ganze Ausrüstung scheint von der keltischen Kultur beeinflusst worden zu sein. Was haben die Raguner mit den Kelten der Erde gemeinsam? «

Major Travis hob seine Schultern.
»Sie besitzen eine graue Hautfarbe«, sagte der Major erstaunt. »Das sind keine Lebewesen von der Erde. «

Es sind Klon-Krieger der Aller-Ersten «, bemerkte Thoran. » Sie wurden künstlich gezüchtet und ausschließlich für den Kampf geschult. Vor ihnen müssen wir uns vorsehen. Es sind seelenlose Befehlsempfänger. «

Erwartungsvoll blickte Midir den Besuchern entgegen. Dann hob er einen Arm und winkte ihnen zu. Die Bewegung seines Arms deutete auf eine Einladung hin, zu ihm zu kommen.

»Das soll wohl eine Einladung sein? «, fragte Admiral Tarin. » Wollen wir zu ihm gehen? «

Major Travis sah ihn an.

»Ohne ihn zu befragen, werden wir keine weiteren Informationen erhalten«, antwortete er. »Ich denke, er beabsichtigt keine Kampfhandlungen durchzuführen. Wir haben seiner Bitte entsprochen und die fremden Raumschiffe vernichtet. Das war sein Wunsch. Er steht in unserer Schuld. «

Ankunft der Abgesandten

Noch waren die Besucher 100 Stufen von dem Boden des Doms entfernt. Langsam schritt die Gruppe vorwärts, die Stufen zu der Felsenhalle hinunter. Diesmal machte Midir nicht den Versuch zu fliehen.

Als die Gruppe nur noch 43 Stufen von dem Boden entfernt war, breitete sich seitlich von Midir eine nebelige weiße Wand aus. Sie wurde dichter und undurchsichtiger. Als sie sich zu einer festen Wolke verdichtet hatte, blitzte es in ihrer Mitte auf und eine Öffnung bildete sich. Es wirkte wie ein Tor zu einer anderen Dimension.

Nach einigen Sekunden schritten drei Gestalten in weißen Kutten heraus. Sie gingen auf Midir zu und begrüßten ihn. Hinter ihnen löste sich die Wolke wieder auf. Midir schien erleichtert zu sein und redete auf die Ankömmlinge ein. Der Vorderste der Gestalten hob seine Hand und gebot ihm innezuhalten. Er zeigte auf die Besucher, die sich langsam dem Hallenboden näherten.

Major Travis hatte bereits eine Vermutung. Doch er informierte seine Begleiter noch nicht. Er konnte die Gesichtszüge der Neuankömmlinge auf dieser Entfernung nicht erkennen. Tart 1 und Tart 2 nahmen ihren Schutzbefohlenen in ihre Mitte. Nachdem die Gruppe den Boden der Halle erreicht hatte, schritten sie langsam auf die wartenden Fremden zu.

Major Travis lächelte, als er die Gesichter der in weißen Kutten gehüllten Männer erkannte. Es waren Geoffwan, der Sprecher des Ältestenrates der Aller-Ersten. Er wurde von Nadewan, dem Befehlshaber der Wolkenstädte und Talswan, dem Oberkommandeur der Raumflotte der Aller-Ersten begleitet.

Major Travis und sein Team blieben vor den fremden Personen stehen.

»Es freut mich sie zu sehen, Geoffwan«, begrüßte er den Sprecher seines Volkes.

Dieser nickte.
»Die Freude ist ganz meinerseits«, antwortete er. »Leider haben wir uns etwas verspätet. Ansonsten hätten wir die Situation im Orbit ihres Planeten selbst bereinigen können. Die Zeitangaben im Buch des großen Aahnn scheinen nicht präzise interpretiert worden zu sein. Hierfür bitte ich um Entschuldigung.«

Er drehte sich zu seinen Begleitern um.
»Nadewan und Talswan kennen sie bereits von unserem letzten Aufeinandertreffen«, ergänzte er. »Sie begleiten mich bei dieser sensiblen Aufgabe.«

Er zeigte auf Midir.
»Das ist Midir«, erklärte er. »Er ist einer von uns, doch sein Körper wurde verändert und der Gestalt eines Raguners angepasst. Er ist der Wächter dieser besonderen Fluchtstation auf ihrem Territorium.«

Major Travis und sein Team begrüßten die Abgesandten der Aller-Ersten.

Geoffwan blickte die Begleiter von Major Travis an, die ihm anschließend vorgestellt wurden.

Vor Admiral Tarin blieb er stehen und musterte ihn.
»Ihnen haben wir es zu verdanken, dass wir heute über die besondere Species der Terraner verfügen dürfen«, sagte er. »Dafür wäre ihnen eigentlich zu danken, wenn sie bei ihrer Evakuierung nicht so viel Unruhe unter den Völkern der Galaxie verursacht hätten. Trotzdem ist es verwunderlich, dass sie heute noch unter uns weilen dürfen.«

Admiral Tarin nickte.
»Eine Verquickung unglücklicher Umstände«, lächelte er. »Langsam bin ich wirklich froh, dass es so gekommen ist. Meine Leute und ich haben so die Möglichkeit, eine bessere Zukunft mitzugestalten.«

Geoffwan nahm die Worte des Admirals in sich auf. Langsam lächelte er ihn an.

»Wenn das wirklich ihr Ziel ist, dann haben sie viel hinzugelernt«, antwortete er.

Geoffwan schritt auf Heinze zu und streichelte das Fell seines Hinterkopfes.

»Du bist ein ganz besonders Lebewesen«, flüsterte er. »Deine Entscheidung war richtig, die Terraner bei ihren Plänen zu unterstützen. «

Dann wandte er sich wieder Major Travis zu und blickte Heran und Thoran an.

»Ihr Volk hat sich wieder dazu entschlossen, sich stärker für die Belange der Milchstraße einzusetzen? «, fragte er. »Sie müssen Thoran sein. Der Oberbefehlshaber der lantranischen Flottenverbände.«

»Ich bin verwundert, dass sie mich kennen? «, antwortete Thoran zurückhaltend. «

»Wer kennt nicht den legendären Kämpfer der Lantraner, der sich auf unterschiedlichen Welten von humanoiden

Lebensformen als Gottheit feiern ließ«, bemerkte Geoffwan.

Das Gesicht von Thoran verdunkelte sich.
»Diese Zeitepoche ist lange her und sie war nicht die Glücklichste in unserer Entwicklung«, antwortete er. »Wir haben immer auf unsere Art versucht, heranwachsende Species zu unterstützen.«

»Sie haben Recht«, lächelte Geoffwan. »Ich wollte sie nicht diskriminieren. Doch damals mussten wir über ihre Art lächeln, sich auf vielen humanoiden Welten als Gottheiten auszugeben. Leider hat ihre freiwillige gewählte, lange Zurückgezogenheit viel Leid unter die Völker der Milchstraße angerichtet.«

Thoran wollte etwas sagen, doch Geoffwan hob seine Hand.

»Verteidigen sie sich nicht«, erwiderte er. »Auch wir Aller-Ersten waren früher nicht ohne Fehler. Leider müssen auch wir auf Epochen in unserer Entwicklung zurückschauen, auf die wir heute nicht mehr stolz sind. Insbesondere unsere Brutexperimente mit den Worgass und anderen Lebensformen beschämen uns sehr. Trotzdem sind wir ihnen sehr dankbar, dass sie Major Travis bei der Lösung des zierrakischen Problems beigestanden haben. Das werden wir ihnen, ihrem Volk und ihrer hohen Empore nicht vergessen.«

»Lassen wir die alten Geschichten«, bemerkte Thoran. »Die frühen Zeiten des Universums wurden von vielen angeblich alten Species falsch interpretiert. «

Er zeigte auf seinen Begleiter.
»Das ist Heran«, sagte er. »Er ist für die Wartung von Wurmloch-Steuerstationen verantwortlich. Ferner ist er ein Experte für jegliche Art von Raumschiff-Antrieben. «

»Solche Fähigkeiten machen den Unterschied zwischen den Species aus«, lächelte der Aller Erste. »Nur wer die Möglichkeiten des Universums versteht, kann auch hierauf seine Technik ausrichten. «

Hinter der Gruppe wurde es lauter.
Geoffwan und seine Kollegen wandten ihren Kopf. Mit Erstaunen erkannten sie die Amazonen, die Marines und die Kampf-Roboter, welche die lange Treppe herunter schritten.

»Was haben sie vor? «, fragte der Aller Erste überrascht. » Wollen sie die Basis übernehmen? «

Major Travis lächelte ihn an.

»Wir wussten nicht, was uns erwarten würde«, antwortete er. »Die Kommandantin der Atlantis-Basis hatte bei ihrem letzten Besuch in dieser geheimen Basis, Schwerter, Schilde und Speere vorgefunden. Wir sind davon ausgegangen, dass diese nicht nur zu Dekorationszwecken hier gelagert werden. Zumal bei dem letzten Eindringen ein Angriff von Rigo-Sauroiden auf diesen Planeten erfolgte. Wir sind davon ausgegangen, möglicherweise ein Nest von diesen gehassten Lebewesen vorzufinden.«

Geoffwan nickte.
»Wir verstehen«, antwortete er. »Zwei dieser Wesen haben tatsächlich versucht, über das externe Höhlensystem in unsere Basis einzudringen. Diese Gänge wurden ursprünglich als Fluchtwege angelegt. Ein Bergrutsch hat sie für eine kurze Zeit freigelegt. Das war vor 150.000 ihrer Zeitrechnung. Doch die Vasallen der Arthropoden sind an unseren Energiebarrieren gescheitert. Scheinbar wussten sie nicht, vor was sie standen. Ein Energieschild hat sie zu Asche verbrannt.«

Admiral Tarin spitze seine Ohren.
»Habe ich richtig gehört?«, fragte er.» Die Arthropoden sind die Schöpfer der Rigo-Sauroiden?«

»Unsere Recherchen zeigen eindeutig in ihre Richtung«, antwortete Talswan, der Flottenbefehlshaber der Aller-Ersten. »Wie sie sicherlich festgestellt haben, waren die Körper der Eindringlinge mit einem Parasiten der Arthropoden infiziert. Auch diese Kreaturen, die sich gerne an dem Rückgrat, oder dem Gehirnstamm eines Wesens festsetzen, haben unser vernichtendes Energie-Schutzfeld nicht überlebt. Sie sehen also, dass die Rigo-Sauroiden nicht nur zu der Zeit des Unterganges von Natrid aktiv waren. Auch an der Zerschlagung des galaktischen Imperiums von Ragun waren sie beteiligt.

Zwar nicht mit einem Direktangriff, wie auf ihre Heimatwelt, doch in jedem Fall im Hintergrund agierend. Ein Teil des Unterganges ihres Imperiums haben die Raguner selbst zu verantworten. Sie waren als Gesellschaftsform zu sehr militärisch orientiert. Unsere Bedenken und Warnungen beachteten sie nicht. Sie ließen ihren Kolonien und den von ihnen unterworfenen und angeschlossenen Welten keine Luft zum Atmen. Alle assimilierten Planeten wurden von dem Zentralrat auf Ragun gnadenlos ausgepresst. Die untergebenen Systemräte der Systeme befolgten die Anweisungen ihres Zentralrates bis aufs kleinste Detail. Ihnen standen starke Flotten-Verbände zur Seite.

Mit ihnen wurden Revolten und Widerstände sofort niedergeschlagen. Alle Welten des galaktischen Imperiums von Ragun mussten für ihre Sicherheit große Tributzahlungen an die Zentralwelt verrichten. Diese Zahlungen flossen wieder in den Raumschiffbau und in die technische Entwicklung der Raguner. Ein Kreislauf ohne Ende.«

»Wissen sie, wo sich das Heimatsystem der Arthropoden befindet? «, erkundigte sich Admiral Tarin. » Das wird unser zukünftiges Ziel sein. Diese Rasse wird sich einer gerechten Strafe nicht entziehen können. «

Talswan schüttelte seinen Kopf.
»Wir haben viel von dem Universum in der Zeit unserer Entwicklung kennengelernt«, erklärte er. »Doch das graue Universum, das nach vielen Gerüchten als Heimat der Arthropoden bezeichnet wird, haben wir zu keiner Zeit gefunden. Ansonsten hätten wir uns dieser Sache selbst angenommen. «

Man merkte dem Admiral seine Enttäuschung an.
»Niemand besitzt genaue Daten über das Heimatsystem dieser Rasse«, schimpfte Admiral Tarin. » Es kann doch nicht sein, dass ein ganzes Sternensystem vor unseren Augen versteckt wird? «

Talswan blickte Geoffwan an.

»Leider steht über diese Species nichts in dem Buch unseres großen Aahnn verzeichnet«, erklärte der Sprecher der Aller-Ersten. »Bekanntlich war er der größte Prophet unserer Rasse. Alle seine Prophezeiungen sind wahr geworden. Nach seinen Vorgaben und Lebensphilosophien richtet sich das Leben unserer Rasse. Aber ihre unbedachte Einschätzung kann zutreffen. Das graue Universum wird nicht ein Bestandteil unseres Universums sein. Wir vermuten schon sehr lange, dass es sich in einer Blase des Zwischenraumes, oder in einer anderen Dimension versteckt hält. Leider gibt es hiervon unzählige. Von daher ist es fast ausgeschlossen, den Lebensraum zu der Arthropoden finden. «

Sergeant Hardin und Lorin waren zu Major Travis getreten.

Der Major blickte beide an. Dann drehte er seinen Kopf wieder den Aller-Ersten zu.

»Darf ich ihnen Sergeant Hardin vorstellen«, sagte er. »Er befehligt unsere Soldaten und die Kampfroboter. «

Geoffwan und seine Begleiter hoben eine Hand halbhoch vor ihre Brust.

»Es freut uns sie kennenzulernen«, antworteten sie höflich. »Seien sie ohne Sorge. Es wird zu keinem Kampfeinsatz kommen. Vielmehr haben wir andere Sorgen mit ihnen zu besprechen.«

Major Travis zeigte auf Lorin.
»Das ist die Kommandantin unseres Amazonen-Kommandos«, erklärte er. »Lorin befehligt unsere weibliche Nahkampf-Truppe.«

Wieder erfolgte das gleiche Szenarium. Die Aller-Ersten hoben eine Hand an ihre Brust.

»Auch sie begrüßen wir in unserer Basis herzlich«, sagte Geoffwan. »Unsere Klon-Krieger können ebenfalls sehr gut mit den Waffen der Kelten umgehen. Es ist gut möglich, dass wir sie und ihre Kämpferinnen noch brauchen werden. Vielleicht auch nur zu repräsentativen Zwecken. Aber hierzu später mehr.«

Major Travis gab Sergeant Hardin und Lorin den Befehl, sich mit ihren Einheiten gegenüber den Robotern und Klon-Kriegern der Aller-Ersten zu positionieren.

Erst jetzt blickte er Geoffwan wieder an.
»Was ist das für eine Basis?«, fragte er. »Welche Aufgabe erfüllte sie?«

Der Sprecher der Aller-Ersten schaute ihn an.

»Warum setzen sie sich so für die Raguner ein?«, ergänzte Major Travis seine Frage.

»Das ist eine lange Geschichte«, antwortete Geoffwan. »Sie ist zu lange, um sie ihnen hier in allen Einzelheiten zu erzählen. Deshalb fasse ich mich kurz. Doch eines sollten sie wissen. Bei den Ragunern handelt es sich um Kinder unseres Samens. Vor langer Zeit, als sich die ausdehnenden Sternensysteme stabilisiert hatten, fassten wir den Entschluss, einige der bewohnbaren Welten dieser Systeme mit unserem Leben zu füllen. Auf dem ehemaligen fünften Planeten dieses kleinen Sternensystems, sie nennen es Sol-System, fanden wir einen Planeten in einer habitablen Zone.

Dieser wurde unseren Ansprüchen gerecht. Wir warfen Sporen und Samen ab und veränderten die Natur. Wir sorgten für gute lebensfähige Verhältnisse. Zum Schluss übergaben wir dieser Welt, eine aus unserer DNA gezüchteten Lebensform. Das war vor vielen Hunderttausenden von Jahren. Wir nannten die Rasse Raguner. Sie vermehrten sich zu unserer Freude rasch. Wir konnten ihre Entwicklung verfolgen und sie fördern. Sie waren gelehrig und wissbegierig. Als sich dann auch ihr Gehirn weiterentwickelt hatte, verlangten sie nach immer mehr Informationen.

Wir als Rasse waren begeistert über das vielfältige Leben unserer Züchtungen, welche sich auf den vielen auserwählten Welten entfaltete. Unsere DNA hatte neue Species hervorgebracht, die sich auf den unterschiedlichsten Planeten des Universums an die vorhandenen Umweltbedingungen anpasste. Doch nur die Rasse der Raguner war immens neugierig. Es schien an diesem einzigartigen Sternensystem zu liegen, das später immer wieder neue Species hervorbrachte, die sich als wissbegierig zeigten.«

Er blickte Major Travis und seine Begleiter an. Dann fuhr er fort.

»Durch unsere Unterstützung wurde der schnelle Aufstieg der ragunischen Zivilisation gefördert. Sie nutzten den Planeten für ihre Agrarwirtschaft, bauten Städte und entwickelten ein ungeheures Interesse an technischen Errungenschaften. Ihre Industrie wuchs beispiellos. Irgendwann konnten sie Raumschiffe bauen und stießen in den Weltraum vor. Sie forschten auf anderen Planeten und stießen auf neue Lebensformen. Doch anstatt mit ihnen eine partnerschaftliche

Kooperation einzugehen, griffen sie nach kurzer Zeit diese Welten an und unterwarfen die Bevölkerung.

Das ragunische Imperium wurde gegründet. Als immer mehr Welten diesem Planetenverbund einverleibt wurden, in der Regel erfolgte dies mit kriegerischen Maßnahmen, stellten wir unsere technische Unterstützung für die Raguner ein. Erst jetzt erkannten wir, was für ein Volk wir erschaffen hatten. Wir empfahlen den Raguner mit dieser aggressiven Politik aufzuhören, doch sie hörten nicht mehr auf uns. Ihr Ausdehnungsprozess war zu einem Selbstläufer geworden. Ihr technischer Vorsprung gab ihnen die Macht, über alle anderen jungen heranwachsenden Völker der Galaxis zu dominieren.

Sie stahlen technische Entwicklungen anderer Species und machten sie zu ihren eigenen Erfindungen. Ihr Imperium wuchs und vergrößerte sich stetig. Vor 750.000 Jahren hatte das ragunische Imperium seine Hochzeit erreicht. Nichts schien mehr für diese Rasse unmöglich zu sein. Wir beobachten mit großer Sorge diese Entwicklung, schritten aber nicht ein. Wir ließen es zu, dass sie immer neue Welten versklavten und ihrem Hoheitsgebiet anschlossen.«

Geoffwan machte eine kurze Pause und blickte seine Gesprächspartner an.

»Leider ist uns ihre besondere Vorliebe für die Züchtungen unterschiedlicher Species auch aufgefallen«, teilte Thoran verächtlich mit. »Schon damals haben wir sie gewarnt, ihre eigene DNA nicht in die Züchtungen von neuen Species zu manifestieren. Unsere eigenen Erfahrungen zeigten uns, dass auf allen Planeten andere Umweltstimmungen herrschen und diese einen massiven Einfluss auf die Entwicklung von Kunstgeschöpfen nehmen.«

»Das wissen wir aus eigenen Forschungen«, bestätigte Nadewan schroff. »Spätestens seit unseren Eingriffen in die Worgass-DNA haben wir unsere Pläne für solche Kunstgeschöpfe ausgesetzt.«

»Weil sie ihrer Kontrolle entglitten sind«, fluchte Thoran. »Sie Wesen haben sich dann später als eine Pest für das ganze Universum herausgestellt.«

»Ich bitte sie«, sagte Geoffwan. »Sie als Lantraner sollten es doch besser wissen. Nur durch unsere Abwesenheit sind andere Species auf die leichte Beeinflussbarkeit der Worgass aufmerksam geworden. Muss ich sie daran erinnern, dass durch die Anordnungen ihrer hohen

Empore, sich ihr Volk ebenfalls aus der Milchstraße zurückgezogen hat. Auch das war ein großer Fehler. Ihr Volk hat ihre Schutzbefohlenen sich selbst überlassen. Das war nicht in dem Sinn des großen Galaxien-Vertrages, dem viele alte Völker des Universums seinerzeit zugestimmt hatten. Wie ich mich erinnere, auch ihr Volk.«

Thoran wollte hierauf antworten, doch Major Travis hob seine Hand.

»Meine Herren«, sagte er. »Das hier ist nicht der Ort und der Zeitpunkt, um politische Verträge zu diskutieren. Wir sind nicht hier, um uns gegenseitige Versäumnisse vorzuwerfen. Unser Blick kann nur in die Zukunft gerichtet werden, um es besser zu machen als in der Vergangenheit. «

Thoran und Geoffwan sahen sich an und nickten.
»Wir stehen vor neuen Problemen, die gelöst werden müssen«, erklärte er. » Die Vorhaltungen der Vergangenheit erledigen sich hierdurch von selbst. «

»Um welche Probleme handelt es sich? «, fragte der Major.

»Ich komme nachher hierauf zu sprechen«, erwiderte der Sprecher der Aller-Ersten. »Doch vorerst möchte ich meine einleitenden Erläuterungen fortführen.«

Er blickte seine Gesprächspartner an.
»Als diese keine Einwände vortrugen«, begann Geoffwan seine Erkenntnisse über die Raguner zu vervollständigen.

»Sie haben verstanden, dass es sich bei den Ragunern um Kinder unserer Saat gehandelt hat«, sagte er. »Wir sahen zu, wie das Imperium der Raguner immer größer wurde und sich ausweitete. Neue Planeten wurden assimiliert, ausgebeutet und die Rohstoffe abtransportiert. Eine Unmenge von Transportflotten flogen die Systeme des ragunischen Imperiums an, brachten Material und Verbrauchsgüter und übernahmen wichtige Rohstoffe, die von der Heimatwelt der Raguner benötigt wurden. Der Zentralplanet des Imperiums glich zu diesem Zeitpunkt einer großindustriellen Fertigungsanlage.

Es gab kaum noch Grünflächen. Das Gesicht der Heimatwelt der Raguner hatte sich verändert. Der ehemals fruchtbare, grüne Planet war zu einer braunen, rostigen und qualmenden Großfabrik geworden. Der ganze Planet war mit Firmen, Fertigungsstätten, Werften und Industrieanlagen bedeckt. Lediglich auf die Wohnkomplexe für die Arbeiter und deren Gehilfen, konnte nicht verzichtet werden. Die geballte Industrie der Raguner lief zu dieser Zeit zu Höchstleistungen auf.

Keine der damaligen Rassen, die sich im Universum entwickelten, war technisch in der Lage sie aufzuhalten, oder ihren Expansionskurs einzudämmen. Weit über die Grenzen der Milchstraße hinaus, hielten zahlreiche Kampfflotten Ausschau nach neuen und unbekannten Sternensystemen. Nach und nach wurden diese neuen Welten von den Ragunern annektiert. So ging es viele Jahrhunderte weiter. Dann, von heute ausgerechnet, es muss vor 550.000 Jahren gewesen sein, trafen einige ihrer Forschungsflotten auf eine Reihe von Welten, die sich dem Imperium der Arthropoden zugehörig fühlten. Sie warnten die Raguner vor einem weiteren Vordringen in das graue Universum. Doch der Zentralrat der Raguner ignorierte die Warnungen. Er befahl die weitere Annektierung, oder die Vernichtung dieser Welten. Die Flotten der Raguner drangen tiefer in das graue Universum ein. «

Geoffwan sah Admiral Tarin an.
»Ich weise nochmals daraufhin, dass wir diese Informationen nicht direkt miterlebt haben und keinen Hinweis haben, wo sich dieses graue Universum verbirgt«, erklärte Geoffwan. » Diese Informationen stammen lediglich aus den Aufzeichnungen der

Bordbücher von überlebenden Forschungs- oder Kampfflotten der Raguner. Denn irgendwann formierte sich eine große fremde Flotte und versperrte den Schiffen der Raguner den weiteren Weg. Erst jetzt erkannten die Raguner, dass es noch andere hochentwickelte Lebensformen im Universum gab. Beide Seiten schenkten sich nichts. Es gab zahlreiche Verluste von Schiffen und Personal auf beiden Seiten. Das war der Beginn des ersten großen galaktischen Krieges.

»Die Arthropoden hatten scheinbar bereits lange mit einem weiteren Vorrücken der ragunischen Flotten-Verbände gerechnet«, teilte Flottenbefehlshaber Talswan mit. »In aller Heimlichkeit hatten sie Kontakte zu den von den Ragunern unterdrückten Planeten aufgenommen. Sie schmiedeten eine Allianz gegen sie. Sämtliche verfügbaren Kampfschiffe dieser Rassen sollten sich an dem großen Gegenschlag beteiligen. Im Gegenzug versprachen die Arthropoden ihnen Schutz und die ewige Freiheit für ihr geknechtetes Volk.«

Er blickte die Zuhörer an.
»Ob sich die Arthropoden bereits damals ihrer gezüchteten Parasiten bedienten, das entzieht sich unserer Kenntnis«, fuhr er fort. »Es existieren keine Aufzeichnungen hierüber. Wir denken jedoch intensiv über diese Möglichkeit nach. Vermutlich wären nicht alle

Führungskräfte der unterschiedlichen Rassen auf die Vorschläge der Arthropoden eingegangen. Diese aber mussten sicherstellen, dass nichts von ihrem Plan durchsickern würde. Die Flotten der Raguner waren zu diesem Zeitpunkt sehr stark. Sie hätten die kleinen Schiffs-Geschwader einzelner aufrührerischer Planeten gnadenlos angegriffen und vernichtet. Wir denken, dass die Arthropoden dank ihrer gezüchteten Parasiten, die Anführer und die hochrangigen Offiziere dieser Welten gefügig gemacht und ihrem Willen unterworfen haben.«

»Ich verstehe«, antwortete Major Travis.
Auch Thoran und Heran nickten.

»Diese spinnenartigen Parasiten zwangen den befallenen Körpern ihren Willen auf«, bestätigte Thoran. »Auf diese Weise war es für die Arthropoden leicht, eine Allianz gegen die Raguner aufzustellen.«

»Ganz recht«, griff Geoffwan erneut in das Gespräch ein. »Als die Verbände der Raguner weiter in das graue Universum flogen, stießen sie schließlich auf eine unschätzbar große Flotte aus unterschiedlichen Schiffen. Diese kämpfte unter dem Oberbefehl der Arthropoden tapfer und verbissen. Obwohl die Schiffe der Raguner technisch überlegen waren, konnten sie gegen die unerwartete große Anzahl von Feindschiffen nichts ausrichten. Auch die Feinde hatten dazugelernt. Große Geschwader, bestehend aus 50 Schiffen und mehr, griffen jeweils nur einen ragunischen Zerstörer an. Die Flottenverbände der Raguner wurden von allen Seiten attackiert.

Obwohl die technisch ausgereiften Nadelstrahlen gefürchtet waren, stürzten sich die Schiffe der Arthropoden-Allianz auf die verhassten Unterdrücker. Unter schweren Verlusten gelang es den Schiffen der Allianz, die Angriffsflotten der Raguner auszudünnen. Der weitere Vorstoß in das graue Universum wurde aufgehalten. Als sich die Raguner ihre erste Niederlage eingestehen mussten, brachen sie den weiteren Angriff ab und flüchteten mit ihren wenigen noch intakten Schiffen. Alle beschädigten Einheiten wurden durch eingeleitete Selbstzerstörungen vernichtet, um den Feinden keinen Einblick in die ragunische Technik zu ermöglichen.

Die Flotte der Raguner wollte sich formieren und sich mit neuen Schiffsverbänden verstärken. Sie zogen sich mit ihren Schiffen in die Milchstraße zurück. Diese glaubten sie damals noch verteidigen zu können. Sie riefen alle verfügbaren Schiffsverbände zusammen und versuchten die Außengrenzen ihrer heimatlichen Sterneninsel zu schützen. «

Die Aller-Ersten blickten die Zuhörer an.

»Ich will nicht mehr auf alle Einzelheiten eingehen«, sagte Geoffwan. »Die Raguner hatten einen Bären erweckt. Die Arthropoden erkannten das Gelingen ihres Planes. Der lange gehasste Feind konnte erstmalig auf das eigene Territorium zurückgedrängt werden. Viele Jahrhunderte vergingen. Der große Krieg dauerte bereits 50 Jahre. So lange brauchte die Allianz unter der Führung der Arthropoden, um zu dem Heimatplaneten der Raguner vorzustoßen. Es war ein massiver, langer Vernichtungskrieg von Lebewesen und Material.

Doch dann ging den Ragunern der Nachschub aus. Das große Imperium der Raguner wurde immer mehr von innen heraus zerstört. Die Arthropoden hatten zahlreiche Angehörige von ehemaligen Kolonien des ragunischen Imperiums infiziert. Mit den immer größer werdenden Flüchtlingsströmen, trafen auch die Saboteure auf der Heimatwelt der Raguner ein. Sie bildeten geheime Sabotagetrupps und vernichteten Entwicklungszentren, Produktionswerften und wichtige technische Fertigungskomplexe der Raguner. Die Sicherheits-Behörden waren völlig überfordert.

Immer mehr notwendige technische Bereiche fielen aus und konnten nicht mehr reaktiviert werden. Leider fehlte zu diesem Zeitpunkt den Ragunern ein Hinweis auf die Parasiten der Arthropoden. Sie erkannten die Gefährlichkeit dieser gezüchteten Wesen erst zum Ende des Krieges hin. Doch da war es bereits zu spät. Den Ragunern gelang es nicht mehr, den benötigen Nachschub an Schiffen zu produzieren, die für eine erfolgreiche Abwehr der Allianz-Flotte nötig gewesen wäre. Die Allianz-Flotte der Arthropoden konnte nicht mehr aufgehalten werden. Unaufhaltsam flogen die Feindschiffe in die Milchstraße ein und vernichteten alle Planeten, die als ragunische Kolonien, als Rohstoffwelten, oder als Fertigungsplaneten bekannt waren.«

»Irgendeinmal möchte jedes Wesen der Knechtschaft entfliehen«, bemerkte Heinze.»Die Raguner hätten sich anders gegenüber den Welten ihres Imperiums verhalten müssen. Dann wären vermutlich auch nicht so viele Species von Arthropoden für ihre Zwecke missbraucht worden.«

Die Aller-Ersten nickten.
»Wir haben die Zentralräte und die Systemräte der Raguner immer wieder vor diesem Augenblick gewarnt«, sagte Nadewan.»Doch alle unsere Bemühungen waren vergeblich. Sie waren von ihrem Erfolg geblendet. Vermutlich kannten sie es nicht anders. Sie wollten nicht glauben, dass in den Tiefen des Universums noch andere

Rassen lebten, die ihnen technisch ebenbürtig waren. Als die immer größer werdende Allianz-Armada in die Milchstraße einbrach und ihren Angriff auf die Kolonial-Planeten des ragunischen Imperiums intensivierte, setzte ein Flüchtlingsstrom von Ragunern und den ihnen treu ergebenen Lebewesen in Richtung der Zentralwelt ihres wankenden Imperiums ein.«

Geoffwan zeigte auf den Sarkophag.
»Ursprünglich war diese Station eine kleine Beobachtungsstation von uns gewesen«, erklärte er. »Eine Vergleichbare haben sie in einem Gebirge in Schweden gefunden. Aus noch nicht näher geklärten Umständen, setzte dort der Betrieb des lebenserhaltenden Sarkophags aus. Unser Wächter der Station verstarb. Es ist möglich, dass dieses Versagen durch außenstehende Fremdeinwirkung verursacht wurde. Ist ihnen aufgefallen, ob unser Wächter möglicherweise durch einen Parasiten der Arthropoden infiziert wurde? «

Major Travis schüttelte seinen Kopf.
»Nach der gründlichen Untersuchung durch unsere Wissenschaftler sollte das ausgeschlossen sein«, antwortete er. »Doch zu dem damaligen Zeitpunkt besaßen wir noch keine Informationen über diese Geschöpfe. Der Körper ihres Wächters war perfekt

erhalten. Es sah fast so aus, als wäre die Person erst vor wenigen Tagen gestorben. Wir vermuteten damals, dass vor 250.000 Jahren bei dem Sarkophag ein Defekt auftrat. Wir erkannten, dass es sich bei der Person in dem Gerät nicht um eine natradische Lebensform handelte. Seine ganze Figur wirkte anders. Wir entnahmen DNA-Probe. Wir haben ihren Wächter in einer Stasis-Kammer liegen. Sie können ihn gerne mitnehmen und seiner Bestimmung übergeben.«

»Danke«, sagte Geoffwan. »Das machen wir gerne. Wir werden ihn später befragen.«

Major Travis und seine Begleiter blickten den Sprecher der Aller-Ersten an.

»Ich muss ihnen erklären, dass unsere Sarkophage, oder wie sie sagen, unsere lebenserhaltenden Geräte von Zweikammer-Energiesystemen gespeist werden. Der eine steuert den Zellverfall und reguliert ihn auf ein Mindestmaß, der andere Kreislauf regelt die Lebensfunktionen. Es ist nicht nur eine Gefrierkammer, wie sie welche einsetzen. Sondern wir benutzen sie bei Missionen, weit unseren Wolkenstädten entfernt, als eine lebensauffrischende und zellerneuernde Kammer. Sie verleiht uns die relative Unsterblichkeit.«

Geoffwan blickte die erstaunten Forscher an.
»Leider sind wir von dem Thema abgekommen«, sagte er. »Es ist für uns wichtig zu wissen, ob unser zweiter Wächter von einem Parasiten der Arthropoden befallen wurde. Das muss noch geprüft werden. «

Er blickte die Gäste des Neuen-Imperiums an.
»Gestatten sie mir, mit der Schilderung des Unterganges des ragunischen Imperiums fortzufahren. «

Die Zuhörer nickten.
»Wir sind gespannt«, antwortete Major Travis. »Bisher konnten wir noch nicht an umfangreiche Informationen über die Raguner gelangen. Vielmehr wussten wir bis vor kurzer Zeit nicht einmal, dass es sie gab. Erst unsere lantranischen Freunde wiesen uns hierauf hin. «

»Ich verstehe«, erwiderte Geoffwan. »Obwohl die Lantraner bereits lange in der Milchstraße ansässig sind, gaben sie ihnen keine Informationen. Fragen sie sich einmal, welchen Grund das haben könnte? «

Major Travis blickte Thoran und Heran an. Diese schienen sich nicht besonders wohl in ihrer Haut zu fühlen.

Geoffwan ergänzte seine Hinweise auf die Rasse der Raguner.

»Als dann immer mehr Flüchtlinge auf die Heimatwelt des Raguner einströmten, bat uns der Zentralrat um Hilfe«, schmunzelte er verlegen. »Ich erwähnte bereits, dass sie unserer Schöpfung entstanden. Die Zentralräte erinnerten sich plötzlich wieder an uns. Jetzt in den schlimmsten Zeiten erkannten sie, dass die Anzahl der Lebewesen von den Kolonien ihres Imperiums die Möglichkeiten des fünften Planeten des Sol-Systems überforderte.

Sie baten uns um eine technische Lösung, um die Flüchtlinge von ihrem Planeten auf einige von uns als sicher deklarierte Welten zu evakuieren. Nach einer langen Debatte unseres Ältestenrates, ob wir der Bitte der Raguner entsprechen sollten, entschieden wir uns für diesen Weg. Noch nie hatten wir die Bitte eines Volkes abgelehnt, das ernsthaft in Gefahr war und mit seiner Vernichtung rechnen musste. Im Fall der Raguner handelte es sich zusätzlich noch um eine Species, die wir im Rahmen unserer Aktivitäten, das Universum mit Leben zu versehen, selbst ausgesät hatten.

Wir konnten die Bitte der Raguner unmöglich ablehnen. Das wäre gegen unsere eigenen Prinzipien gewesen. Ich bin mir sicher, dass sie als Terraner nicht anders gehandelt hätten. Dafür kennen wir sie bereits ein wenig. Doch wir entschieden uns, ihnen nicht zu trauen.«

Wieder blickte Geoffwan die Zuhörer an. Dann fuhr er mit seinen Schilderungen fort.

»Während die Schiffsverbände der Raguner am Rand der Milchstraße verbittert kämpften, um die eindringende Allianz der Raguner aufzuhalten, eilten wir mit einer technischen Flotte ins Sol-System. Auf dem fünften Planeten dieses Systems wurden zahlreiche Personen Evakuierungs-Terminals errichtet, die später für die Flucht der Bevölkerung benötigt wurden. Gleichzeitig bauten unsere Wissenschaftler und Techniker in nur zwei Jahren, diese Wächterhöhle als wichtigsten Dreh- und Angelpunkt für die Evakuierung der Flüchtlinge aus.

Aus Sicherheitsgründen wurde ihr Standort verschwiegen und sie zeitversetzt 100.000 Jahre nach dem Untergang von Ragun gebaut. Dem Zentralrat sollte die Möglichkeit genommen werden, einen gewaltsamen Zugriff auf diese Station nehmen zu können. Schon oft hatten wir ihre Zusagen an andere Rassen vernommen, die aber später nicht eingehalten wurden. Immer wieder bemächtigten sich die Raguner fremder Technik, ohne hierfür eine Gegenleistung zu erbringen. Das musste auf Anordnung unseres Ältestenrates unbedingt verhindert werden. Die Raguner konnten bis zu diesem Zeitpunkt keine zeitgesteuerten Wurmlöcher öffnen. Daher sahen wir diese Station in der Zukunft als sicher positioniert an.«

»Ich verstehe«, antwortete Major Travis. »Durch ihre zeitgesteuerten Wurmlochfenster machte es keinen Unterschied, in welcher Zeitebene die geheime Station zu finden war.«

Geoffwan nickte.
»Wir vermieden es Informationen über unsere geheime Station mitzuteilen«, antwortete er. »Die Raguner erhielten lediglich unsere Zusage, dass wir ihre Flüchtlinge evakuieren würden. Den Standort unserer Station nannten wir ihnen zu keiner Zeit.«

Geoffwan blickte die Zuhörer an.
»Da die Zeit fließend ist, konnten wir rechtzeitig die Flüchtlingsströme in unsere Station leiten«, erklärte er.

»Eine große Anzahl von Medizinern untersuchte alle ankommenden Lebewesen, um zu vermeiden, dass sie durch Parasiten der Arthropoden infiziert waren. Die überprüften Lebewesen wurden sorgfältig nach Species und Lebensformen getrennt. Lebewesen, die gut miteinander auskamen, bildeten eine Flüchtlingsgruppe. Dank ihrer Einwilligung, den von uns auserwählten Planeten als neue Heimat anzunehmen, wurden sie von uns in unterschiedliche Dimensionen des Universums evakuiert. Diese Welten lagen weit verstreut und entfernt voneinander. Es wurde vorsorglich von uns ausgeschlossen, dass dieses fragwürdige Imperium der Ragunern jemals wieder zu alter Stärke gelangen würde. Während der bereits angelaufenen Evakuierungs-Maßnahmen wurde diese geheime Station weiter ausgebaut. Die Spione der Arthropoden kannten sie nicht. Zu keiner Zeit fielen ihnen Hinweise in die Hände, die Informationen über diese geheime Station preisgaben. Die wenigen von uns gestellten infizierten Raguner, wurden noch auf der Heimatwelt ihres Imperiums entlarvt und dem Geheimdienst der Zentralräte übergeben. «

»Was wurde mit ihnen gemacht?«, unterbrach Admiral Tarin das Gespräch.

Nadewan verzog sein Gesicht.
»Hierüber besitzen wir keine Informationen«, erwiderte er verlegen. »Vermutlich wurden sie hingerichtet. Es bestand zu der damaligen Zeit keine Möglichkeit, einen infizierten Raguner von einem Parasiten zu befreien. Es wurde zwar mehrfach medizinisch versucht, jedoch ohne Erfolg. Es hatte in allen Fällen den Tod des infizierten Lebewesens zur Folge. Die Toten wurden in Hochleistungs-Energieöfen verbrannt. Nur durch diese

Maßnahme konnte sichergestellt werden, dass der Parasit auch vernichtet wurde.«

»Es hat einfach die Zeit gefehlt, nach einer geeigneten Behandlung zu suchen«, antwortete Atlanta resigniert.

Geoffwan schaute sie an.
»Ich stimme ihnen zu«, erwiderte er. »Unsere besten Mediziner und unsere Wissenschaftler versuchten diese Parasiten zu entfernen. Doch in einem befallenen Körper explodieren die spinnenartigen Geschöpfe förmlich. Sie bilden unzählige Stränge, Venen und neue Zellverbindungen, die sich mit allen wichtigen Organen des Wirtskörpers verbinden. Die Wucherungen breiten sich bis in Bereiche des Gehirns aus. Unsere Mediziner konnten trotz aller Bemühungen keinen Weg finden, die Geschöpfe nachträglich zu entfernen. Es ist vergleichbar mit der Auswucherung eines Krebsgeschwüres. Ich warne vor einer Infizierung.«

»Fahren sie fort«, forderte Major Travis den Sprecher der Ersten auf. »Erzählen sie ihre Geschichte zu Ende.«

»Danke«, antwortete Geoffwan.
»Wie ich schon mitgeteilt hatte, wurden die Flüchtlinge nach Zugehörigkeit und Species getrennt und von uns auf ausgesuchte Planeten in unterschiedliche Dimensionen

evakuiert«, erklärte der Sprecher der Aller-Ersten. »Das war möglich, weil uns in dieser geheimen Basis mehrere Wurmloch-Generatoren mit Zeitsteuerungsmodulen zur Verfügung standen. Nur so konnten wir gleichzeitig mehrere Dimensionen anwählen, um dem Strom der Evakuierten gerecht zu werden. Diese Technik ist vergleichbar mit der unserer Dimensions-Amulette, dass sie ja bereits kennengelernt haben. Die Raguner waren dankbar und begeistert. Sie ließen sich von uns diese Technik oberflächlich erklären.

Erst später erkannten wir, dass sie hiermit eigene Pläne verfolgten. Wir hatten es im Vorfeld bereits vermutet. Den Ragunern war nicht zu trauen. Sie hatten nichts dazugelernt. Irgendwie war es ihnen gelungen, an einen Teil der Konstruktionspläne zu gelangen. Der mächtige Systemrat Camaal erkannte die Bedeutung dieser zeitgesteuerten Wurmloch-Tore. Er trug den Zentralräten des Imperiums einen Alternativplan vor. Wir wissen nicht, ob er die anstehende Niederlage des ragunischen Imperiums vorhersah, oder er nur von schlauer Natur war. Er drängte die befehlsgebenden Zentralräte auf Ragun, eine geheime Station auf einem unbedeutenden Asteroiden, außerhalb des Sol-Systems zu bauen.

Hier sollte eine ragunische zeitgesteuerte Wurmloch-Station aufgebaut werden. Dieser Tunnel im Orbit des

Asteroiden sollte den Durchflug einer starken Flotte ermöglichen, um alle Zeitebenen manipulieren zu können. Sein Plan war es, in die Vergangenheit zu fliegen, um die Zivilisation der Arthropoden in ihren Anfängen auszulöschen. Sein Ziel war es, dass es später nie zu einem Zusammentreffen von Ragunern und Arthropoden kommen dürfte. Die Gefahr für das Imperium wäre beseitigt gewesen. Sie wissen, was das bedeuten würde?«

Major Travis nickte.
»Die natradische und die terranische Zivilisation wären niemals so entstanden, wie wir sie kennen«, antwortete er. »Ich bin mir sicher, dass wir heute Sklaven der Raguner sein würden.«

Geoffwan nickte.
»Dem stimme ich zu«, erwiderte er. »Die Raguner hätten niemals eine zweite und dritte hochstehende Lebensform in ihrem Heimatsystem heranwachsen lassen. Schon damals fanden wir in dem Buch unseres großen Propheten Aahnn Hinweise auf die Rasse der Natrader und auf die Terraner, die später das natradische Erbe antreten sollten. Aus diesem Grund durfte der Zeitablauf in diesem Teil des Universums nicht manipuliert werden. Unser Ältestenrat beschloss nach der geheimen Basis der

Raguner suchen zu lassen, um die Fertigstellung ihres zeitgesteuerten Wurmlochgenerators zu verzögern.

Es wurde ein Wettlauf mit der Zeit. Unsere Aktivitäten durften nicht auffallen. Die Kriegsflotten der Raguner wurden zu dieser Zeit immer weiter in die innere Mischstraße zurückgedrängt. Es war offensichtlich, dass die mengenmäßig deutlich überlegene Allianz der Arthropoden siegreich war. Trotz der überlegenen Waffentechnik der Raguner, schafften es die vereinigten Schiffe der Allianz nach und nach die Sperrblockaden von Kriegsschiff-Verbänden auszuschalten. Langsam gerieten die Systemräte unter Druck. Sie forderten den Zentralrat von Ragun auf, für deutlich mehr Nachschub zu sorgen. Doch auch auf der Heimatwelt des Imperiums sorgten bereits Saboteure für den Ausfall wichtiger Werften und Produktions-Zentren. Der Geheimdienst machte Jagd auf diese Personen. Falls sie bei einem Sabotageakt gestellt wurden, durfte der kommandierende Oberbefehlshaber noch vor Ort über ihre Eliminierung entscheiden.«

Geoffwan machte eine kleine Pause.
»Immer mehr Flüchtlinge trafen in unserer großen Basis auf Tarid ein«, erklärte er. »Wir strahlten sie nach den auserwählten Planeten ab. Alle Flüchtlinge wussten, dass sie niemals mehr die Heimatwelt ihres untergehenden Imperiums wiedersehen würden. Doch niemand von

ihnen monierte unser Vorgehen. Zwischenzeitlich lokalisierten unsere getarnten Agenten das ragunische Entwicklungszentrum für das zeitgesteuerte Wurmloch-Wurmlochtor für Großkampfschiffe auf einem trostlosen Asteroiden im Tau-Ceti-System. Der Asteroid versteckte sich in der Staubscheibe, welche die dortige Sonne umgibt. Das Gestirn ist etwas kleiner als die Sonne ihres Sol-Systems. Die Staubschicht verhinderte eine klare Sicht. Wir wissen von der Existenz von mindestens 5 Planeten, die sich in dem Staubfeld verstecken. Der 3. von ihnen verbirgt das geheime Konstruktionszentrum der Raguner. Für vorbeifliegende Schiffs-Flotten sind die Planeten und Asteroiden nur schwer auszumachen.«

»Ich wurde erst vor kurzem informiert«, entschuldigte sich Midir. »In der Hypertronic-KI meiner Basis wurde ein Programm aktiv, das mir bisher nicht bekannt war. Es besaß neue Anweisungen unserer Herren. Sie sahen es als notwendig an, durch eine Sabotageaktion das technische Entwicklungszentrum der Wurmlochforschung der Raguner zu vernichten. Hierzu benötigen wir jedoch ihre Mithilfe.«

Geoffwan hob seine Hand.
»Nicht so schnell, Midir«, sagte er ruhig. »Du irritierst unsere Gäste.«

Geoffwan lächelte Major Travis und sein Team an.
»Sie wissen vermutlich schon, was ich sagen möchte«, bemerkte er. »Wir müssen in die Vergangenheit reisen, um die Gegenwart zu bewahren? Da wir in dieser Station über keine eigenen Kampftruppen verfügen, möchten wir die Terraner um Unterstützung bitten. «

Midir schlug sich seine rechte Hand vor den Kopf.
»So etwas kann nur von dem Ältestenrat unserer Herren kommen«, sagte er. »Wir wollen in zu vielen Dimensionen das Gleichgewicht zwischen den Rassen aufrechterhalten, aber es fehlt uns immer an Personal. Warum begrenzen wir immer noch die Anzahl unserer Nachkommen, die sich als Aller-Ersten titulieren dürfen? « »Es reicht«, sagte Geoffwan schroff. » Das gehört hier jetzt nicht hin. Der Ältestenrat hat diese Vorgehensweise beschlossen. Seine Anordnungen sind bindend. Unsere Population darf eine vorherbestimmte Anzahl von Lebewesen nicht überschreiten. «

Geoffwan drehte sich zu den Gästen des Neuen-Imperiums um.

»Ich bitte um Entschuldigung«, betonte er. »Midir ist noch jung an Jahren und ein Hitzkopf. Er möchte die anstehenden Aufgaben immer schnell erledigt wissen. Doch nicht immer ist ein überhastetes Vorgehen der beste Weg. Vorher muss das Ziel exakt definiert werden. Die Raguner hatten vorausschauend ihr Forschungs-und Entwicklungszentrum nicht auf ihrem Heimatplaneten angesiedelt. Ansonsten wäre es mit ihrem Heimatplaneten vernichtet worden. Dann stünden wir heute nicht vor diesen Problemen. Es wurde von ihnen unterirdisch in einem Asteroiden des Tau-Ceti-Systems angelegt. Durch eine spezielle Tarntechnik, gelang es einigen unserer Agenten in die gut gesicherte Forschungsstation der Raguner einzudringen. Sie konnten einen hochentwickelten KI-Manipulator aus unserem technischen Arsenal anschließen. Er kontrolliert seitdem die Hypertronic der Station und verhindert übereilte Aktionen durch sie. «

»Einen solchen KI-Manipulator hatten wir auch einmal auf unserer Atlantis-Basis«, gestand Atlanta ein. »Es war ein Worgass-Modell, das unsere große Hypertronic-KI teilweise zu irrationalen Handlungen drängte. «

Geoffwan blickte sie an und nickte.
»Die Worgass waren gute Schüler«, antwortete er. »Ich hätte nicht gedacht, dass sie so ein sensibles Gerät nachbauen könnten. Sie waren ein gutes Hilfsvolk, bevor sie von den Zierrakies und anderen Völkern manipuliert wurden. Doch ich schweife wieder von dem ursprünglichen Thema ab. Bei den von den Worgass, oder

anderen Rassen eingesetzten Geräten, handelt es sich um kleine Basisgeräte. Diese besitzen keine großen Programmkerne und haben keine Möglichkeiten zu anderen Funktionen. Bei unserem Modell handelt es sich zusätzlich um einen Zeit-Reduktor. Nachdem er in die Verflechtungen einer Hypertronic-KI eingeklinkt hat, sorgt er für eine ausreichende Energieversorgung. Ist diese gewährleistet, dann aktiviert er ein zeiteindämmendes Feld.

Es schließt die ganze Wurmloch-Forschungseinrichtung ein. Dieses energetische Eindämmungsfeld wurde transparent ausgelegt. Für Außenstehende ist es unsichtbar. Ist es erst einmal stabil, dann startet der Manipulator den eigentlichen Zeit-Reduktor. Innerhalb des Feldes verlangsamt sich mit dem Anlaufen des Prozesses der Zeitablauf extrem. Das Steuergerät wurde gemäß unserer Vorgabe auf etwas mehr als 500.000 Jahre eingestellt.«

Geoffwan blickte die Zuhörer verlegen an.
»Ich will ihnen folgendes verdeutlichen«, ergänzte er. »Innerhalb des Feldes wird die Zeitebene gedehnt. Für hier lebenden Raguner ist lediglich der Zeitraum von einem Jahr vergangen. Für das restliche Universum hat sich die Zeit jedoch um erstaunliche 500.000 Jahre weitergestellt.«

»Das bedeutet, dass ihr Zeit-Reduktor in Kürze seinen Dienst einstellt«, fluchte Thoran. »Wir haben sie des Öfteren gewarnt, Experimente mit den Zeitwellen und Ebenen durchzuführen. Alle Ergebnisse aus diesen Forschungen sind instabil. Deswegen haben wir die Experimente an Zeitmanipulationen eingestellt.«

»Es gab keinen anderen Weg«, entschuldigte sich Geoffwan. »Wir wissen selbst, dass ihre Rasse immer den sichersten Weg gewählt hat. Deswegen sind sie wahrscheinlich immer noch Teil unseres Universums. Doch das Geschehene lässt sich jetzt nicht mehr wegdiskutieren.«

»Das wird wohl so sein«, beruhigte sich Thoran. »Wie kann man nur so unklug sein?«

Geoffwan ignorierte diese Äußerung.
»Das Feld wird in Kürze in sich zusammenfallen, weil sich der KI-Manipulator nach Ablauf der programmierten Zeitspanne selbständig abschaltet«, erklärte er. »
»Hierdurch besteht die Möglichkeit, dass die dort lebenden Raguner Zugriff auf die Technik der Zeitmanipulation erhalten.«

»Aber was bringt ihnen das?«, fragte Major Travis. »Ragun existiert nicht mehr. Sie können ihre Erkenntnisse nicht mehr nutzen.«

»Das ist so nicht richtig«, antwortete Geoffwan. »Wir haben die Anlage entsprechend voreingestellt. Wenn die Wurmloch-Forschungsanlage jetzt aus dem Zeiteindämmungsfeld fällt, dann können die dort lebenden Wissenschaftler ein Zeittor nach Ragun öffnen. Dieses baut sich in den letzten Tagen ihres Krieges gegen die Arthropoden auf.«

Major Travis schüttelte seinen Kopf.
»Dann haben die Raguner ab diesem Zeitpunkt alle Möglichkeiten den Zeitablauf in unserer Realität zu ändern?«, fragte er.

Geoffwan senkte seinen Kopf.
»Das ist leider so«, bestätigte er. »Jedoch können sie nur ihren Heimatplaneten Ragun anwählen. Das Zeitprogrammierungs-Modul ist von uns durch einen wechselnden Funk-Code gegen fremde Benutzung gesichert worden. Hierdurch wird verhindert, dass die Raguner andere Zeitlinien anwählen können. Was als Hilfe für die Flüchtlinge von Ragun gedacht war, kehrt heute als Bumerang zu uns zurück. Wir entschuldigen uns für die Fehleinschätzung der Situation vor langer Zeit.«

Die Gäste des Neuen-Imperiums blickten die peinlich berührten Abgesandten der Aller-Ersten an.

»Tau-Ceti ist weit entfernt«, bemerkte Heran. »Mir wurde mitgeteilt, dass die Raguner über keine Wurmloch-Generatoren auf ihren Schiffen verfügen. Wir haben also genügend Zeit, bis ihre Schiffe auf ihrem Heimatplaneten eintreffen.«

Nadewan lächelte verlegen.
»Das ist richtig«, antwortete er. »Viel Gefahr besteht derzeit nicht, weil ihre Kampfverbände in der ganzen Milchstraße verstreut agieren. Doch, wie Geoffwan bereits erwähnt, wurde bei dem Bau ihrer geheimen Forschungsstation von uns, das geschah auf den ausdrücklichen Wunsch des Zentralrates der Raguner hin, ein Wurmloch-Generator mit Zeitsteuerung installiert. Es ist die einzige Anlage, die von uns für den Transport von Raumschiffen kalibriert wurde.

Das kleinere Gegenstück steht auf Ragun und ist lediglich für einen Personentransport ausgelegt. Beide Anlagen sind gleichermaßen mit dem Zeitsteuerungs-Modul unserer Station vernetzt. Unsere Anlage kontrolliert die Aktivierung der Standorte. Im Moment können die Raguner der Forschungsstation lediglich ihren Heimat-

Planeten anwählen und zu ihm ein Wurmloch öffnen. Mehr im Moment nicht. Es ist zu vermuten, dass keine Schiffe bei dem Asteroiden in Wartestellung liegen. Der durch unser Eindämmungsfeld verlangsamte Zeitablauf war sicher für die Raguner nicht abschätzbar.«

»Das kann doch nicht wahr sein«, bemerkte Thoran. »Die Raguner besitzen also eine Technik, um die Zeit zu manipulieren. Hiermit können sie für einen anderen Verlauf des Krieges sorgen? Sie können es schönreden, wie sie wollen. Es bleibt ihr eigener dummer Fehler.«

»Das wissen wir selbst«, antwortete Geoffwan. »Ich weise ausdrücklich darauf hin, dass den Ragunern die Programmierung der Zeitsteuerung nicht bekannt ist. Unsere Wissenschaftler haben sie gegen eine unbefugte Benutzung geschützt. Der Durchgang kann nur mit einem Funk-Code aktiviert werden. Die Raguner wissen nicht viel über die Möglichkeiten der Wurmlochtechnik. Sie sehen in dem Tor lediglich eine Verbindung zu ihrem Heimatplaneten. Das ist auch der Grund, warum alle Flüchtlinge durch unsere Station geschleust und auf verschiedene Planeten des Universums verteilt wurden.«

»Das ist immerhin etwas«, beruhigte sich Thoran. »Besteht die Möglichkeit, dass die Raguner die Funktionsweise der Zeitsteuerung herausbekommen?«

Geoffwan schüttelte seinen Kopf.

»Ich halte das für ausgeschlossen«, erwiderte er. »Die Funksteuerung war bisher immer sicher. Nach jedem Einwahl-Verfahren löscht sie den alten Code und generiert sofort einen neuen. Diese werden nur der Hypertronic-KI dieser Station übermittelt. Falls das Gerät mutwillig geöffnet werden sollte, dann zerstört es sich sofort. Hierüber sind die Techniker der Raguner informiert worden. In diesem Fall würden sie das Wurmloch zu ihrer Heimatwelt nicht mehr aktivieren können. Das werden sie nicht riskieren, zumal sie auf dem Asteroiden über keine Raumschiffe verfügen. Es sind lediglich einige Kampf-Jets und Gleiter stationiert. Die Zentralräte der Raguner haben alle flugfähigen Zerstörer in den Krieg mit den Arthropoden geworfen.«

»Täuschen sie sich nicht«, antwortete Major Travis. »Die Raguner des fünften Planeten werden sich vermutlich gewundert haben, warum das Forschungszentrum den zeitgesteuerten Wurmloch-Generator nicht fertigstellen konnte. Sie werden sicherlich eine Flotte zu dem Asteroiden geschickt haben?«

»Das transparente Eindämmungsfeld kann man nicht so einfach durchqueren«, bemerkte Talswan. »Das ist nur mit einem speziellen Individualschirm möglich, welcher die gleichen Strahlen generiert, wie der Eindämmung-Schirm der Forschungsstation. Sie werden nicht zu ihren Technikern vorgedrungen sein.«

»Dann werden die Raguner sich aber fürchterlich geärgert haben«, sagte Admiral Tarin. »Wie erklären sie sich denn den Angriff der vier Klappflügel-Zerstörer der Raguner auf diese Basis? Sie müssen das Zeitsteuerungsmodul eingesetzt haben, ansonsten hätten sie den Angriff in unserer Zeit nicht durchführen
können?«

Die Aller-Ersten sahen sich an und schienen sich auf gedanklicher Ebene auszutauschen. Talswan, der Flottenbefehlshaber der Aller-Ersten hob seinen Kopf.

»KI«, sagte er. »Breite ein Hologramm vor und zeige uns den Angriff der angeblichen ragunischen Schiffe auf diese Basis. Ist es gesichert, dass es sich um Kampfschiffe der Raguner gehandelt hat?«

»Die Schiffe wurden mit den Informationen in meinen Datenbanken abgeglichen«, antwortete die KI monoton. »Es handelte sich eindeutig um die bekannten Klappflügel-Zerstörer der Raguner. In diesem Fall, um Modelle ihrer 500-Meter-Baureihe. Nach dem Austritt aus dem Wurmlochfenster nahmen sie gezielt einen

Angriff auf das Gebirge meiner Basis vor. Ich spiele die Aufzeichnung ab. «

Vor den staunenden Gästen baute sich vom Boden aus ein blaues Hologramm auf. Es drehte sich und wurde breiter. Als die Energie sich stabilisiert hatte, formte sich ein klares Bild. Es zeigte den Orbit von Tarid. Ein helles Wurmlochfenster öffnete sich. Vier fremde Schiffe mit breiten Flügeln traten aus. Weit von dieser Position entfernt, stand der Blockadering von Raumschiffen des Neuen-Imperiums. Sie rechneten vermutlich mit einem Angriff aus dem Weltraum. Man sah, wie die Antriebe der Schiffe zündeten. Die Flotte der Heimatverteidigung nahm Fahrt auf.

Die fremden 500 Meter messenden Raumschiffe waren aus dem Wurmloch ausgetreten und stoppten ihren Flug. Sie scannten den Planeten und den näheren Weltraum. Mit Schrecken erkannten sie, dass unzählige Raumschiffe Kurs auf sie einschlugen. Die breiten Tragflächen der fremden Schiffe klappten nach unten und nahmen eine Kampfstellung ein. Aus ihren Geschützen lösten sich dünne Nadelstrahlen, die rasend schnell in die Atmosphäre von Tarid eindrangen. Das Ziel der Strahlen war das Kombrogi-Gebirge in Wales, der Standort der geheimen Basis der Aller-Ersten. In kurzen Abständen schossen die fremden Schiffe weitere Nadelstrahlen auf das Ziel.

»Unser Außen-Schutzschirm wurde rechtzeitig aktiviert«, teilte die Hypertronic-KI der Basis mit.

Die Gäste sahen, wie sich über das Gebirge ein fremder Schutzschirm legte. Gerade noch rechtzeitig baute er sich vollständig auf und stabilisierte sich. Die Nadelstrahlen der fremden Schiffe schlugen in ihm ein. Doch das starke Schutzfeld leitete die Strahlen problemlos ab. Als die fremden Kampfschiffe, die Wirkungslosigkeit ihrer Angriffe erkannten, verstärkten sie ihren Beschuss. Gleichzeitig versuchten die Schiffe tiefer in die Atmosphäre einzudringen, um die Wirksamkeit ihres Laserfeuers zu intensiven.

Doch es gelang ihnen nur wenige Meter. Insgesamt 120 Hochleistungs-Lasertürme der Atlantis-Basis hatten die vier Schiffe bereits im Visier ihrer schweren Geschütze. Das starke Automatikfeuer schlug auf die Schiffe ein und ließ die Farbe ihrer Schutzschirme schlagartig ins rötliche wechseln. Unterhalb näherten sich die 500 alarmierten Naada-Schiffe der Atlantis-Basis. Ihr Laserfeuer konzentrierte sich ebenfalls auf die vier fremden Schiffe. Der pausenlose massive Beschuss ließ die Schutzschirme kollabieren. Aufbauten wurden von den fremden Schiffen abgerissen, Stücke aus den Bordwänden abgesprengt. Auf den Schiffen entstanden zahlreiche Brandherde, die sich an den Außenwänden weiterfraßen. Die herannahende Heimatflotte der EWK belegte die vier Schiffe mit einem Automatikfeuer aus ihren Waffentürmen. Mit einem Schlag wurden die Waffen-Vorrichtungen der fremden Schiffe unter dem konzentrierten Feuer vernichtet. Weitere Explosionen breiteten sich auf den vier Schiffen aus.

Dem Trommelfeuer des herannahenden Schiffswalls der Heimatverteidigung, konnten die Klappflügel-Schiffe nicht mehr standhalten. Ihre Schutzschirme kollabierten vollständig und fielen aus. Die anschließend auftreffenden Lasersalven durchschlugen die Tragflächen und die Bordwände und lösten Atombrände aus. Die vielen kleinen Feuer fraßen sich tief in das Innere der Schiffe hinein. Dann feuerten 8 Schiffe der Heimat-Verteidigung ihre Hyperspace-Kanonen ab. Die Geschosse gingen in den Hyperraum und materialisierten erst kurz vor ihrem Ziel. Mit unvorstellbarer Wucht schlugen sie in die ungeschützten Schiffe der Raguner ein. Die sich im Abdrehen befindlichen Schiffe wurden in ihrem eingeleiteten Wendemanöver getroffen.

Große Explosionen breiteten sich auf den Schiffen aus. Als dann der Maschinenraum der Schiffe fast gleichzeitig explodierte, verwandelten sich die Schiffe der Raguner in große helle Kunstsonnen. Nichts blieb von den fremden Kampfschiffen übrig, als kleine, sich im All drehende brennende Metallstücke. Das geöffnete Zeitfenster verlor den Kontakt zu den Schiffen und schloss sich selbstständig.

»Aufzeichnung beenden«, befahl Geoffwan. »Wir haben genug gesehen. Es handelt sich um schnelle ragunische Klappflächen-Zerstörer der 500-Meter-Baureihe. Sie sind wendig und gefährlich. Das waren eindeutig Raguner im Sondereinsatz. Ihre Vermutung ist richtig. Es sollte ein Vergeltungsschlag gegen unsere Basis werden.

Vermutlich haben sie diese Zeitzone gewählt, weil sie uns in ihrer Vergangenheit für die Evakuierung brauchten. Wir müssen sofort handeln. Die Raguner scheinen über aktuelle Informationen zu verfügen, dass wir uns in dieser Zeitebene aufhalten.«

»Das ist nicht möglich«, antwortete Nadewan. » Nur sehr wenige der Unseren wissen von dieser Mission. «

Die Aller-Ersten blickten sich an.
»Es befindet sich ein Verräter in unserem vertrauten Umfeld«, sagte Talswan.

Er war seit vielen Jahrtausenden der Oberbefehlshaber der Flottenverbände der Aller-Ersten und bestimmte den zurückhaltenden Weg seines Volkes entscheidend mit.

»Jemand ist mit unserem Vorgehen nicht einverstanden«, ergänzte er. »Anders ist das nicht zu erklären. «

»Falls deine Vermutung der Wahrheit entspricht, dann ist es das erste Mal, dass wir uns mit Verrat herumschlagen müssen«, bemerkte Geoffwan.

»Du bist immer der Gutgläubigste von uns gewesen«, erwiderte Nadewan. »Die Raguner können nicht Hellsehen. Ihnen wurde der Zeitpunkt klar definiert. Diese Information stand nur wenigen ausgewählten Personen zur Verfügung. «

Die Gäste des Neuen-Imperiums hatten die Unterhaltung zwischen den Aller-Ersten mitbekommen. Major Travis blickte Geoffwan an.

»Wenn ihre Vermutung stimmt, dann wird eine geplante Mission nicht einfacher«, sagte er. »Falls in ihrem hohen Rat eine Person existiert, die ihre Pläne vereiteln möchte, dann wird sie sicherlich den Raguner bereits von der Manipulation ihres Entwicklungszentrums berichtet haben. «

»Sie haben Recht«, nickte Nadewan. »Falls die Raguner informiert sind, dann kann ein persönliches Gespräch mit ihrem Zentralrat Probleme für uns geben.«

»Können sie eine Person identifizieren, die sich gegen ihre Pläne stellen wollte?«, fragte Admiral Tarin. »Meistens handelt es sich in diesem Fall um den Verräter.«

Geräusche und ein Räuspern hinter seinem Rücken ließen Major Travis sich umdrehen.

Marin und Gareck waren zu ihm getreten.
»Entschuldigen sie bitte, Herr Major«, sagte er. »Wir stehen hier mit unserem wissenschaftlichen Team in der Gegend herum. Falls sie uns nicht brauchen, dann ziehen wir uns gerne zurück. Wir haben genug Arbeit, die auf uns wartet. Sie scheinen hier erst noch diverse Gespräche abhalten zu müssen. Diese Basis scheint nicht verlassen zu sein, wie wir es im Vorfeld vermutet haben?«

Major Travis zeigte sich erstaunt.
»Interessieren sie sich nicht für die Technik der Raguner?«, antwortete er.

»Sicher interessiert uns die Technik«, lächelte Gareck verlegen. »Doch wir stehen hier jetzt bereits eine Stunde nutzlos herum. Wir werden unruhig hierbei. «

Major Travis stellte die beiden Wissenschaftler den Aller-Ersten vor. Diese lächelten die Wissenschaftler verständnisvoll an.

»Midir kann ihnen die Basis zeigen«, sagte Geoffwan plötzlich. »Stellen sie ihm alle Fragen, die sie interessieren. Er wird sie alle beantworten. Nach unserer Mission werden wir diesen Stützpunkt sowieso in ihre Obhut übergeben. Wir haben erkannt, dass die Terraner sehr gewissenhaft mit ihren technischen Errungenschaften umgehen. Mitnehmen können wir sie nicht. Ist das in ihrem Sinn? «

Die Augen der Wissenschaftler leuchteten plötzlich.
»Endlich bewegt sich etwas«, antwortete Marin. »Wir sind ihnen sehr dankbar hierfür. «

»Keine Ursache«, erwiderte der Sprecher der Aller-Ersten.

Er blickte Midir an.
»Bitte zeige den Wissenschaftlern und ihrem Team die Basis«, ordnete Geoffwan an. »Sie werden bald die neuen

Eigentümer sein. Du wirst nach langer Zeit mit neuen Aufgaben betraut werden.«

Midir verbeugte sich vor dem Sprecher des Ältestenrates. »Ich weise die Wissenschaftler in die Funktionen der Basis ein«, bestätigte er.

Dann blickte er Marin und Gareck an.
»Bitte folgen sie mir«, bat er. »Ich erkläre ihnen den Sinn dieser Halle. Lorin und ihre Amazonen lächelten, als sie die ungeduldigen Wissenschaftler mit ihrem Team abziehen sahen. Sie kannten die beiden Genies mittlerweile sehr gut.

»Moment noch«, sagte Major Travis.

Er winkte Sergeant Hardin zu sich.
»Bitte lassen sie die Wissenschaftler von einer Einheit Marines und einigen Kampf-Robotern begleiten«, sagte er. »Ich traue unseren Gastgebern zwar, aber sie waren eine ewige Zeit nicht mehr in dieser Station. Ich möchte nicht, dass ihnen etwas zustößt. Sie sind sehr wichtig für uns.«

»Rechnen sie mit einem Hinterhalt?«, erkundigte sich Sergeant Hardin.

Major Travis schüttelte seinen Kopf.

»Ich habe lediglich ein unangenehmes Gefühl«, flüsterte er. »Die Aller-Ersten vertrauen zu sehr auf ihre Technik. Alles, was ich bisher von den Ragunern gehört habe, verdeutlicht mir, dass sie nicht dumm waren. Vielleicht verfügten sie bereits seit langer Zeit über die Möglichkeit, mit dem zeitgesteuerten Wurmloch in unsere Zeitebene einzudringen. Wir sollten trotz aller Hinweise unserer Gastgeber die Augen offenhalten.«

Sergeant Hardin nickte und salutierte. Dann schritt er zu seinen Soldaten und Kampfrobotern. Er wies Leutnant Miller an, das Team der Wissenschaftler mit 24 Marines und der gleichen Anzahl Kampf-Roboter zu begleiten.

»Wir rechnen mit keinem Hinterhalt«, erklärte Sergeant Hardin. »Ihre Begleitung ist nur für den Fall, falls unsere Wissenschaftler in Schwierigkeiten geraten sollten.«

»Ich habe verstanden«, bestätigte Leutnant Miller. »Wir folgen ihnen in einem kurzen Abstand, ohne ihre Handlungsfreiheit einzuschränken.«

Dann salutierte er und folgte mit seinen Soldaten Midir und den Wissenschaftlern.

Die drei Abgesandten der Aller-Ersten und Midir blickten ihnen hinterher. Ihre Gesichter wandten sich erstaunt Major Travis zu, als sie den Aufbruch der Marines und der Kampfroboter bemerkten.

»Warum werden die Wissenschaftler von ihren Soldaten begleitet?«, erkundigte sich Talswan. »Unsere Station ist sicher.«

Major Travis lächelte ihn an.
»Das ist kein Grund zu Besorgnis«, wich er der Frage des Flottenbefehlshabers der Aller-Ersten aus. »Das ist bei uns eine feste Vorschrift. »Wichtige Personen, das betrifft auch Wissenschaftler und Techniker, werden auf einem unbekannten Terrain von Soldaten und Schutzpersonal begleitet.«

»Wir verstehen«, erwiderte Geoffwan. »Sie vermuten, dass sich in der langen Zeit unserer Abwesenheit, fremde Mächte in unserer Basis eingenistet haben?«

»Nicht unbedingt«, erwiderte der Major. »Aber auch Thoran und Atlanta hatten es bei ihrer ersten Untersuchung der freigelegten Höhlengänge bis in den inneren Bereich ihrer Station geschafft. Sie konnten alle installierten Sicherheitsvorkehrungen aushebeln.«

Nadewan nickte.

»Midir hat uns hiervon berichtet«, antwortete er. »Sie haben sicherlich Recht. Die Sicherheitsvorkehrungen müssen modifiziert werden. Wir verstehen ihre Vorsicht. Doch falls es Unregelmäßigkeiten in dieser Station gegeben hätte, wären wir von der Hypertronic-KI und Midir sofort informiert worden. Er ist über jeden Zweifel erhaben. Unsere KI hat ihn erst kürzlich gescannt.«

Dann wurden ihre Gesichter der Abgesandten der Aller-Ersten wieder ernster.

»Ich habe noch einmal über die Möglichkeit nachgedacht, dass wir tatsächlich einen Verräter in unserem Hohen-Rat sitzen haben«, sagte Nadewan. »Die einzige Person, die in letzter Zeit mehrmals an den Sitzungen des Ältestenrates gefehlt hat, ist unser geschätzter Kollege Halswan. Nach meiner Meinung ist er uns in letzter Zeit aus dem Weg gegangen.«

»Er ist über jeden Zweifel erhaben«, monierte Geoffwan. »Warum sollte er unser Vorhaben sabotieren und die Raguner warnen? Das kann ich nicht glauben.«

»Hat er eine besondere Beziehung zu ihnen?«, erkundigte sich Talswan. » Steht seine Vergangenheit in irgendeiner Beziehung zu dieser Rasse? «

Geoffwan dachte nach.
»Er war maßgeblich an der Entwicklung und dem Design dieser Rasse beteiligt«, erinnerte er sich. »Zwischendurch nannte er sie immer wieder seine Kinder. Später wurde er dann von der Leitung und der Erschaffung neuer Rassen abberufen und in den Ältestenrat gewählt. Nach all diesen vergangenen Jahrtausenden kann er nichts mehr für die Rasse der Raguner empfunden haben. Er wurde verpflichtet, alle von uns ausgesäten Species einheitlich zu behandeln. «

»Wissen wir das wirklich? «, fragte Nadewan. » Wurde er als Mitglied des Hohen Rates überprüft und gescannt? «

»Ratsmitglieder dürfen sich keinem Gehirn-Tiefenscan unterziehen«, antwortete Geoffwan. »Das ist ausdrücklich verboten. «

»Dann wissen wir auch nichts über seine geheimen Vorlieben und Absichten«, konkretisierte Talswan.

Die drei Personen in den langen weißen Kutten sahen sich entgeistert an.

Nach wenigen Sekunden ergriff Geoffwan das Wort.
»Ich kann es immer noch nicht akzeptieren«, sagte er. »Doch falls diese Vermutungen richtig sind, dann haben wir ein großes Problem. Falls Halswan mit den Ragunern kooperiert, kann er ihnen alle Informationen gegeben haben, die für sie notwendig sind. Falls die Raguner uns als Schuldige ansehen, ihr zeitgesteuertes Wurmloch manipuliert zu haben, dann werden sie auf Rache sinnen. Hierdurch wäre auch der Angriff in dieser Zeitebene zu erklären. Halswan wird ihnen die Daten gegeben haben. «

»Falls es so ist, dann kann ihnen Halswan noch wichtigere Informationen gegeben haben«, bemerkte Nadewan unruhig. »Ihm sind die Koordinaten aller unserer Wolkenstädte bekannt. Auch der Stadt, in der gerade unser Ältestenrat sein Quartier bezogen hat. Der Angriff einer großen ragunischen Flotte würde unsere Stadt unvorbereitet treffen. «

»In diesem Fall würde es viele Opfer geben«, bestätigte Geoffwan. »Wir müssen Zirnswan, unser oberstes Ratsmitglied warnen. Ich bitte ihn sofort alle Städte an neue Koordinaten zu beordern. Nur er darf eingeweiht werden, falls wir die falsche Person des Verrates beschuldigen. «

»Gibt es ein Problem?«, erkundigte sich Major Travis. Können wir helfen?«

»Sie haben uns bereits geholfen«, antwortete Geoffwan. »Ihre Hinweise gaben uns zu denken. Es ist möglich, dass wir einen Verräter in den eigenen Reihen haben. Ich muss zu einem Funkterminal für den Zwischenraum. Bitte folgen sie uns. Danach besprechen wir das weitere Vorgehen.«

Die drei Ratsmitglieder drehten sich um und gingen an eine Anlage, die an der Seite der großen Felsenhalle stand. Geoffwan legte seine Hand auf eine große Platte aus Glas. Ein Scanner überprüfte diese und glich alle Merkmale mit dem eingespeicherten Original ab.

Plötzlich aktivierten sich zahlreiche Kontrollleuchten. Geoffwan griff nach einer Sprechvorrichtung.

»KI«, sagte er. »Stelle sofort eine energetische Nachrichtenübermittlung über den Zwischenraum her. Ich brauche die Stadt Reeck. Dort tagt der Ältestenrat. Wähle eine abhörsichere Verbindung.«

»Die Verbindung wird aufgebaut«, teilte die Hypertronic-KI der Station mit. »Ich zapfe eine Energieader des

Zwischenraumes an. Der Anwahl-Vorgang für die abhörsichere Verbindung beginnt.«

Er blickte die Gäste des Neuen-Imperiums an.
»Darf ich sie um einen Augenblick Geduld bitten«, entschuldigte er sich. »Ich muss kurz ein wichtiges Gespräch mit unserem obersten Ratsmitglied führen.«

Der Verbindung kam schnell zustande. Das Gespräch wurde von der Hyperkomm-Funkstelle der Wolkenstadt Reeck angenommen.

»Hier ist Geoffwan, Sprecher des Ältestenrates«, sprach er in den Communicator. »Ich ordnete den äußersten Alarmzustand für alle Wolkenstädte an. Verbinden sie mich sofort mit dem obersten Ratsmitglied. Ich muss Zirnswan in einer geheimen Angelegenheit sprechen. Das duldet keinen Aufschub.«

»Ich leite weiter, Hoher-Rat«, tönte es aus dem Gerät.
Nur Sekunden später meldete sich der oberste Rat der Aller-Ersten.

»Hier ist Zirnswan«, meldete sich eine sympathische Stimme. »Geoffwan, ich denke sie sind zu einer unserer alten Basis aufgebrochen? Ich glaube mich zu erinnern, dass sie ins Sol-System reisen wollten?«

»Hören sie mir zu«, sprach Geoffwan aufgeregt in den Communicator. »Es ist möglich, dass wir einen Verräter im Hohen Rat sitzen haben. Wir vermuten, dass es sich um Halswan handelt. «

Die Gegenseite verstummte schlagartig. Geoffwan schilderte die Situation. Zwischendurch hörte man Gegenfragen durch das Gerät dringen.

»Wir folgen ihrer Empfehlung«, hörte man die Gegenseite antworten. »Alle Sicherheitsprotokolle werden aktiviert. Wir verlegen unsere Wolkenstädte an unbekannte Standorte. Danke für den Hinweis. Der Alarmzustand für alle Wolkenstädte ist jetzt aktiv. Leider können wir Halswan nicht befragen. Er ist zu einer geheimen Sondermission aufgebrochen, über die wir keine Hinweise besitzen. Sein Status gewährt ihm diese Möglichkeit. Wir können ihn deswegen auch nicht zu ihren Vorwürfen verhören. Sobald er zurückkehrt, werden wir seinen Status ändern und an ihm einen Tiefenscan durchführen. «

»Gut«, antwortete Geoffwan. »Wir vermuten, dass er mit den Raguners kooperiert und ihren imperialen Untergang abwenden will. Diese Species ist seiner Schöpfung entwachsen. Vermutlich beabsichtigt er, alle entsprechenden Zeitebenen zu manipulieren.«

»Wir haben verstanden«, antwortete Zirnswan. »Das wäre ein nicht genehmigter Eingriff in die selbständige Entwicklung aller Rassen im Universum. Falls ihre Vorwürfe stimmen, hat er sich hiermit um alle seine Privilegien gebracht.«

»Das wird er selbst wissen«, bestätigte Geoffwan. »Es ist ihm bekannt, dass es für ihn kein Zurück mehr gibt. Daher ist es möglich, dass er mit einer starken Flotte unsere Wolkenstädte angreifen wird. Speziell die Stadt Reeck, in der alle Mitglieder unseres Ältestenrates tagen, wird sein bevorzugtes Ziel sein. Wenn er sie und alle Mitglieder beseitigen kann, dann wird ihm automatisch die Regierungsmacht übertragen. Er hätte dann die alleinige Befehlsgewalt über unsere Zivilisation und über alle technischen Errungenschaften. Ihnen sollte klar sein, dass er mit diesen Möglichkeiten die Geschichte neu schreiben kann.«

Ein kurzes Atmen war zu hören. Dann meldete sich der Vorsitzende des Ältestenrates wieder.

»Das wird er nicht wagen«, tönte es laut aus dem Communicator. »Halswan war sehr lange ein Mitglied unseres Rates, der durch seine besonnene Art unsere Missionen unterstützt hat. Warum sollte er jetzt auf einen Konfrontationskurs einschwenken?«

»Weil er die letzte Chance sieht, sein erschaffenes Volk vor der vollständigen Ausrottung zu schützen«, antwortete Geoffwan. »Unser vorsorglich errichtetes Eindämmungsfeld der ragunischen Forschungs-Station schaltet sich in Kürze ab. Die programmierte Zeit ist dann vollständig abgelaufen. Hierdurch erhalten seine Geschöpfe Zugriff auf die Zeitsteuerung des Wurmloch-Generators.«

»Ich verstehe«, antwortete Zirnswan. »Wir werden alle notwendigen Maßnahmen einleiten. Danke für ihre Warnung.«

Man hörte, wie der Vorsitzende des Rates mit anderen Personen sprach. Dann wurde seine Stimme wieder lauter.

»Unsere Flottenverbände sind in Alarmbereitschaft versetzt worden«, bestätigte Zirnswan. »Ich erhalte gerade die Nachricht, dass sich die Stadt Zandrockia in einem Wartungsmodus befindet. Sämtliche Energie-Generatoren und ein Teil der Antriebe wurden ausgebaut und müssen erneuert werden. Das wird sich mindestens noch 7 Tage hinziehen.«

»Das ist nicht gut«, antwortete Geoffwan. »Ziehen sie dort bitte starke Flottenverbände zusammen. Die Stadt ist vermutlich einem Angriff durch die Raguner ausgesetzt.

»Danke«, antwortete Zirnswan. »Der Rat verlässt sich auf sie. «

»Noch etwas«, ergänzte Geoffwan. » Evakuieren sie vorsichtshalber die ganze Stadt. Wir können nicht sagen, wann der Angriff erfolgen wird. «

»Danke«, antwortete der Vorsitzende. »Wir kümmern uns sofort um alle Einzelheiten. «
Das Gespräch wurde beendet.

Geoffwan wandte sich Major Travis zu. Die Augen seines Gesichtes unter der weißen Kapuze der langen Kutte lächelten nachsichtig.

»Darf ich sie in die Zentrale dieser Anlage bitten«, sagte er höflich. »Wir haben ihre Geduld bereits viel zu lange strapaziert. Folgen sie uns bitte. Wir müssen noch eine längere Wegstrecke zurücklegen. Diese Anlage läuft noch immer auf einer minimalen Energieversorgung. Das wird sich aber bald ändern. «

»Wir sind gespannt«, antwortete Major Travis.

Er blickte seine Begleiter an.
»Folgen wir unseren Gastgebern«, ergänzte er.

Die Gruppe setzte sich in Bewegung und folgte den Aller-Ersten, die gezielt die große Halle durchquerten. Sie schritten auf ein großes Tor zu. Es war mit unbekannten Schriftzeichen versehen. Rechts in der Wand erkannte der Major eine Öffnungseinheit.

Geoffwan trat an sie heran und drückte auf einen grünen Schalter. Servomotoren erwachten zum Leben und sonderten einen leisen brummenden Ton ab. Langsam bewegte sich das Schott und öffnete sich mittig. Beide Seitenteile zogen sich in die Felswand zurück.

Fasziniert blickten die Besucher hinein. Grelle Lichter flammten auf und leuchteten eine unüberschaubar große Felsenhalle aus. Den Gästen fehlten die Worte.

»Die Eingeboren dieser Insel nannten diesen Ort Sid«, bemerkte Atlanta.

Nadewan lächelte sie an.

»Wir haben hier zwischendurch einige der Eingeboren versorgt«, erklärte er. »Sie wurden bei kriegerischen Fehden mit anderen Stämmen verletzt. Sie sahen in der Stadt den Ort der Götter, der über viele Tore zu anderen Dimensionen verfügte.«

»Sie haben auch Eingeborene von Tarid auf andere Welten umgesiedelt?«, erkundigte sich Heran.

»Nur wenige«, erklärte Nadewan. »Es gab immer wieder Stämme, die nur auf Vernichtung aus waren und andere Siedlungen gnadenlos ausgerottet hatten. Diese aggressiven Eingeborenen haben wir ausgesondert und auf eigens für sie gesuchte Planeten übersiedelt. Dort konnten sie sich austoben. Sehen sie es als Schutz für die Eingeborenen dieser Insel an. Sie haben in gewissen Zeiten unseren Schutz erhalten.«

Deutlich zeichneten sich die Umrisse zahlreicher Kuppelbauten ab. Sie wiesen unterschiedliche architektonische Eigenschaften auf. Die Besucher konnten 15 Stück von ihnen mit dem bloßen Auge entdecken. Sie alle schienen einen Durchmesser von 800 Metern zu haben. Zwischendurch zogen sich Kuppelbauten durch die lange Halle. Sie wurden von kleineren Gebäuden getrennt. Sogar ein Landeplatz für

Raumschiffe war erkennbar. Unzählige Energiemeiler und Feldgeneratoren verteilten sich in der schier unüberschaubaren Halle.

»Diese unterirdische Felsenhalle erstreckt sich über 25 Kilometer«, teilte Geoffwan mit. »Das ist eine von vielen gewaltigen Hallen, die tief in das Gebirge gebaut wurden. Sie können sich vorstellen, dass wir ohne diese Fläche die ganzen ragunischen Flüchtlinge nicht überprüfen, sortieren und zu ihren neuen Welten abstrahlen konnten. Teilweise herrschte hier eine völlige Überfüllung.«

Die Besucher hörten gespannt zu.
»Die Felswände wurden mit einem harten Material verstärkt, das wir Tiziranium nennen«, erklärte Geoffwan.

»Es gleicht Erdbeben und Erschütterungen aus und hält diese Station zusammen. Der Rohstoff stammt nicht aus der Milchstraße.«

In der Halle konnten die Gäste unzählige Energiemeiler, Transmitter-Anlagen, Kraftgeneratoren, Energiewandler, Beschleuniger und Forschungseinrichtungen erkennen. Geoffwan blickte sie an.

»Alle Anlagen werden mit einer Minimal-Energie versorgt, um sie frisch zu halten«, teilte er mit. »Lassen sie uns weitergehen.«

Langsam schritten die Aller-Ersten und ihre Besucher durch die Straßen der Stadt. Alles schien intakt und gewartet zu sein. Nichts machte einen verfallenen Eindruck.

»Die Gebäude sind ebenfalls aus dem unbekannten Material gefertigt«, erkannte Thoran staunend, von seinem Scanner ablesend. »Es kommt in der Milchstraße nicht vor.«

» Das sagte ich bereits«, bestätigte Geoffwan die Aussage. »Das Material wurde nicht mit unseren Transportschiffen angeliefert, sondern wurde über große Materietransmitter bereitgestellt.«

Die Gruppe schritt auf einen großen Marktplatz zu. Die freie Fläche zwischen den Bauten wies einen Durchmesser von 5.000 Metern auf.

Geoffwan blieb stehen.
»Unter diesem Boden arbeitet unsere zentrale Energieversorgung«, lächelte Geoffwan. »Es ist eine Kombination aus umgewandelter Hochleistungsenergie

aus dem Kern dieses Planeten, angereichert mit der Energie des Zwischenraumes. Unsere Wissenschaftler könnten aus dieser Kombination eine Energieverbindung erzeugen, die alle bis dahin bekannten Möglichkeiten in den Schatten stellte. «

Er sah wie Major Travis und seine Begleiter sich interessiert umschauten.

»Hier muss noch gereinigt werden«, lächelte der Sprecher der Aller-Ersten. »Sie stehen auf einem unzerstörbaren und belastbaren Hartkristallboden. Wenn sie den Staub zur Seite wischen, dann können sie direkt in den heißen Erdkern schauen. «

Major Travis war mulmig zu Mute. Vorsichtig wischte er mit seinen Stiefeln den dicken Staub auf dem Boden zu Seite.

Admiral Tarin fluchte plötzlich und trat einen Schritt zurück.

»Wie kann man nur einen Zugang zu dem Erdkern legen? «, fragte er.

Unsicher wichen auch die anderen Offiziere einen Schritt zurück. Sie blickten auf den Boden und sahen dort einen roten Feuerschein in der Tiefe brodeln.

Heran hielt seinen Scanner auf die Stelle und las Werte ab.

Geoffwan lächelte, als er die Gesichter der Terraner sah. »Es ist ein absolut bruchsicherer, beständiger Hartkristallboden«, versicherte Geoffwan. »Der Schacht wurde von unseren Technikern in eine Tiefe, bis zu dem flüssigen Erdkern getrieben. Dort herrschen zeitweise bis zu 6.000 Grad Hitze. In Verbindung mit der Energie des Zwischenraumes erhalten wir hieraus eine extreme Energiekraft. Diese ist notwendig, um unsere zeitgesteuerten Wurmlochfenster in weit entfernte Galaxien oder Dimensionen zu öffnen. Die seitlichen Energie-Röhren wurden wieder aus Tiziranium hergestellt. Sie komprimieren die Erdkernhitze und leiten sie zu einem zentralen Umformer weiter.«

»Ist dieses Verfahren nicht gefährlich für den ganzen Planeten?«, erkundigte sich Atlanta.» Bei einer falschen Vorgehensweise kann es zum Abkühlen des Kerns kommen. Hierdurch kann sich das Magnetfeld von Tarid verändern?«

»Wir haben keine Absicht eine Bombe in den offenen Kern zu werfen, oder ihn zu destabilisieren«, antwortete Nadewan. »Hier wird lediglich Energie geerntet. Die Umwandlung und die Einbindung mit der Energie des Zwischenraumes werden in anderen Anlagen durchgeführt.«

»Falls wir ihnen helfen ihre Mission erfolgreich abzuschließen, dann erwarten wir von ihnen auch ein Entgegenkommen«, sagte Major Travis plötzlich.

Die Aller-Ersten sahen ihn an.
»Wie kann das aussehen?«, erkundigte sich Geoffwan.

»Ganz einfach«, erwiderte der Major. »Diese Anlage ist so sensibel, dass ein kleiner Fehler zu der Vernichtung unseres ganzen Planeten führen könnte. Wir machen ihnen keinen Vorwurf, diese Anlage hier installiert zu haben. Zu dieser Zeit gab es noch keine intelligente Menschheit. Doch wir erwarten von ihnen einen engagierten Wissenschaftler und Techniker, der uns in die Bedienung der Anlage einführt. Das ist keine allzu große Bitte.«

Die Aller-Ersten sahen sich kurz an und nickten zustimmend.

»Wir sind einverstanden«, antworteten sie. »Für die Sicherheit unseres technischen Personals sind sie verantwortlich. Wir helfen ihnen, diese Anlage in Betrieb zu nehmen.«

»Gehen wir weiter«, sagte Talswan. »Die Zeit drängt. Die Anlage ist zu groß, um alle Details hier besprechen zu können.«

Langsam schritt die Gruppe Wissenschaftler, unter Führung von Marin und Gareck, dem Wächter der Station hinterher. Die beiden Genies waren begeistert. Alleine die von Midir erklärte Energiegewinnung schien sie zu faszinieren. Midir zeigte auf einen großen runden Dom, an dem die Türe offenstand. Das breite Gebäude zog sich hoch in den Himmel der Felsenhalle.

»Hier kommen wir in den schnellen Einsatzbereich dieser Station«, erklärte Midir. »Als in der Anlage noch unser Personal in Bereitschaft war, kam es immer wieder vor, dass Einsatztruppen auf eine Mission geschickt wurden. In diesem Gebäude wurden sie ausgerüstet.«

Marin blickte ihn an.
»Sie wollen uns sagen, dass hier die Ausrüstungen und Waffen ihrer Einsatztrupps gelagert wurden?«, erkundigte er sich.

Midir nickte bestätigend.
»Nicht nur das«, antwortete er.

Er zeigte auf die Spitze des Doms, die scheinbar in die Felsendecke der Halle reichte.

»Das hier ist unser künstlicher Flugschacht aus dem Gebirge heraus«, antwortete er.

Die beiden Genies schauten sich an. Sie verstanden nicht, was der Aller Erste ihnen mitteilen wollte.

Gemeinsam schritten sie auf das hohe runde Gebäude zu. Leutnant Miller mit seiner Einheit Marines und den Kampf-Robotern folgte in einem kurzen Abstand. Als Midir mit seinen Gästen auf das breite Tor schritt, flammte grelles Licht auf. Die Besucher sahen sich um. Sie befanden sich in einem Vorraum, der kreisrund als Gang um eine weitere große Halle verlief. Fünf Meter vor ihnen befand sich ein breiter Schott.

Dieses beachtete Midir nicht. Er schritt in den nächsten Raum, der von dem Rundgang aus zu erreichen war.

»Welche Aufgabe hat der Rundbau, den wir in der Mitte dieses Gebäudes sehen? «, erkundigte sich Gareck.

»Das ist eine hermetisch abgeriegelte Zone«, antwortete Midir. »Hierdurch wird verhindert, dass Wasser aus dem Landebereich in die restliche Station eindringt«, antwortete Midir.

»Welches Wasser sollte hier eindringen?«, stutzte Marin.

»Hierzu kommen wir später«, überging der Wächter die Frage belanglos. »Wir befinden uns hier in dem Ausrüstungstrakt.«

Die Wissenschaftler sahen sich staunend um. An den Wänden waren wuchtige Schränke mit Glasscheiben angebracht. Unzählige von ihnen hingen dicht an dicht nebeneinander.

»Das ist eine Waffenkammer«, bemerkte Gareck.
Marin und weitere Wissenschaftler nickten zustimmend. In einem breiten Schrank hingen unzählige blanke Schwerter, die nachfolgende Vitrine war mit Messern und Stichwaffen gefüllt.

Langsam schritten die Wissenschaftler an den Glasschränken vorbei. Hiernach folgten Vitrinen mit glänzenden Rüstungen und roten Beinkleidern. Es folgten 10 Schränke mit goldenen Schildern und

Schutzvorrichtungen. Auf allen Rüstungen waren Runenzeichen eingraviert.

Marin und Gareck blieben stehen. Die nächsten Vitrinen waren mit futuristisch gestalteten Laserstrahlern und Laser-Gewehren gefüllt. Sie leuchteten in einer silberfarbenen bläulichen Metall-Legierung, die Marin und Gareck bereits von Thorans Gespräch her kannte.

»Das sind die legendären Nadelstrahler der Raguner«, erklärte Midir.

»Es werden mystische Geschichten über diese Waffen erzählt«, lächelte Gareck. »Was ist so Besonderes an dieser Waffe? «

»Diese Strahler sind die Prunkstücke einer guten alten Zeit«, frohlockte Midir. » Hiermit wurde Ordnung in das Universum gebracht. Es ist selbst uns bisher nicht gelungen, diese Technik zu entschlüsseln. Sie sehen also, dass auch die Raguner ein besonderes Wissen über manche Techniken besaßen. «

»Was macht diese Waffen so besonders? «, fragte Marin ein zweites Mal nach.

Midir schaute das natradische Genie an.

»Wir haben hier derzeit keinen Techniker auf unserer Station«, antwortete er. »Aber mir ist zu Ohren gekommen, dass sie selbst begnadete Wissenschaftler sind und technische Abläufe schnell erkennen können. Diese Waffen arbeiten nach dem Prinzip der Strahlungs-Komprimierung. Den Ragunern ist es gelungen, den abgestrahlten Laserstrahl in seiner Konsistenz zu erhalten. Der Strahl verbreitert sich nicht, wie bei üblichen Laserwerfern, die ein Ziel in einer gewissen Entfernung treffen müssen. Er bleibt auch in weiter Entfernung ein nadeldünner Strahl. Vergleichen sie das mit einer Taschenlampe. Der Schein der Lampe weitet sich in alle Richtungen aus und verliert an Kraft, bevor er sein Ziel erreicht. So ist es auch mit allen heute üblichen Laserstrahlern. Lediglich der Nadelstrahler der Raguner trifft als dünner kleiner Strahl auf sein Ziel auf. Er verliert nichts an Kraft und gibt seine komplette Energie auf das ausgewählte Ziel ab.«

»Wie ist das möglich«, erkundigte sich Gareck. »Wird der Strahl zusätzlich von einem Eindämmungsfeld in Form gehalten?«, erkundigte er sich.

»Wie ich schon mitteilte, bin ich kein Techniker«, antwortete Midir. »Ich kann ihnen nur die Benutzung erklären.«

Marin, Gareck und die Wissenschaftler blickten neugierig auf die Laserstrahler und Gewehre.

Der Wächter der Station griff in die Vitrine und nahm ein Lasergewehr heraus. Lächelnd reichte er es den neugierigen Wissenschaftlern. Diese betrachteten es von allen Seiten.

»Es ist sehr leicht, für einen Hochleistungs-Strahlengewehr«, bemerkte Marin.

»Es gehörte zur Standardausrüstung der ragunischen Sturmtruppen«, erklärte Midir. »Es besteht aus dem Material Tiziranium. Das Gehäuse ist förmlich unzerstörbar.«

Er zeigte auf einen runden Drehknopf.
»Hiermit wird die Stärke des Strahls eingestellt«, ergänzte er. »Die Stärke des Strahls lässt sich über eine 10-fache Skala dosieren. Der kleine grüne Knopf darüber schaltet auf Paralyse-Strahlen um.«

Marin hielt den Lauf des Gewehres zur Decke und versuchte es zu aktivieren, aber die kleinen Leuchtdioden an dem Strahler reagierten nicht und zeigten keine Bereitschaft an.

»Die Energieladevorrichtung deaktiviert sich bei einem längeren Nichtgebrauch der Waffe«, erklärte Midir. »Das ist nach dieser langen Zeit nicht verwunderlich. Die Waffen der Raguner sind selbstaufladend. Das hängt mit dem sich eigenständig generierenden Energiekristall zu zusammen.«

Er riss Marin die Waffe aus den Händen und drehte sie auf die Rückseite. Dann bewegte er einen kleinen Hebel auf der Unterseite der Waffe. Seitliche Schlitze öffneten sich. Der eingesetzte Energiekristall wurde sichtbar. Es vergingen nur wenige Sekunden, bis er hell zu funkeln begann.

»Sie sehen, wie der Kristall arbeitet«, sagte Midir. »Er nimmt bereits die Energie des Kunstlichtes dieser Station auf und wandelt sie in Energie um.«

Marin und Gareck staunten über diese Technik.
»Ein Auswechseln des Kristalls entfällt bei dieser Technik«, bestätigte Marin.

»Ganz genau«, erwiderte Midir. »Bereits nach den wenigen Sekunden ist der Strahler minimal geladen. Sie können jetzt seine Wirkungsweise testen?«

Er blickte sich um und zeigte auf einen Metalleimer, der

in einer Ecke stand.

»Zielen sie auf diesen leeren Eimer«, lächelte Midir. »Sie werden überrascht sein. Ich stelle die Leistung auf die kleinste Stufe. «

Dann reichte er Marin das Gewehr.
Vorsichtig nahm der Wissenschaftler das Gewehr an sich und zielte auf den Metalleimer. Dann drückte er den Abzug.
Mit einem lauten Fauchen zischte ein Strahl aus dem Gewehr und schmolz den Eimer zu einem heißen Klumpen rotglühenden Metalls zusammen.

Die Wissenschaftler nickten.
»Interessant«, bemerkte Gareck. »Wissen sie, wie diese sich selbst aufladenden Kristalle zu produzieren sind? «
Midir schüttelte seinen Kopf.
»Da bin ich überfragt«, antwortete er. »Die Konstruktionsunterlagen sind im Besitz der Raguner. Sie hüten diese, wie ihren gelben Augapfel. «

Die Raguner besitzen gelbe Augen? «, erkundigte sich ein Wissenschaftler.

Midir blickte ihn an.

»Das wussten sie nicht?«, fragte er erstaunt zurück.

»Nein«, erwiderte dieser. »Uns wurde das nicht mitgeteilt.«

»Ich wurde nach ihrem Vorbild erschaffen«, teilte Midir mit. »Aus dem einzigen Grund, um mich besser unter ihnen bewegen zu können und um mit ihnen zu verhandeln. Einem Gleichgesinnten traut man eher als dem Abgesandten einer fremden Species.«

Er drehte sich vollständig den Wissenschaftlern zu.
»Beobachten sie meine Augen«, forderte Midir seine Begleiter auf.

Als alle Gäste ihn anblickten, drehte er seine Augen um 90 Grad nach oben. Die reptilen Augen der Unterseite schauten jetzt die Wissenschaftler des Neuen-Imperiums an. Es waren zwei gelbe, kalt wirkende Pupillen, mit jeweils einer dünnen horizontalen Linse.

Ein leiser Aufschrei entfuhr ihren Mündern.
»Das sind Augen einer reptilen Species«, erkannte Marin. »Ich dachte, die Raguner entstammen ihrer Schöpfung?«

Midir nickte.
Er hatte die reptilen Augen wieder zurückgedreht.

»So hat es Geoffwan berichtet«, bestätigte er. »Doch die Species der Raguner wurde genoptimiert. Zu dieser Zeit waren wir sehr begeistert, die farbenprächtige Vielfalt auf den unterschiedlichen Welten des Universums heranwachsen zu sehen. Leider erkannten wir damals noch nicht die Probleme, die sich später hieraus ergeben sollten.«

»Ich verstehe«, sagte Gareck. »Auf Tarid gibt es ein Sprichwort. Gleich und gleich gesinnt sich gerne. Das wird ihr damaliges Problem mit den vielen unterschiedlichen Species beschreiben.«

Midir dachte nach.
»So kann man es möglicherweise auch erklären«, schmunzelte er. »Unserem Ältestenrat muss ich vorwerfen, dass er viel zu lange an diesem Schritt festgehalten hat. Er wollte es nicht wahrhaben, dass völlig andersartige Species nicht aufeinander zugehen können. Das bunte vielfarbige Universum vieler unterschiedlicher Lebensformen wurde in dieser Zeitepoche begraben, als wir merkten, dass fast alle Species mit andersartigen Gattungen Kriege anfingen. Wir stellten das Aussaat-Programm ein und überließen es der Evolution, für die Gestaltung der Vielfalt zu sorgen.«

»Vermutlich war das ein besserer Weg«, bestätigte Marin. »Viel zu viele alte Rassen wollten sich als ein Denkmal setzen und ihr Einflussgebiet mit ihrer eigenen DNA bevölkern. Ich bin mir bis heute nicht darüber im Klaren, ob es ein guter Schritt war.«

»Die Evolution hätte wesentlich länger hierfür gebraucht«, antwortete Midir. »Die alten Rassen haben lediglich ein wenig nachgeholfen.«

Marin nickte zustimmend.
»Deswegen haben sie uns heute um Hilfe gebeten, um ihre Schöpfung im Zaum zu halten?«, fragte er. »Wie sie erkannt haben, erfolgte ja bereits ein Angriff auf ihre geheime Station.«

Midir blickte ihn entgeistert an. Resigniert nickte er.

»Sie haben Recht«, bestätigte er. »Ich habe immer noch nicht registriert, dass unser Ältestenrat eine Fehlentscheidung begangen hat.«

Sergeant Miller war neben Marin und Gareck getreten.
»Besitzen sie viele von den Lasergewehren der Raguner?«, erkundigte er sich.

»Dieses Depot füllt sich selbstständig wieder auf«, antwortete Midir. »Wie ich schon sagte, ist es die Ausrüstungsstelle für unsere damaligen Einsatzkräfte gewesen. Passen sie auf. «

Er ging an die große Vitrine, an dem die Lasergewehre fein säuberlich nebeneinander in Halterungen hingen. Er zog eines heraus und zeigte auf die leere Aufhängung. Es dauerte nur Sekunden, dann drehte sich die leere Seite aus dem Sichtbereich der Gäste. An der Stelle hing ein neues Lasergewehr. Der leere Platz war automatisch aufgefüllt worden. «

»Fantastisch«, lächelte Leutnant Miller. »Spricht etwas dagegen, wenn meine Soldaten sich mit diesem Gewehr ausrüsten. Ihr Sprecher des Ältestenrates teilte uns bereits mit, dass wir diese Station nach Ende der Mission übernehmen können. «

»Sie meinen, die alten Artefakte dieser Station werden ihnen dann sowieso in die Hände fallen? «, fragte Midir.

Er überlegte kurz.
»Ich sehe keinen Widerspruch in der Tatsache, wenn sie und ihre Soldaten sich bereits jetzt mit den Waffen vertraut machen«, lächelte er. »Es ist gut möglich, dass

wir später noch auf Raguner stoßen. Diese können sie dann mit ihren eigenen Waffen bekämpfen.«

»Halten sie das für gut?«, erkundigte sich Marin. » Wir wissen noch nichts über diese Waffen. Sollten wir nicht vorher einmal Schießübungen mit ihnen machen? «

»Sie brauchen nur zu schießen«, antwortete Leutnant Miller. »Später haben sie genug Zeit für ihre Untersuchungen. Sie haben Midir gehört. Es ist gut möglich, dass wir noch in Kämpfe mit den Ragunern verwickelt werden. Ich halte es für gut, wenn wir diese starken Waffen bei uns haben. «

Midir trat zur Seite und machte den Weg zu der Waffenvitrine frei. Leutnant Miller wies seine Marines an, einzeln vorzutreten. Mit der rechten Hand entnahm der dem Schrank ein Lasergewehr und reichte es dem vordersten Soldaten. Dann drehte sich dieser zur Seite und ging zu seinem Platz zurück. Den nachrückenden Marines wurde ebenfalls ein Gewehr überreicht. Diese Prozedur wurde so lange wiederholt, bis alle Soldaten mit dem ragunischen Lasergewehr ausgestattet waren.

»Lassen sie uns weitergehen«, sagte Midir. »Die Soldaten haben ein neues Spielzeug und sind glücklich. Die Station ist sehr groß. Wir können uns unmöglich an allen Bereichen so lange aufhalten.«

Midir führte die Gruppe weiter an vollen Vitrinen vorbei, die alle mit technischen Utensilien gefüllt waren. Die Wissenschaftler kamen aus dem Staunen nicht mehr heraus. Die Anzahl der gefüllten Vitrinen hörte nicht mehr auf.

Plötzlich wurden die Glasschränke von einer deaktivierten Stasis-Kammer unterbrochen. Midir blieb hiervor stehen.

Sein Blick verdunkelte sich. Sie schien gereinigt worden zu sein. Kein Staubkörnchen war auf dem Gehäuse festzustellen.

Die Wissenschaftler erkannten sofort, dass keine Kontroll-Lampen mehr an der Kammer leuchteten.

Midir zeigte mit seiner Hand auf die Kammer.
»Das ist eine alte Stasis-Kammer?«, bemerkte Marin erstaunt. »Warum steht diese hier in dem Ausrüstungszentrum herum?«

»Zu Schulungszwecken«, antwortete Midir.
Er schritt auf die Kammer zu.

»Kommen sie zu mir, ich zeige ihnen etwas«, forderte er die Wissenschaftler auf. »Sie werden ja bereits öfter einen Leichnam gesehen haben. «

Zurückhaltend schritten die Wissenschaftler auf die Kammer zu.

Die Kammer war belegt. Durch den gläsernen Deckel trafen die Blicke der Wissenschaftler auf ein mumifiziertes Skelett. Die Haut war braun geworden und sie sah ledrig aus. Der Mund der Gestalt war halb geöffnet, so als ob sie noch nach Luft schnappen wollte.

Vorsichtig öffnete Midir die Kammer. Der Deckel quietschte und ließ sich mit etwas Druck nach oben drücken. Ein muffiger Geruch entströmte der Kammer.

»Der Verwesungsgeruch eines Raguners«, erklärte der Wächter der geheimen Station. Er drehte seinen Kopf und blickte die Wissenschaftler an.

»Warum ist diese Person in der Stasis-Kammer gestorben? «, erkundigte sich ein Wissenschaftler.

»Sie wurde von uns getötet und hier aufbewahrt«, erklärte Midir den erstaunten Wissenschaftler. »Wir konnten den Raguner nicht mehr retten. «

Ohne Abscheu griff Midir in die Stasis-Kammer und drehte den ausgetrockneten und ledrigen Raguner auf die Seite. Auf dem Rücken klaffte ein großes sauberes Loch.

»Sehen sie hier«, sagte Midir und zeigte mit seinem Finger auf ein spinnenartiges ausgetrocknetes Wesen, das sich am dem Rückgrat des Raguners verwickelt hatte.

»Er war infiziert von einem Parasiten der Arthropoden«, erklärte der Wächter der Station. »Leider haben wir ihn erst zu spät identifiziert. Er hat viel Schaden in unserer Station angerichtet. Ab dem Zeitraum seiner Gefangennahme wussten wir, dass die Arthropoden bereits hochrangige Offiziere und Räte des ragunischen Reiches infiziert hatten. Wir verstärkten unsere Sicherheitskontrollen. «

Midir ließ den Deckel der Stasis-Kammer krachend zuschlagen.

Schweigend schritt er zu dem nächsten Wandschrank und öffnete ihn. Die Wissenschaftler erkannten, wie er eine Art ovalen weißen Stein aus der Vitrine nahm. Er sah aus, als wäre ein großes Hühnerei in der Mitte zerteilt worden. Langsam schritt er zu der Stasis-Lammer zurück.

»Was ist das?«, erkundigte sich Marin.
Der Wächter der geheimen Station blickte ihn an.

»Das sind unsere Arthropoden-Parasitenscanner«, antwortete er. »Diese künstlichen Steine sind Minihochleistungs-Prozessoren der Nanotechnologie. Sie besitzen hochwirksame Trilutanium-Verbindungen, die vor einem Kontakt dieser Wesen bereits in einem Abstand von zehn Meter warnen. Erstaunlicherweise reagieren diese seltenen Verbindungen auf die DNA der Parasiten. Selbst im getöteten Zustand zeigt der Scanner noch einen Hinweis an.«

Midir ging auf die Stasis-Kammer zu und hielt den völlig weißen, halbrunden Stein über den Glasdeckel. Sofort verfärbte sich der Scanner-Stein in eine pulsierende rote Farbe. Ein unangenehmes Summen entwich dem Stein.

Midir zog seine Hand mit dem Stein von dem Deckel der Kammer zurück. Sofort verstummte der Alarmton. Der Stein verfärbte sich wieder in eine weiße Farbe, als ob nichts geschehen wäre.

Erstaunt blickten die Wissenschaftler ihn an.
»Das ist eine interessante Defensivwaffe gegen die Arthropoden«, erkannte Gareck. »Ist den Ragunern bekannt, dass sie über solche Scanner verfügen?«

Midir nickte.

»Wir haben dem Zentralrat der Raguner eine ausreichende Menge zur Verfügung gestellt«, antwortete er. »Sie sollten hiermit bereits infizierte Offiziere, oder hochrangige Personen des öffentlichen Lebens entlarven und aus dem Verkehr ziehen. Ob es ihnen gelungen ist, das entzieht sich meiner Erkenntnis. Diese Scanner wurden von uns erfolgreich bei jeder Ankunft der Flüchtlinge von Ragun eingesetzt. Erst nach einer Prüfung wurden die Personen auf entsprechende Evakuierungsgruppen verteilt. «

»Haben sie genügend von diesen handlichen Scannern zu Verfügung? «, erkundigte sich Marin.

»Sie möchten hiermit ihre Einsatztruppe ausrüsten? «, fragte Midir. » Selbstverständlich besitzen wir genügend. Ich denke, dass Geoffwan einverstanden ist, wenn ich sie und ihre Leute hiermit ausstatte. «

Er ging auf Marin zu und heftete den weißen Stein, oberhalb seiner Brust auf die Einsatzkleidung des Forschers. Der Stein war selbsthaftend.

»Wie viele brauchen sie? «, erkundigte er sich.

Marin winkte einen Wissenschaftler zu sich und unterhielt sich mit ihm. Dann blickte er wieder Midir an.

»Wir haben 60 Amazonen dabei, 48 Soldaten und Führungspersonal«, antwortete das natradische Genie. »Als Erstausstattung würden 200 Parasitenscanner reichen.«

»Nur so wenige?«, lächelte Midir erstaunt. »Ich hätte mit wesentlich mehr gerechnet.«

Midir ging an die Vitrine und öffnete sie. Er zog eine versteckte Schublade heraus. Hierhin lag eine beleuchtete Tastatur mit fremden Schriftzeichen. Er tippte einige Zeichen ein und trat einen Schritt zurück. Unterhalb der Vitrine öffnete sich eine Klappe. Heraus rutsche ein silbriges Paket. Midir hob es auf und übergab es an Marin.

»Hier sind ihre Scanner«, lächelte er.

Marin öffnete das Paket und blickte hinein. Die weißen Steine waren fein sauber übereinandergestapelt.

Er blickte den neben sich stehenden Wissenschaftler an. »Verteilen sie diesen Scanner an alle Personen unserer Forschungsgruppe«, befahl er. »Sagen sie, dies geschieht auf den ausdrücklichen Wunsch von mir. Erklärungen folgen später. Ich erwarte, dass alle Personen dieses Forschungseinsatzes den Scanner an ihre Uniform heften. Erklären sie ihnen kurz, was geschieht, wenn der Scanner einen Parasiten der Arthropoden ausgemacht hat. «

»Ich habe verstanden«, antwortete der Gehilfe von Marin.

Er drehte sich um und verteilte die Scanner an die restlichen Wissenschaftler der Gruppe. Die nahmen den Stein entgegen, schauten sich ihn kurz an. Dann hefteten sie ihn sich an ihre Uniform.

Der Wissenschaftler lief einige Schritte zurück auf Leutnant Miller und seine Marines zu. Auch ihnen übergab er ausreichende Scanner und erklärte ihnen kurz die Funktion. Dann schritt er den Weg in die vorige Halle zurück, in der noch Lorin und ihre Amazonen auf einen möglichen Einsatzbefehl warteten.

Midir ging weiter zu der nächsten Vitrine. Darin wurden exakt dreißig goldene Amulette der Aller-Ersten aufbewahrt. Sie waren mit einer stabilen Halskette bestückt. Die Steuergeräte zur Öffnung eines Wurmlochfensters in andere Dimensionen hingen ordentlich auf einer Art Haken.

»Das sind einige unserer Steuer-Amulette zum Einflug in andere Dimensionen«, bemerkte Midir. »Sie stammen noch aus der guten alten Zeit, in der wir als Forscher und Entdecker unterwegs waren. Einige von uns haben sie später in der ganzen Galaxie verteilt, um allen nachwachsenden Species die Möglichkeit zu geben, ebenfalls die anderen Dimensionen des Weltalls zu erkunden. Ich glaube zu wissen, dass ihre Führung bereits einige hiervon besitzt.«

Marin lächelte ihn verschmitzt an.
»Einige wäre zu viel gesagt«, erwiderte er. »Doch sie vermuten richtig. Wir besitzen ein solches Amulett und konnten bereits in der zweiten Dimension eine Mission erfolgreich abschließen. Hat Geoffwan ihnen nichts von unserer Unterstützung berichtet?«

Midir blickte ihn an.
»Ich habe Geoffwan in den letzten Jahrhunderten nicht oft gesehen«, sagte er. »Ich wurde hier als Wächter der Station eingesetzt. Von daher fehlen mir sehr viele neuere Informationen.«

»Das ist eine lange Geschichte«, ergänzte Gareck. »Sagen ihnen die Namen Sil'drock und Ras'ekin etwas?«

Midir überlegte.

»Das könnten Namen aus dem ablondischen Sprachgebrauch sein«, bemerkte er. »Das war einmal ein treues Hilfsvolk von uns. Ich habe lange nichts mehr von ihnen gehört.«

»Sie vermuten richtig«, antwortete Gareck. »Wir haben sie aus dem Joch der Zierrakies befreit. Nachdem dieses Volk ihr Oberflottenkommando und ihren Planeten ausgelöscht hatte, mussten sie sich in geheimen Stationen zurückziehen. Dank unserer Hilfe sind sie ihren Stasis-Kammern entstiegen und haben mit uns die Zierrakies in ihre Schranken gewiesen. Jetzt beschäftigen sie sich mit dem Neuaufbau ihrer Zivilisation.«

»Interessant«, antwortete Midir. »Hiervon wusste ich in der Tat noch nichts. Ich werde Geoffwan gelegentlich bitten, mich über die aktuellen Ereignisse zu informieren.«

Er zeigte auf die Vitrine mit den Amuletten.
»Forscher, Artefakten-Sucher, Wissenschaftler und Grabräuber suchen nach diesen Steuergeräten«, erklärte er. »Sie folgten einem verbreiteten Mythos. Unsere Steuergeräte sollten den Weg in ein besseres Universum öffnen. Viele Species verstehen jedoch die

Funktionsweise nicht. Ihnen wird der Weg in eine andere Dimension des Universums für immer versperrt bleiben.«

»Gehen wir weiter«, schlug Midir vor. » Falls sie Fragen haben, lassen sie es mich wissen. «

Die Gruppe schritt weiter. Die nächsten Wandschränke enthielten Stabwaffen, Uniformen und unbekannte Bekleidungsgegenstände. Von Midir wurde auf nichts Interessantes mehr hingewiesen. Schließlich drehte sich er um.

»Gehen wir zu dem Eingang des Doms zurück«, schlug er vor.

»Bevor wir gehen, möchte ich noch durch das Schott in den Innenbereich des Doms schauen«, sagte Marin. »Es scheint der größere Raum in diesem Gebäude zu sein. Wozu dient dieser? «

»Folgen sie mir«, erwiderte der Wächter der Station. »Ich zeige es ihnen. «

Die Gruppe Wissenschaftler schritten den Rundbogengang zurück. Es dauerte eine Weile, bis sie einen großen Schott erreicht hatten. Marin hob seinen Scanner und untersuchte es.

»Es benötigt Energie, um geöffnet zu werden«, sagte er. »Ich messe einen minimalen Energiefluss. «

»Die Energie ist notwendig, um die Druckschalter aktivieren zu können«, antwortete Midir.

Er ging auf die rechte Steinwand zu. Er drückte einen Druckschalter, auf dem die gleichen Runenzeichen standen, wie in dem Felsengang am Eingang.

Mit leichten knirschenden Geräuschen bewegte sich das Schott und gab den Blick in das Innere des Doms frei.

Erstaunt blickten die Wissenschaftler in den großen Raum, der fast einer Werfthalle glich. Das Licht hatte sich aktiviert und beleuchte exakt 4 Raumschiffe. Ein leiser Ton des Erstaunens kam über ihre Lippen der Gäste. Die fremden Raumschiffe besaßen eine Länge von 250-Metern und waren ebenso futuristisch konstruiert, wie die Laserwaffen in den Schränken.

»Raumschiffe? «, fragte Marin erstaunt. » Wie kommen diese unter die Erde. »Ich habe keinen Ausflugsschacht gesehen. «

»Es gibt mehrere Möglichkeiten die Raumschiffe in dieser Halle zu landen«, lächelte Midir. »Diese Schiffe besitzen ein Dekristallisationsfeld. Können sie hiermit etwas anfangen? «

Gareck lächelte Midir an.
»So rückständig sind wir auch wieder nicht«, antwortete er. »Mit einem Dekristallisationsfeld können die fluktuierenden Moleküle von festen Gegenständen durchflogen werden. «

Midir nickte.
»Das ist korrekt«, erwiderte er. »Ich bin erstaunt, dass sie bereits über diese Informationen verfügen. Falls man einen Dekristallisations-Generator in sein Schiff installiert, dann muss lediglich ein entsprechend großes Feld erzeugt werden, damit ein Raumschiff unbeschädigt durch feste Materie fliegen kann. Das ist meistens die Schwierigkeit. Die Felder lassen sich nur schwer justieren. Wir haben jedoch diese Technik optimiert und können sie problemlos einsetzen. «

»Meinen Respekt«, antwortete Marin.
»Doch dieses Vorgehen ist bei unserer Station nicht nötig«, ergänzte Midir. »Wir befinden uns in dem Freiluftzugang zu unserer Basis. Oberhalb der Spitze dieses Doms befindet sich ein natürlicher Gebirgs-See.

Der Innenraum ist hermetisch abgesichert. Falls Wasser eindringen sollte, wird es durch Pumpen wieder nach außen befördert.«

Midir drehte sich um und ging an die rechte Wand der Halle. Hier stand eine große technische Apparatur. Er legte einen Hebel um. Ein leichtes Brummen ertönte. Zahlreiche Kontrolllichter flammten an der Apparatur auf.

»Die Steuerung dieses Bereiches erfolgt von unserer Leitstelle aus«, erklärte er. »Ich habe jetzt lediglich den Wartungsmodus eingeschaltet, der von hier aus bedient werden kann.«

Er drückte einen grünen Schalter.
Die Wissenschaftler bemerkten, wie sich ein Vibrieren in ihren Füßen bemerkbar machte. Marin schaute den Wächter der Station fragend an.

Der ließ mit seiner Antwort nicht lange auf sich warten.
»Sie spüren bereits, wie sich der Boden dieser Halle anhebt«, teilte er mit. »Kräftige Servo-Generatoren verrichten diese Arbeit. Sie heben den Boden dieser Halle an. Gleichzeitig durchstößt die Spitze des Doms den Gebirgs-See und schiebt sich aus dem Wasser. Erst wenn sie weit genug herausragt, öffnet sich die Spitze nach vier Seiten und drückt das Wasser zurück. Die außerhalb

liegende Bergmulde des Sees ist groß genug, um die Wasserverschiebung aufnehmen zu können.«

Ein lauter Warnton ertönte.
»Ein Hinweis, dass sich die Spitze des Doms öffnet«, sagte Midir.

Plötzlich trat Sonnenlicht in die Halle ein. Wassertropfen platschten auf den Boden. Die Halle hatte sich weitflächig geöffnet. Sie war ausreichend groß genug, um landenden Schiffen Platz zu bieten.«

»Ist dieser Bereich bei einem Angriff unbekannter Schiffe kein Schwachpunkt der Station?«, erkundigte sich Gareck.

»Nein«, antwortete Midir. »Das natürliche Versteck dieses Ausflugskanals wird bei Bedarf noch von einem mehrfach überlagerten Schutzschirm abgeriegelt. Auch die Wände dieses Raumes wurden mit Tiziranium verstärkt. Dieses Material hält den stärksten Belastungen stand.«

Er blickte die Wissenschaftler an.
»Selbst bei dem Angriff der Rigo-Sauroiden auf Natrid, wurde diese Welt der Terraner arg in Mitleidenschaft gezogen«, ergänzte er. »Auf dem ganzen Planeten

brachen Erdbeben aus, teilweise flutete flüssige Lava viele Bereiche des Bodens. Doch diese Anlage hielt stand. Man kann sie als abgeschlossen autarke Sicherheitszelle bezeichnen.«

»Das ist wahrlich erstaunlich«, antwortete Marin. »Woher erhalten sie das Rohmaterial? Wie wird es verarbeitet.

»Alle Fragen kann ich ihnen bei dem besten Willen nicht beantworten«, lächelte Midir. »Ich verstehe zwar ihren Wissensdurst, doch Geoffwan muss entscheiden, ob wir ihnen diese Informationen zur Verfügung stellen sollten. Sie werden später Eigentümer dieser Station, weil wir uns aus dieser Region des Universums zurückziehen werden. Es ist ausreichend, wenn sich die Lantraner wieder intensiver um die Milchstraße kümmern.«

»Ich dachte, sie sind nicht gut auf die Lantraner zu sprechen?«, erkundigte sich Marin.

Midir schaute ihn an.
»Was heißt das schon«, erwiderte er. »Die Lantraner meinen, für sich den richtigen Weg gefunden zu haben. Wir sind der Meinung, dass unser Weg der Richtige ist. Das Einzige, das uns bei den Lantranern nicht gefällt, das sind ihre rechthaberischen Vorhaltungen. Ansonsten sind

sie eine erfolgreiche und alte Rasse des Universums. Auch sie haben viele Entwicklungen gemacht, die uns unbekannt sind. Die Milchstraße ist unter ihrer Obhut in guten Händen. Nur durch ihre Jahrtausende lange Zurückgezogenheit konnte es zu dem Untergang von Natrid kommen. Hierfür müssen wir ihnen die Schuld ankreiden.«

»Was auch nur wieder zum Teil richtig ist«, erwiderte Gareck. »Eine Zivilisation muss sich selbst verteidigen können. Ansonsten ist immer mit einem Untergang, oder einer Unterwerfung durch aggressive Species zu rechnen.«

»Auch dieser Antwort kann ich nichts entgegensetzen«, entgegnete Midir. »Leider befinden sich noch viel zu viele dieser Rassen in der weiten Galaxie. Hüten sie sich vor ihnen. Wir sind hier, um zu verhindern, dass es den Ragunern gelingt, diese Zeitebene zu manipulieren. Das würde alles Bekannte verändern. Hiernach werden wir uns auf neue Wege konzentrieren und an dem Evolutionssprung unserer Rasse arbeiten. «

»Ich verstehe zwar nicht, wie sie einen Evolutionssprung erzwingen können, aber wir wünschen ihnen viel Erfolg bei diesem Versuch«, sagte Marin.

Midir lächelte ihn an. Er drehte sich um und drückte einen Knopf an der technischen Apparatur an der Wand. Die Spitze des Doms schloss sich langsam. Die Wissenschaftler bemerkten, wie der Boden sich wieder senkte. Außerhalb der geheimen Anlage strömte das Wasser des Gebirgs-Sees wieder in seine ursprüngliche Lage zurück und bedeckte die unter ihm liegende Spitze des Doms.

Ragun

Über 500.000 Jahre in der Vergangenheit

Auf Ragun, der Zentralwelt des ragunischen Imperiums, herrschte große Betriebsamkeit. Auf den zahlreichen Raumhäfen der hochindustrialisierten Welt konnte ein unkoordiniertes Durcheinander registriert werden. Zahlreiche anfliegende Transportschiffe in unterschiedlichen Größen, mussten zu Ausweich-Landeplätzen umgeleitet werden. Tausende große Klappflügel-Schiffe überlasteten die Raumhäfen des Planeten und luden imperiale Flüchtlinge aus, deren Welten bereits von der Allianz der Arthropoden angegriffen, oder vernichtet wurden. Die Anweisungen der Raumüberwachung wurden nur zum Teil beachtet. Die Garnisonen von Soldaten in farbigen Rüstungen marschierten im Stechschritt über den Raumhafen und nahmen die Flüchtlinge in Empfang. Sie alle wurden in Auffang-Unterkünfte gebracht. Hier warteten sie auf die Weiterleitung zu der Fluchtstation der Aller-Ersten. Sie hatten den Ragunern Hilfe bei der Evakuierung der Flüchtlinge angeboten.

Die Zentralwelt der Raguner beherbergte viele dieser großen Raumhäfen. Schließlich war er der zentrale und wichtigste Planet des Imperiums. Doch dieser Ansturm von zurückkehrenden Kolonisten war noch nie da gewesen. Donnernd startete eine Flotte von 500 Schiffen, die gerade erst aus den Werften gekommen war. Diese neuen Schiffe sollten unverzüglich die kämpfenden imperialen Flotten-Verbände verstärken. Jeden Tag wurden neue Schiffe fertiggestellt. Man verzichtete auf nicht notwendige Einrichtungs-Gegenstände. Lediglich die Kampfbereitschaft musste gesichert sein. Der Planet glich einer globalen Industrielandschaft. Grünflächen mussten technischen Anlagen weichen.

Alle Produktionsbereiche, die vorrangig Kriegsgüter herstellten, hatten derzeit Priorität. Mitten in der Stadt, auf dem zweiten der drei großen Kontinente des Planeten, lag das imperiale Regierungszentrum. Er war der am besten gesicherte und geschützte Bereich auf der Heimatwelt der Raguner. Die zahlreichen Hochbauten, dienten der Koordination der unüberschaubaren Kolonien des Imperiums. Zahlreiche Abwehrtürme und Raketenstellungen waren sichtbar. Diese sollten einen Angriff fremder Schiffe abhalten. Im Angriffsfall stiegen Tausende von Raketen auf, die automatisch die fremden Schiffsziele anvisierten.

Auf einer breiten Fläche, er konnte als großer Platz bezeichnet werden, standen 15 erleuchtete, quadratische Wurmloch-Torrahmen. Sie besaßen ein exaktes Maß von 8 mal 8 Metern. Alle waren mit Energie geflutet. Menschenmengen wurden zu diesem Bereich geleitet und durch diese Fluchttransmitter zu einer entfernten Geheimstation abgestrahlt.

Der größte Turm in dem Regierungsviertel war die imperiale Leitstelle. Der Zentralrat des Systems hatte alle Systemräte zu einer Lagebesprechung auf die imperiale Heimatwelt berufen.

Der Vorsitzende des Zentralrates nannte sich Ruadan. Er stand mit einigen Systemräten an einem großen Fenster und blickte hinunter auf den großen Platz.

»Der Flüchtlingsstrom reißt nicht ab«, flüsterte er. »Der Krieg verläuft nicht in unserem Sinne. Die Arthropoden haben eine fast unüberwindbare Allianz-Flotte zusammengestellt. Sie bedrängen bereits unsere äußeren Kolonien in der Milchstraße.«

»Unsere Expansionspolitik war falsch«, antwortete der Systemrat Nuada. »Wir haben alle Kolonien immer wieder ausgepresst, ihre Kanzler ermordet und ihnen zu verstehen gegeben, dass sie uns untergeben sind. Zu keiner Zeit haben wir erkannt, dass sie sich nicht unserem Imperium zugehörig fühlten. Vielmehr ist ihr Hass auf uns stetig gestiegen. Ist es jetzt verwunderlich, dass sie den von den Arthropoden angebotenen Strohhalm zur Befreiung ihrer Welt angenommen haben?«

Der Vorsitzende des Zentralrates nickte.

»Das mag stimmen«, antwortete Ruadan. »Doch die Arthropoden sagen ihnen nicht die ganze Wahrheit. Sie nutzen die Dummheit unserer Kolonien aus. Sie nehmen ihre Schiffe und Flotten und verstärken hiermit ihre Allianz-Verbände. Es werden immer mehr von ihnen, die sich der Arthropoden-Allianz anschließen. Wir haben ihnen doch mitgeteilt, dass die fremde Rasse humanoide Lebewesen hasst. Ich bin mir sicher, falls wir den Krieg verlieren sollten und es sieht fast danach aus, dann werden die Arthropoden als nächsten Schritt die zu ihnen übergelaufenen Kolonie-Welten angreifen und vernichten. «

»Das wissen wir alle«, bestätigte Nuada. »Es ist zu spät für uns, die Kolonien entsprechend zu informieren. Unsere Schiffe sind an allen Grenzen unserer Sterneninsel in Kämpfe verwickelt. Wir können keine Einheiten abzweigen. «

Langsam füllte sich der große Saal. Immer mehr Systemräte trafen ein und suchten sich einen Platz. Der Vorsitzende des Zentralrates Ruadan und Systemrat Nuada blicken weiterhin aus dem Fenster. Nicht weit von dem Regierungsviertel explodierte eine Industriefertigung in einer grellen Explosion. Der

Feuerpils breitete sich aus und drückte in die dunkle Atmosphäre des Planeten. Rauch und Qualm breiteten sich massiv aus. Die Räte konnten die Vibration des Bodens spüren. Die Druckwelle der Explosion breitete sich durch das ganze Regierungsviertel fort.

»Wieder eine Sabotageaktion von den Arthropoden«, fluchte Ruadan laut. »Wir kriegen sie nicht zu fassen.

Noch kein einziger Arthropode konnte einem Verhör unterzogen werden. Die Rasse agiert weiter im Hintergrund. Ihre Parasiten befallen hochrangige Personen unseres öffentlichen Lebens zwingt sie zu irrationalen Handlungen.«

»Wir wissen nicht, wo sich ihre Heimatwelt befindet«, antwortete Nuada. »Ansonsten hätten wir längst ein Vergeltungskommando hingeschickt. Wollen wir nochmals die Aller-Ersten um Hilfe bitten?«

Ruadan blickte ihn an.
»Sie werden uns nicht helfen«, antwortete er. »Erinnere dich, wie lange wir auf ihre Zusage warten mussten, damit sie unsere Flüchtlinge auf sichere Welten evakuieren. Sie geben sich als unsere Schöpfer aus, doch in Zeiten der Not standen sie uns nie zur Seite. Lediglich ihre Warnungen gaben sie uns mit auf den Weg.«

»Uns ist doch bekannt, dass sie unsere Expansionspolitik nie mitgetragen haben«, antwortete Nuada. »Sie wollten, dass sich alle Rassen im Universum untereinander verstehen, Handel treiben und sich weiterentwickeln. Das war nicht das Ziel unserer Politik. Jahrtausende haben wir uns von ihnen abgewendet. Mich wundert es eigentlich sowieso, dass sie sich einverstanden erklärt haben, die Flüchtlinge unserer Welten zu evakuieren.«

»Was sollten sie machen«, entgegnete Ruadan. »Sie haben uns immer diese Art des sozialen Zusammenlebens eingeredet. Jetzt können sie uns zeigen, wie das funktioniert.«

»Wo versteckt sich die Aufnahme-Station der Aller-Ersten?«, fragte Nuada. »Ist das bereits bekannt?«

»Nein«, antwortete Ruadan. »Doch heute werden wir es erfahren. Ein Mitglied des Ältestenrates der Aller-Ersten wird auf Ragun eintreffen und an dieser Sitzung teilnehmen. Sein Name ist Halswan. Er ist schon lange ein Mitglied ihres Rates und wird von allen Personen ihres Volkes geachtet. Er ist mit der Vorgehensweise seiner Kollegen nicht mehr einverstanden. Halswan wird uns zum Sieg über die Arthropoden führen.«

»Das verstehe ich nicht«, antwortete Nuada. »Was kann er machen, dass den Anderen seines Volkes verboten ist?«

»Er besitzt geheime Informationen«, antwortete Ruadan. »Wir werden ihn anhören und anschließend entscheiden. Ich hoffe sehr, dass er keine heiße Luft vorträgt.«

Ruadan und Nuada sahen, wie eine schwerbewaffnete Kolonne schwarzer Gleiter auf den großen Platz einfuhr und in Richtung der imperialen Leitstelle einschwenkte. Es war eine Sicherheitspatrouille, die zwischen den Raumhäfen und dem Regierungsviertel wichtige Personen transportierte. Die Gleiter hielten ruckartig vor dem hohen Gebäude an. Bewaffnete Soldaten sprangen heraus und rissen den Schott des zweiten Gleiters auf. Sie riefen etwas hinein, doch es rührte sich nicht.

Dann griff ein Soldat hinein und zerrte einen Gefangenen heraus. Es war eine fremdartige Gestalt. Ruadan und Nuada kannten die Species nicht. Er war widerspenstig und riss an ihren Fesseln. Der zweite Soldat trat vor und schlug ihm zweimal ins Gesicht. Dann hielt er ihm seinen Nadelstrahler auf die Stirn und schrie ihn an. Das fruchtete sofort. Der Gefangene ließ sich in das Gebäude führen.

Die beiden Räte sahen, wie sich der Schott des vierten und fünften Gleiters öffnete. Acht bewaffnete Elitesoldaten in schwarzer Kampfuniform und einem blauen Abzeichen auf der Brust sprangen heraus. Sie schritten zu dem vierten Gleiter. Auch aus diesem Fluggerät sprangen zwei Soldaten. Dann trat eine Person in einer weißen Kutte heraus. Eine breite Kapuze verdeckte sein Gesicht.

Sein flimmernder Individualschirm war aktiviert. Die Gestalt blieb stehen und blickte an dem Gebäude hoch. Seine Augen suchten das Fenster, an dem der Vorsitzende des Zentralrates Ruadan und der Systemrat Nuada zu ihm herunterblickten. Als sie den Blick des Aller-Ersten bemerkten, traten sie einen Schritt von dem Fenster zurück.

»Unser Gast ist eingetroffen«, flüsterte Ruadan. »Hören wir uns an, was er zu sagen hat.«

Der Vorsitzende des Zentralrates trat zu dem erhöhten Podium, das an der Rückseite des großen Saales stand.

Die 12 Kollegen des Gremiums hatten sich bereits versammelt.

Er griff nach einer metallischen Kralle und schlug hiermit dreimal auf das Mikrofon ein. Ein mehrfaches lautes Donnern hallte durch den Saal. Die Geräuschkulisse verebbte.

»Ruhe bitte«, sprach Ruadan in ein Mikrofon. »Die Sitzung beginnt gleich. Wir warten noch auf einen Abgesandten der Aller-Ersten. Er ist bereits im Gebäude. Verhalten sie sich bitte ruhig.«

Negative Rufe wurden hörbar. Pfeifkonzerte durchzogen den Saal. Wieder schlug Ruadan mit seiner Metallkralle auf das Mikrofon.

»Ruhe bitte«, forderte der Vorsitzende auf. »Wer sich nicht an die Ordnung hält, wird ausgeschlossen. Das ist meine letzte Warnung.«

Geräusche vor der Türe wurden hörbar. Es klopfte laut.

Zwei Saaldiener öffneten den Eingang. Acht in schwarz gekleideten Elite-Soldaten, die den Personenschutz ihres Vorgesetzten gewährleisten sollten, drangen in den Saal. Ihre grimmigen Blicke ließen die Anwesenden verstummen. Ihre Lasergewehre waren entsichert und schussbereit. Langsam traten die Systemräte einen Schritt zurück und bildeten eine freie Gasse für den Eintritt des

Abgesandten. Der Anführer der Sicherheits-Soldaten sprach etwas in ein Mikrofon, das in seinem Helm untergebracht war. Sekunden später führten zwei weitere Soldaten, den in einer weißen Kutte verhüllten Aller-Ersten, in den Saal. Langsam schritt er auf das Podium zu, an dem die zwölf Systemräte saßen.

Er verbeugte sich vor dem Gremium und zog seine Kapuze von dem Kopf.

»Mein Name ist Halswan«, sagte er mit einer ruhigen Stimme. »Ich bin ein Ratsmitglied unserer Regierung und komme heute in die Leitstelle des ragunischen Imperiums, um ihnen wichtige Informationen zu überbringen.«

Er sah sich um und erkannte die Spannung unter den Anwesenden.

»Ich bin ohne Zustimmung unserer Regierung hier«, fuhr er fort. »Meine Meinung ist es, dass wir nicht zusehen dürfen, wie eine erfolgreiche Rasse unserer Schöpfung untergeht.«

Missfallende Rufe wurden laut. Erneut ertönte ein Schlag der Metallkralle des Vorsitzenden, die dröhnend durch den Saal fuhr.

»Ich weiß, dass sie meine Worte nicht akzeptieren wollen, doch meine Aussage entspricht der Wahrheit«, sagte er. »Ich bin nicht hier, um mit ihnen über den Fortbestand ihrer Rasse zu sprechen. Tatbestand ist jedoch, dass die Allianz ihrer Feinde auf dem Vormarsch ist. Immer mehr Territorien fallen den Arthropoden in die Hände. Bewohnte und von ihnen kolonisierte Welten, die sich nicht ihrer Allianz angeschlossen haben, werden erbarmungslos vernichtet.

Ihre Flottenverbände scheinen nicht in der Lage zu sein, die Allianz-Schiffe der Arthropoden aufzuhalten. Aus vielen ihrer äußeren Sterneninseln wurden ihre Verbände bereits vertrieben. Jetzt dringen die Arthropoden in ihre Galaxie ein und nehmen Kurs auf ihren Heimatplaneten. Entsprechen meine Informationen den Tatsachen? «

Es war still in dem Saal der Räte geworden. Sie wussten nur zu deutlich, dass die Aussagen des Abgesandten den Tatsachen entsprachen. «

»Sie haben Recht«, bestätigte Zentralrat Ruadan die Aussage. »Die Schiffs-Verbände der Allianz sind unseren Schiffen in der Anzahl überlegen. Obwohl wir ihnen starke Verluste beifügen konnten, scheint es so, als ob sie über einen unerschöpflichen Nachschub verfügen. Wir sind mit unseren Möglichkeiten am Ende angekommen.«

»Das bedeutet, sie warten in aller Ruhe auf den Untergang ihrer imperialen Zentralwelt«, erwiderte Halswan verächtlich. »Eines sollten sie wissen. Die Arthropoden werden nicht eher Ruhe geben, bis sie ihre verhasste Species ausgelöscht haben.«

»Was können wir noch tun?«, erkundigte sich der Vorsitzende.

Er schien der Einzige zu sein, der noch in der Lage war entsprechende Fragen zu stellen.

»Sie waren bisher noch nicht einmal in der Lage ein Spezial-Kommando zu organisieren, das den Heimat-Planeten der Arthropoden ausfindig machen konnte«, erklärte Halswan. »Noch weniger ist ihnen ein Exemplar dieser Species in die Hände gefallen, um an Informationen zu gelangen. Das kann ich nicht verstehen. Sie spielen sich als wichtigste Species des Universums auf und schaffen es nicht die einfachsten Grundregeln eines Krieges zu befolgen?«

»Mäßigen sie ihre Worte«, sagte der Vorsitzende des Rates. »Hier in diesem Saal befinden sich einige Personen unserer Rasse, die sie lieber tot, als lebend sehen möchten. Lassen sie die Situation nicht eskalieren.«

»Entschuldigen sie meine Worte, Vorsitzender«, sagte Halswan. »Ich dachte bisher immer, dass sie eine würdige Rasse wären, die eine Rettung vor dem Untergang verdient hätten. Leider sehe ich hier in dem Saal nur degenerierte Systemräte, die unfähig sind zu handeln. «

Wieder wurde die Geräuschkulisse angeheizt. Die Menge tobte aufgebracht.

»Das brauchen wir uns nicht sagen zu lassen«, tobte jemand.

»Schmeißt ihn aus dem Saal«, schimpfte ein anderer.

»Tötet ihn«, kreischte eine Menge.

Die Elite-Soldaten des Aller-Ersten rissen ihre Gewehre hoch und feuerten in die Decke. Sie drängten die näherkommenden Räte brutal zurück.

Halswan hob seine Hände.
»Genug der Vorrede«, sagte er. »Ich bin nicht hier, um sie zu kränken. Ich entschuldige mich in aller Öffentlichkeit. Meine Worte sollten sie lediglich aus ihrer Defensive

locken. Ich erkenne, dass ich das geschafft habe. Jetzt sprechen wir über die Möglichkeiten zur Rettung ihres Imperiums. Ich habe einen Plan, den sie diskutieren sollten. Doch vorher habe ich ein Geschenk für sie.«

Er winkte einem Soldaten, der an der Türe Wache hielt. Dieser rief etwas nach außerhalb.

Ragunische Soldaten in glänzenden Rüstungen und keltischen Helmen brachten ein fremdes Lebewesen in den Saal, das sich wehrte. Es wirkte schlank und hager und wies eine Größe von 1,90-Meter auf. Sein Körper glich einer spinnenartigen Lebensform. Neben einem überdimensionierten ovalen Körper, hatte die Evolution es mit vier Armen und vier Beinen ausgestattet. Die Augen des unbekannten Wesens waren mit einem Tuch verbunden. Die vier Arme und die vier Beine wirkten sehr dünn. Es war mit einem silberfarbigen Raumanzug bekleidet. Die Bewegungen des Wesens schienen aufgeregt zu sein. Seine Arme griffen in alle Richtungen, scheinbar suchten sie etwas.

Ein Soldat nahm ihm das Augentuch ab. Schnell brachte sich der Soldat hiernach in Sicherheit. Die seltsame Gestalt drehte sich nach ihm um und spuckte eine braune Flüssigkeit nach ihm. Das Sekret verfehlte den Soldat um einige Meter. Vermutlich wusste er von der Eigenart dieser Species. Das unbekannte Lebewesen wurde in der Mitte des Saales mit Ketten an den Boden gefesselt. Es zerrte und riss an den Ketten, doch diese gaben keinen Millimeter nach.

Halswan zeigte auf das Wesen.
»Geschätzte Räte des ragunischen Imperiums«, sagte er. »Ich präsentiere ihnen einen lebenden Arthropoden. Lassen sie sich nicht von seiner äußeren Gestalt täuschen. Diese Wesen besitzen die Fähigkeit, den Raum und die Zeit zu krümmen. Sie verstehen daher, dass wir vor ihnen auch nicht in einer anderen Zeitebene sicher sind. Sie sehen sich selbst als Spitze der Evolution. Laut unseren Informationen dienen sie einer göttlichen Bestimmung. Wie und wo diese zu finden ist, entzieht sich leider unseren Kenntnissen. Niemand weiß genau, was ihre göttliche Bestimmung als nächstes anordnet. Es ist möglich, dass ihr Imperator nur vorgibt dieser Bestimmung zu folgen. Doch er besitzt unendliche Macht und befiehlt über alle Planeten und Stämme der Arthropoden-Nestern.«

Halswan blickte die interessierten Zuhörer an.

»Die Legende besagt, dass ihre Rasse aus dem ersten Feuer des Universums entstanden ist«, fuhr er fort. »Seit die ersten Galaxien und die Planeten anfingen auseinander zu driften, lebten sie auf trockenen und staubigen Welten, die ihnen besonders am Herzen lagen. Auf diesen Welten vermehrten sie sich rasend schnell und entwickelten eine Art von Intelligenz. Das ist nun Milliarden von Jahren her. Zu dieser Zeit beachteten sie noch keine anderen Species. Wir verloren sie eine lange Zeit aus den Augen. Als sie uns wieder über den Weg liefen, waren sie anders. Sie griffen fremde Species an und löschten diese aus und vernichteten deren Lebensraum. Nach einer gewissen Zeit der Beobachtung erkannten wir, dass ihr besonderer Hass humanoiden Lebewesen galt.

Irgendetwas Schlimmes musste geschehen sein, was ihnen von einer solchen Rasse angetan worden war. Viele Jahrtausende vergingen, bis wir wieder etwas von ihnen sahen. Wir registrierten, dass es den Arthropoden möglich war, gewaltige Raumschiffe zu bauen. Die größten Schiffe ihrer Flotten-Verbände müssen einer 5.000 Meter-Klasse zugeordnet werden. Sie treten nicht gerne direkt in Erscheinung, aber ziehen im Verborgenen alle Fäden. Sie sind für die Erschaffung vieler kriegerischen Species verantwortlich, die sie auf andere, meist humanoide Rassen hetzen. Das ist ihr Feind, der den Untergang ihres Imperiums und ihrer Rasse herbeiführen möchte. Ich frage sie aufrichtig. Wollen sie vor diesen Kreaturen kapitulieren?«

»Niemals«, tobten die Systemräte. »Diese abscheuliche Kreatur muss getötet werden. «

»Ich stimme ihnen zu«, antwortete der Abgesandte der Aller-Ersten. »Vorher sollten sie jedoch noch einige Informationen aus ihm herausbekommen. Er kann ihnen mitteilen, wo sich der Heimatplanet seiner Species befindet. Töten sie ihn jetzt sofort, werden sie diese Informationen niemals erhalten. «

»Wie können wir den Angriff der großen Allianz-Flotte stoppen? «, fragte der Vorsitzende des Zentralrates. » Sicherlich wird den Arthropoden ein ragunisches Leben gleichgültig sein? «

Halswan zeigte auf den Gefangenen.
»Sehen sie genau hin«, sagte er. »Diese Species stammt von einer spinnenartigen Gattung ab. Ihre Rasse sieht sich an der Spitze der Evolution stehen. Ihre Körper können mehrere Arme und Beine bilden, die bei einem Nahkampf eingesetzt werden können. Die Eier ihrer Brut werden in wissenschaftlichen Zentren manipuliert. Hieraus entstehen die Parasiten, die alle unterschiedlichen Species im Universum infizieren können. Haben sie sich einmal in fremden Körpern eingenistet, dann ist es unmöglich sie wieder medizinisch zu entfernen. Der Wirtskörper wird zu einer Marionette des Parasiten. «

Der Abgesandte holte ein kleines Gerät aus seiner Tasche und hielt es hoch.

»Das ist ein Universalübersetzer«, sagte er. »Fragen wir den Gefangenen, warum seine Rasse einen so erbitterten Krieg gegen sie führt.«

Er winkte einem Roboter.
Dieser eilte auf Halswan zu. Einen Meter vor ihm blieb er stehen.

»Hefte das dem Gefangenen an seine Kleidung«, befahl der Abgesandte. »Das Gerät stellt sich automatisch auf den Träger ein.«

Der Roboter der Raguner nahm das Gerät an sich und schritt zu dem Gefangenen. Der hörte plötzlich auf an seinen Ketten zu zerren und blickte den Roboter hasserfüllt mit tiefschwarzen Augen an. Als der Roboter dem Arthropoden das Gerät auf seine Brust steckte, spuckte der Gefangene den Roboter an. Die braune Flüssigkeit spritzte auf den Metallpanzer des Roboterdieners und verdampfte dort sofort. Sie hinterließ einen dunklen Fleck auf dem Metall.

»Der Speichel dieser Kreatur besteht aus Methansäure«, erklärte Halswan. »Sie ist sehr ätzend und brennt sich in die ungeschützte Haut zahlreicher Lebewesen. Hüten sie sich davor, ungeschützt mit ihm in Berührung zu kommen. Einem Metallpanzer, wie bei ihrem Roboter macht sie nichts aus, sondern hinterlässt lediglich eine Verfärbung der Oberflächenlegierung. Ich warne sie eindringlich vor einem direkten Kontakt mit diesen Wesen. «

Der Vorsitzende des Zentralrates der Raguner hatte genug gesehen.

»Wache«, befahl er. »Riegelt den Gefangenen ab. «

Eine außerhalb des Saales wartende Einheit von 10 ragunischen Soldaten marschierte in den Saal. Ihre glänzenden Brustpanzer blitzten im Schein der künstlichen Saalbeleuchtung. Unter dem Brustpanzer trugen sie braune lederartige Torsos. Die Schultern waren mit Lederpanzern geschützt. Die Arme und Beine trugen metallische Arm- und Beinschienen. Blanke Schutzschilder aus Metall hingen auf ihrem Rücken. In den Kampfgürteln hingen Langschwerter und ragunische Nadelstrahler.

Der Anführer der Gruppe riss an einer Kette, so dass der Gefangene aus dem Gleichgewicht geriet und auf seinen

Rücken fiel. Seine Begleiter stützten sich auf die Kreatur und pressten eine fast transparente Maske auf sein Gesicht. Sie enthielt im vorderen Bereich eine Art Membrane. Die Hände des Gefangenen wurden auf dem Rücken zusammengebunden. Dann lockerten die Soldaten die Ketten wieder und traten drei Schritte von dem Gefangenen zurück.

Aus dem Liegen sprang der Arthropode tobend auf. Wie von Sinnen lief er auf den Anführer der Soldaten zu. Doch einen Meter vor ihm, wurde er von den gespannten Ketten erneut zurückgerissen. Sein wutverzerrtes Gesicht sprach Bände. Der Hass dieser Kreatur auf humanoide Lebensformen wurde klar sichtbar.

Der Vorsitzende des Zentralrates drückte auf einen Knopf. Eine Mechanik im Boden des Saales zog die Ketten ein. Dem Gefangenen wurde erneut die Bewegungsfreiheit genommen.

Er blickte die Kreatur an.
»Arthropode«, sagte er ruhig. »Die Maske hast du dir selbst zuzuschreiben. Dein Speichel gehört nicht in diesen Saal. «

Der Übersetzer tönte auf und gab eine unbekannte Sprache wieder.

Der Arthropode hielt inne, als ob er verstanden hatte. Sein Gesicht blickte den Vorsitzenden.

»Welches Ziel verfolgt ihr mit eurem massiven Angriff auf unser Hoheitsgebiet?«, fragte Ruadan. »Besteht nicht die Möglichkeit zu verhandeln, um einen Waffenstillstand unter unseren Rassen zu ermöglichen. Wir würden euer Territorium akzeptieren und nicht mehr in das graue Universum einfliegen.«

Ein paar schrille Töne wurden aus dem Übersetzer hörbar. Es schien so, als ob der Arthropode den Vorsitzenden des ragunischen Zentralrates auslachte.

»Wir verhandeln mit keiner Species«, knirschte es aus dem Universalübersetzer. »Alle humanoiden Species werden von uns gnadenlos ausgerottet. Sie sind die Missgeburten des Universums. Sie waren nicht als Lebensform von der Evolution vorgesehen.«

»Was können wir tun, um dem eigenen Untergang zu entgehen?«, fragte Ruadan. » Auch wir haben ein Recht zu leben.«

»Ihr habt kein Recht zu leben«, tobte der Arthropode. »Trotzdem gibt es einen Weg der Ausrottung durch uns zu entgehen. Richtet euch selbst und sterbt, bevor wir euren ganzen Planeten in Schutt und Asche legen und euch anschließend auslöschen. Tötet euch und ihr werdet von uns verschont.«

Alle 12 Zentralräte waren erbost aufgesprungen und zeigten mit ihrem Zeigefinger auf den Arthropoden.

Ruadan blickte nach rechts und nach links. Die Aufforderung war einheitlich.

Er blickte den Anführer des Soldatentrupps an.
»Tötet die Kreatur«, befahl er.

Hierauf hatten die 10 Soldaten nur gewartet. Blitzschnell rissen sie ihre Nadelstrahler aus dem Waffengürtel. Ein Blitzgewitter aus feinen, dünnen Nadelstrahlen durchlöcherte den Körper der Kreatur. Aus allen Schusslöchern spritzte ein braunes Sekret in alle Richtungen des Saales. Langsam sank er leblos zu Boden.

»Nicht«, warnte Halswan, der Abgesandte der Aller-Ersten.

Doch es war zu spät. Das Gesicht des Gefangenen hatte sich sichtbar entspannt. Das Leben war aus seinen schwarzen Augen gewichen. Sie wirkten jetzt starr und grau und unbedeutend.

»Das ist doch nicht zu fassen«, tobte Halswan. »Ich bemühe mich einen dieser Kreaturen gefangen zu nehmen, um ihnen diesen zu präsentieren. Er sollte alle ihre offenen Fragen beantworten. Ich frage mich wirklich, ob es noch Wert hat, ihre Rasse zu retten. Bisher habe ich in dem Saal des hohen Zentralrates nur unbedachte Handlungen gesehen. Wissen sie jetzt, wo sich der Heimatplanet der Arthropoden befindet? Da sie diese Kreatur haben töten lassen, gehe ich davon aus, dass sie alle offenen Fragen beantwortet bekommen haben? «

»Sparen sie sich ihren Sarkasmus«, rügte ihn der Vorsitzende des Rates. »Ein Arthropode spricht nicht in dieser Art zu uns. Die Art seiner Ansprache hat sein Leben verwirkt. Hieran ist jetzt nichts mehr zu ändern. «

Er blickte auf die Stelle, an der die Gestalt verkrümmt am Boden lag. Reinigungsroboter waren bereits zu ihm getreten und hoben ihn in eine große Metallkiste. Dann reinigten sie den Boden mit einer speziellen Flüssigkeit. Bürsten und Tücher trockneten die Stelle des Bodens. Dann zogen sich Roboter sich zurück. Nichts erinnerte mehr an den Zwischenfall mit dem Arthropoden.

»Der Gestank wurde beseitig«, bemerkte Ruadan. »Wir können wieder durchatmen.«

Er blickte Halswan an.
»Wollten sie uns nicht einen Vorschlag zur Rettung unseres Imperiums unterbreiten?«, erkundigte er sich ärgerlich. » Erklären sie uns bitte, warum sich der Bau eines zeitgesteuerten Wurmloch-Generators über 500.000 Jahre hinzieht. Unsere Wissenschaftler arbeiten nach ihren Konstruktionszeichnungen. Wir sind immer noch auf ihre Hilfe angewiesen, Flüchtlinge durch ihre geheime Station zu evakuieren. Wir wissen nicht einmal, wo sich diese befindet und ob alle Flüchtlinge tatsächlich auf einem geschützten Planeten angekommen sind. Es besteht keine Möglichkeit für uns, die Erfüllung unserer Vereinbarung durch sie zu kontrollieren.«

»Ich verstehe sie«, lächelte Halswan. »Doch darf ich sie daran erinnern, dass sie diesen Vertrag nicht mit mir geschlossen haben. Der Zentralrat der Raguner durfte mit Geoffwan, dem Sprecher unserer Regierung verhandeln. Aufgrund der Überfüllung ihres Planeten durch zahlreiche Flüchtlinge, war es ihnen doch Recht, dass wir ihnen dieses Problems abnahmen. Beschweren sie sich jetzt nicht. Allen Evakuierten geht es gut. Sie beginnen gerade damit, sich eigene Zivilisationen aufzubauen. Wir haben sie mit allen notwendigen Dingen ausgestattet, die sie hierzu benötigen. Leider werden sie ihren Heimatplaneten nie mehr wiedersehen können. Das wurde ihnen bei Vertragsabschluss mitgeteilt.«

Ruadan nickte nachdenkend.
»So war es vereinbart«, antwortete er. »Wir haben nur ihr Wort, das sie ihren Teil der Vereinbarung einhalten.«

»Zweifeln sie nicht unsere Ehrbarkeit an«, erwiderte Halswan verärgert. »Es war ein solidarischer Akt der Unterstützung, dass wir ihnen überhaupt geholfen haben. Viele Angehörige unseres Hohen Rates waren dagegen. Nur Dank meiner intensiven Fürsprache konnte die Entscheidung positiv für sie ausfallen. Die Situation, wie sie sich derzeit darstellt, haben sie selbst zu verantworten. Ihre aggressive Expansionspolitik hat sie an diesen Punkt gebracht. Darf ich den Zentralrat von Ragun daran erinnern, dass wir sie mehrfach gewarnt hatten. Die unzähligen Planeten und die bewohnten Welten, die ihre Kriegsflotten mit Gewalt und Unterdrückung ihrem Imperium einverleibt haben, fordern jetzt gemeinsam ihren Tribut.

Sie haben sich zusammengerottet, um sich gegen ihre Herren aufzulehnen. Es scheint fast so, als ob sie auf die Anfrage der Arthropoden gewartet hätten. Als sie dann da waren, haben sie ihre letzten Schiffe flugfähig gemacht und sich der Allianz der Arthropoden im Kampf gegen das ragunische Imperium angeschlossen. Jetzt steht der Zentralrat des ehemals so mächtigen Imperiums, mit allen seinen Systemräten vor einem Scherbenhaufen seiner unnachsichtigen Politik. «

»Wir haben erkannt, dass in der Vergangenheit Fehler gemacht wurden«, antwortete der Vorsitzende des Zentralrates. » Leider haben wir die annektierten Welten unterschätzt. Ihnen hätte das Recht abgesprochen werden müssen, eigene Raumschiffe zu bauen. Diesen Fehler werden wir nicht noch einmal wiederholen. «

Halswan nickte.
»Da stimme ich ihnen zu«, erwiderte er. »Hierzu wird es nicht mehr kommen, denn der legendäre Heimatplanet des ragunischen Imperiums wird von der Allianz-Flotte der Arthropoden zerstört werden. Nach dem Angriff werden nur noch Asteroiden und Steinstücke auf der Position ihres Planeten durch den Weltraum kreisen. «

»Wie kommen sie dazu, so mit uns zu sprechen? «, fragte der Vorsitzende.»Wir sind durchaus in der Lage, uns selbst zu verteidigen. «

Das Mitglied des Rates der Aller-Ersten hob seine Hände in die Luft.

»Ich wollte sie nicht beleidigen«, antwortete er. »Ich spreche von Tatsachen. Haben sie vergessen, dass wir über zeitgesteuerte Wurmlöcher verfügen und in die Vergangenheit und die Zukunft reisen können. Sie werden mir es nicht glauben, doch es wird so kommen. Nachfolgende Species werden den Namen Ragun nicht mehr kennen. Ihr Planet wurde von der Allianz der Raguner zerstört und ist nicht mehr Teil dieses Weltalls.«

Die Mitglieder des Zentralrates sahen sich betroffen an. Es war still geworden in dem obersten Sitzungssaal des Imperiums.

»Was können wir noch tun? «, erkundigte sich Ruadan.

»Ich bin ohne eine Genehmigung unseres Hohen Rates hier«, erklärte Halswan. » Wenn meine Mission bekannt wird, dann verliere ich alle Privilegien und meine Ämter. Ich werde dann vogelfrei sein und ihnen nicht mehr behilflich sein können. Ich teile ihnen das mit, damit sie verstehen, dass für mich auch viel auf dem Spiel steht. Sie sind unserer Schöpfung entstanden. Ich kann es nicht hinnehmen, dass spinnenartige Wesen es schaffen, ein hochstehendes humanoides Volk auszulöschen. Deswegen biete ich meine Hilfe an.«

»Wie könnte diese Hilfe aussehen?«, erkundigte sich ein Ratsmitglied.

»Wie ich schon erwähnte, sollte ihnen der Gefangene die Koordinaten der Heimatwelt seiner Rasse mitteilen«, sagte Halswan. »Das war mein Gedanke. Wir hätten dann das Übel an der Wurzel bekämpft und ein zeitgesteuertes Wurmloch zu der Position ihrer Heimatwelt geöffnet. Der Zentralrat ihres Imperiums hätte eine ausreichend starke Kampfflotte durch den Tunnel schicken können. So wäre es uns möglich gewesen, in der frühen Vergangenheit die Rasse der Arthropoden, sie noch während des Aufbau ihrer Zivilisation zu eliminieren. Damit wäre das Problem in der Gegenwart erledigt gewesen.«

»Der Sprecher ihres hohen Rates versprach uns die Technik eines zeitgesteuerten Wurmlochtunnels zu übergeben«, antwortete Ruadan. »Aus diesem Grunde haben wir vor langer Zeit auf einem geheimen Asteroiden im Tau-Ceti-System eine Forschungs- und Entwicklungsbasis gebaut. Weit genug weg von unserer Heimatwelt, als letzte Bastion im Krieg gegen die Arthropoden. Die Anlage sollte bereits lange fertiggestellt werden, doch unsere Wissenschaftler kommen nicht voran. Diese Forschungsstation ist zu einem Generationenproblem geworden. Mit ihr wollten wir den

Ablauf der Zeit manipulieren. Wir kommen nicht mehr zu dem Asteroiden durch.«

Halswan nickte.
»Das ist mir bekannt«, antwortete er. » Geoffwan hat ihnen voreilig diese Zusage unterbreitet. Erst im Nachhinein erkannte er, dass in dem Buch unseres großen Propheten Aahnn bereits Nachfolge-Rassen erwähnt wurden. Diese werden diesem kleinen Sternensystem und ihrer Galaxie maßgeblich ihren bedeutenden Stempel aufdrücken. Sie sind es in der Zukunft, die alle Belange vieler Zivilisationen in diesem Universum lenken werden.«

»Es werden neue Species in unserem Sternensystem nachwachsen?«, fragte Ruadan interessiert.

»Es ist sehr verwunderlich, dass dieses kleine Sternensystem, gelegen in einem Seitenarm dieser Sterneninsel, in der Zukunft immer wieder wichtige Rassen hervorbringt, die weite Bereiche des Universums lenken werden«, lächelte Halswan. »Aus diesem Grunde wurde ihr Entwicklungs- und Forschungsasteroid von unserem Hohen-Rat sabotiert.«

Ein lautes Raunen ging durch den Saal.

»Ihr Volk hat uns hintergangen«, tobten einige der Systemräte. »Wie können wir ihnen noch vertrauen? «

»Informierten sie uns nicht, dass wir ihrem Samen entsprungen sind? «, fragte Ruadan. » Folgerichtig sind wir die Kinder ihrer Aussaat. Warum stellt sich ihre Regierung jetzt gegen uns? «

Halswan hob wieder seine Hände.
»Ruhe bitte«, sagte er. »Ich erkläre es ihnen. Das Buch des großen Propheten Aahnn ist der vorgegebene Weg unseres Volkes. Nach seinen Aufzeichnungen richtet sich unser zukünftiger Weg. In dem Buch ist der Anfang und das Ende unserer Zivilisation verzeichnet. Aus diesem Grunde darf auch nur der Hohe Rat unseres Volkes die Weisheiten lesen.

Geoffwan konnte nicht anders, als den Weg zu korrigieren. Unsere zeitgesteuerte Wurmloch-Technologie hätte ihnen niemals übergeben werden dürfen. Denn mit einer Fertigstellung dieser Anlage, würden sie den Zeitablauf im Universum verändern können. Erst später offenbarte ihm das Buch des Aahnn den richtigen Weg. Auf ihrem Forschungs- und Entwicklungs-Asteroiden wurde ein Zeitfeld-Reduktor installiert. «

Der Zentralrat blickte Halswan irritiert an.
»Was bedeutet das in klaren Worten?«, fragte Ruadan. »Wir kennen keinen Zeitfeld-Reduktor.«

»Ich erkläre es ihnen«, antwortete Halswan.
»Am Anfang des Krieges wurde diese Forschungs-Station rechtzeitig in das Energiefeld eines Zeit-Reduktors gehüllt. Dieses Gerät verlangsamt den Ablauf der Zeit innerhalb des Feldes sehr stark. Das Steuergerät wurde von unserer Regierung auf etwas mehr als 500.000 Jahre eingestellt.«

Die Tagung der Räte blickte Halswan fragend an.
»Das bedeutet, dass innerhalb des Feldes lediglich ein Jahr vergangen ist«, ergänzte Halswan. »Für das restliche Universum ist die Zeit jedoch um erstaunliche 500.000 Jahre weitergelaufen. Das Feld wird in wenigen Stunden in sich zusammenfallen, weil sich das Programm nach Ablauf der programmierten Zeitspanne selbständig abschaltet. Jetzt besteht für uns die Möglichkeit, einen Zugriff auf ihre Geräte der Zeitmanipulation zu nehmen.«
Die Gesichter des Zentralrates hellten sich auf.
»Wir könnten dann ihren Vorschlag aufgreifen und den Heimatplaneten der Arthropoden vernichten?«, erkundigten sie sich.

»Nicht so schnell«, antwortete Halswan. »Unsere Regierung hat auch diese Möglichkeit. Ich bin mir sicher, dass sie unsere Aktion verhindern, oder rückgängig machen würden. Wir sollten im Vorfeld Geoffwan und die zwei Mitglieder unseres Ältestenrates ausschalten, die über diese Technik informiert sind. Ferner müssen wir einen Angriff auf alle Wolkenstädte meiner Rasse fliegen, um die in jeder Stadt installierten zeitgesteuerten Wurmloch-Generatoren auszuschalten. Nur in diesem Wege sehe ich eine konstruktive Lösung.«

»Sie wollen ihre eigene Rasse angreifen?«, fragte ein Systemrat irritiert.

»Davon ist keine Rede«, erwiderte Halswan. »Nur ein sehr geringer Teil unseres Volkes darf in den Wolkenstädten leben. Der meiste Teil von uns wohnt auf unterschiedlichen, weit entfernten Planeten. Dank unserer Wurmloch-Technologie können die Bewohner von ihrem Planeten zu allen anderen wechseln. Nur der Hohe Rat, unsere militärische Führung, die Offiziere und hohe Persönlichkeiten des öffentlichen Lebens kommen in den Genuss der zweiten Möglichkeit. Um es klar auszudrücken, nur die geistige Führung unseres Volkes erhält einen Zutritt zu unseren Wolkenstädten.«

Ruadan, der Vorsitzende des ragunischen Zentralrates lehnte sich in seinem erhobenen Stuhl zurück. Er musterte den Angehörigen der Aller-Ersten.

»Sie wollen unsere Flotten-Verbände als Werkzeug benutzen, um sich selbst an die Macht zu bringen«, sagte er. »Sie planen einen Umsturz ihrer Regierung. Das ist der wahre Grund ihrer angebotenen Hilfe.«

Halswan blickte den Vorsitzenden des Zentralrates grimmig an. Dann nickte er zustimmend.

»Sie haben meine Absichten erkannt«, stellte er fest. »Das ist aber nicht ihr Problem. Wichtig ist es, dass wir ihr Imperium vor dem Untergang retten. Hierzu sollten sie jede Möglichkeit ausnutzen.«

Die Zentralräte sahen sich an.
»Wollen wir diese Person unterstützen?«, fragte Ruadan. » Seine Glaubwürdigkeit lässt zu wünschen übrig.«

»Welche anderen Möglichkeiten haben wir noch, realistisch betrachtet«, fragte ein weiteres Mitglied des Zentralrates. »Die Allianz-Flotten der Arthropoden lassen sich nicht mehr zurückdrängen. Die Anzahl ihrer Schiffe reibt unsere Verbände suggestiv auf. Es ist eine Frage der Zeit, bis ihr Hauptverband unsere Heimatwelt erreichen wird. Wenn wir nicht schnell reagieren, dann gibt es keine Rettung mehr für unser Volk.«

»Die Flüchtlingsevakuierung funktioniert«, bemerkte Ruadan. »Unser Volk wird nicht vernichtet werden. Doch es ist auf unterschiedliche Planeten des Weltalls versprengt. Eine Verbindung untereinander besteht nicht. Lediglich unser Imperium wird es nicht mehr geben. Was ist der bessere Weg?«

Halswan lachte den Rat verwegen an.
»Machen sie sich nichts vor«, sagte er klar. »Geoffwan hat dafür gesorgt, dass ihr Imperium nicht mehr auferstehen wird. Durch die Evakuierung ihres Volkes werden alle Zweige ihrer Gesellschaft, in ihrem Wissen und ihrer Entwicklung, um Jahrtausende in die Vergangenheit zurückfallen. Die unterschiedlichen Zweige ihrer Rasse werden bedeutungslos. Einige von ihnen gehen unter, andere können langsam wieder zu einer technischen Forschung gelangen und sich weiterentwickeln.

Doch es werden sehr viele Jahrtausende vergehen, bis sie ihr heutiges Wissen erneut erreicht haben. So schnell wird eine ragunische Rasse nicht mehr ein Imperium gründen können, wie sie es heute noch besitzen. Das kann ich ihnen versprechen. Vor ihrer aggressiven

Expansionspolitik haben wir ausreichend gewarnt. Sie erkennen heute, wohin sie das gebracht hat.«

Die Zentralräte nickten. Ruadan stand auf. Er schlug mit seiner Metallkralle vor das Mikrofon. Ein dumpfer Ton hallte durch den Saal und ließ die sich aufgeregt diskutierenden Systemräte verstummen.

»Sehen wir uns alle um«, bat der Vorsitzende des Zentralrates.»Wieder sind einige Systemräte von ihnen nicht erschienen. Wir wissen nur zu gut, was das bedeutet. Es handelt sich immer wieder um die äußeren Gebiete unseres Imperiums. Sie sind nicht hier, weil sie dem Angriff der Arthropoden zum Opfer gefallen sind. Unsere Flottenverbände konnte die starke Armada der Allianz nicht zurückdrängen. Es ist Zeit zu handeln. Der Zentralrat hat einstimmig beschlossen, das Angebot des Angehörigen der Aller-Ersten anzunehmen. Seine Gründe hierfür sind zwar zwiespältig, doch das Ergebnis ist das gleiche. Wir müssen den Untergang unserer Zivilisation aufhalten.«

Beifall wurde laut. Die Geräuschkulisse wurde immer lauter.

Eine Gruppe Raguner hob den Arm. Ein großer Mann mit grauen Haaren trat vor. Seine Reptilienaugen funkelten.

»Sie nennen mich den mächtigen Systemrat Camaal«, sagte er. »Nur aufgrund, weil ich über 35 Sterneninseln regiere. Doch auch vor meinem Territorium machen die Flotten der Allianz nicht halt. Ich erkenne die Bedeutung dieser zeitgesteuerten Wurmloch-Verbindungen. Ich war maßgeblich daran beteiligt, dass diese geheime Station auf einem unbedeutenden Asteroiden, außerhalb unseres Heimatsystems gebaut wurde.

Das die Forschungen von der Regierung der Aller-Ersten, speziell von dem Sprecher des Rates Geoffwan sabotiert wurden, verärgert mich sehr stark. Er wird unsere Vergeltung hierfür zu spüren bekommen. Mein System verfügt noch über ausreichende Ressourcen an Kriegsschiffen. Es handelt sich um Neubauten unserer Werften, die als Absicherung unserer Planeten gedacht waren. Ich stelle sie zur Verfügung, um die Wolkenstädte der Aller-Ersten in Schutt und Asche zu legen. Wie sieht der Plan aus. Wir sollten nicht mehr lange warten.«

»Gut«, sagte Halswan. »Seht euch diesen einmaligen Systemrat an. Er hat die Zeichen der Zeit erkannt. Geben sie mir vier Klappflügel-Zerstörer. Ich bringe sie zu der geheimen Station unseres Volkes, die erst 100.000 Jahre in der Zukunft gebaut wird. Dort wird sich Jahrtausende später Geoffwan mit zwei wichtigen Gefolgsleuten aufhalten. Wir werden die Station mitsamt dem Gebirge, in dem sie versteckt liegt, vollständig ausradieren. Dann ist der Weg frei für eine Korrektur der zeitlichen Abläufe.«

»Warum wird sie erst 100.000 Jahre in der Zukunft gebaut?«, erkundigte sich Camaal.

»Es ging um die perfekte Absicherung der Station vor möglichen Angriffen durch Raguner, oder Angehörigen der Arthropoden«, antwortete Halswan. »Durch unsere zeitgesteuerten Wurmloch-Generatoren ist es egal, in welcher Zeitebene sich die Station befindet. Es ging um die absolute Abschottung und Geheimhaltung dieser Einrichtung. Das war ein genialer Schritt von Geoffwan. Ich muss ihm zugestehen, dass ich auf diese Idee nicht gekommen wäre. Leider steht er mit seiner korrekten Auslegung, den Vorgaben unseres Propheten Aahnn zu folgen, unseren Zielen im Wege. Er muss beseitigt werden. Geoffwan besitzt zu viel Einfluss bei dem Ältestenrat unseres Volkes.«

Der mächtige Systemrat Camaal lächelte ihn an.
»Sie erhalten von mir vier Klappflügel-Zerstörer unserer 500-Meter-Klasse«, bestätigte er. »Sie sind waffentechnisch auf dem neusten Stand. Weisen sie die Schiffsführer an, wie der Einsatz zu fliegen ist.«

»Danke«, antwortete Halswan. »Es wäre gut, wenn zeitversetzt ein Bodenkommando in die Station eindringen würde. Nach unserem Angriff wird die Station schwer beschädigt sein. Nach meinen Informationen hält sich lediglich ein Stationswächter, er nennt sich Midir, Geoffwan und zwei weitere Mitglieder unseres Ältestenrates dort auf. Falls diese drei Personen den Angriff der Klappflügel-Zerstörer überleben sollten, müssten ihre Sturmtruppen für ihre Beseitigung sorgen. «

»An wie viele Soldaten denken sie?«, fragte Ruadan, der Vorsitzende des Zentralrates. » Wir wollen nicht alles unserem Systemrat Camaal aufbürden. Diese Mission geht uns alle etwas an. «

»Danke für ihr Entgegenkommen«, antwortete Halswan. »Ich denke, dass 35 Elite-Soldaten mit Schwertern und Nadelstrahlern ausreichen sollten, um die in der Station befindlichen vier Personen zu eliminieren, falls sie überhaupt den Angriff der Klappflügel-Zerstörer überlebt haben. «

Er blickte den Vorsitzenden an.
»Wenn ich den Vorsitz über unseren Regierungsrat übernommen habe, wird das nicht ihr Nachteil sein«, schmunzelte Halswan euphorisch. »Sämtliche technischen Errungenschaften unserer Rasse stehen

ihnen dann auch zur Verfügung. Sie werden ab diesem Zeitpunkt die vorherrschende Species in der Galaxie sein.«

Ruadan hob seine Metallklaue in die Luft und schlug hiermit auf seinen Tisch.

»Hier in diesem höchsten Gremium unseres Imperiums, durften bereits viele, uns angeblich freundlich gesonnene Abgesandten unterschiedlicher Rassen sprechen«, erklärte er. »Leider haben sich viele ihrer Worte in heiße Luft verwandelt. Überzeugen sie uns von ihren Absichten. Dann werden sie auch unsere volle Unterstützung erhalten.«

Halswan verbeugte sich.
»Ich werde stets ein Diener, der von uns erschaffenen, mächtigen und stolzen Rasse der Raguner sein«, erwiderte er. »Wo kann ich die Befehlsführer der vier Klappflügel-Zerstörer einweisen?«

»Sie sind bereits auf dem Raumhafen der imperialen Regierung gelandet«, antwortete Camaal. »Sie warten auf ihre Befehle.«

Gut«, antwortete das Mitglied des Ältestenrates der Aller-Ersten. » Leiten sie dort auch den Transportgleiter mit den Sturmtruppen hin. Sie werden zeitversetzt durch ein Wurmlochfenster Zugang zu unserer Station erhalten.«

Ruadan winkte den ragunischen Soldaten.
»Begleiten sie unseren Gast zu dem Landeplatz des Zentralrates«, befahl er. »Er wird unsere Zerstörer einweisen und ihnen ein Wurmlochfenster zu unserer Forschungsstation öffnen. Hoffen wir, dass unsere Mission den gewünschten Erfolg bringt.«

Halswan verbeugte sich.
»Ich danke dem Systemrat Camaal und dem Zentralrat für die Unterstützung«, sagte er. » Ich fliege mit zu ihrer Forschungsstation und programmiere die Zeitsteuerung des Wurmlochfensters für Raumschiffe. Nur dieser Wurmloch-Generator mit Zeitwellensteuerung ist in der Lage ein entsprechend großes Fenster zu generieren, um Kampfschiffe aufzunehmen. Die hier auf Ragun installieren Generatoren genieren lediglich ein Fenster für den Personentransport. Erwarten sie mich nach einem Erfolg der Mission zurück. Wir besprechen dann unser weiteres Vorgehen.«

Dann folgte er den Soldaten und verließ den Saal. Seine persönliche Schutzeskorte folgte ihm schweigend. Die zurückbleibenden Systemräte schauten den Männern skeptisch hinterher.

Die Soldaten eilten im schnellen Schritt durch die Gebäude des Regierungsviertels. Endlich hatten sie den privilegierten Landeplatz des Zentralrates erreicht. Ein Kommandoschiff und vier Klappflügel-Zerstörer warteten bereits auf dem Landeplatz. Halswan bedankte sich für die Begleitung und schritt mit seiner Eskorte auf das Kommandoschiff zu. Der Befehlshaber des Schiffes wartete bereits auf ihn.

»Mein Name ist Lenus«, stellte er sich vor. »Ich bin der Befehlshaber dieses Kampfverbandes. Der Zentralrat wünscht, dass ich sie unverzüglich zu unserem Forschungs-Asteroiden fliege. Von dort aus soll ein Kampfeinsatz erfolgen. «

Halswan nickte ihm zu.
»Ich bin ein Mitglied des Ältestenrates der Aller-Ersten, stellte er sich vor. »Wir haben eine Zeitmission durchzuführen. Der Rat meines Volkes hat die Fertigstellung ihres zeitgesteuerten Wurmloch-Generators, auf dem Gelände ihres Forschungs-Asteroiden sabotiert. Wir sorgen dafür, dass die geheime Leit-Station meines Volkes zerstört wird. Dann steht eine erfolgreiche Wende im Krieg gegen die Arthropoden nichts mehr im Wege. «

Der Befehlshaber der kleinen Flotte blickte seinen Gesprächspartner irritiert an.

»Sie wollen gegen ihr eigenes Volk kämpfen?«, erkundigte er sich.» Werden sie nicht als Verräter angesehen?«

»Ist es Verrat, eine von uns erschaffene Rasse in der schwersten Zeit ihrer Existenz zu unterstützen?«, erkundigte er sich.» Meine Regierung will nicht in den Ablauf der Zeit eingreifen. Sie hat Angst, dass sich die Gegenwart unkontrollierbar verändert. Doch es gibt keine andere Möglichkeit, um die Vernichtung ihrer Heimatplaneten und den Verlust des ragunischen Imperiums abzuwenden.«

Lenus blickte Halswan verständnislos an.
»Ich erkläre ihnen alles, während unseres Fluges«, ergänzte er.»Beeilen wir uns. Die Zeit läuft uns davon.

Die Gruppe eilte auf das Schiff. Der Befehlshaber ließ die Antriebe aktivieren. Die Schiffe hoben von dem Landehafen ab, beschleunigten und flogen mit zunehmender Geschwindigkeit aus der trüben Atmosphäre des fünften Planeten.

Die Entfernung von 11.9 Lichtjahren wurde mit mehreren Hyperraumsprüngen überbrückt. Die Schiffe der Raguner flogen mit Höchstwerten. Halswan hatte den Schiffsführer Lenus in die bevorstehende Mission eingeweiht. Dieser zeigte sich skeptisch, als er vernahm, dass keine weiteren Informationen über das Ziel des Einsatzes vorlagen.

»Sind sie sicher, dass wir auf keinen Widerstand stoßen?«, fragte er.

»Die Station wurde von unseren Technikern 100.000 Jahre in der Zukunft installiert«, antwortete Halswan. »Das nur, um sie vor einem Angriff der Arthropoden in Sicherheit zu wissen. Als unsere Wissenschaftler und Techniker die geheime Anlage gebaut haben, war der Planet unbewohnt. Leider wurde bei einem Intensivscan ihres Sternensystems wurde festgestellt, dass ihr Heimatplanet nicht mehr existierte. Die Arthropoden hatten ganze Arbeit geleistet. Ihr Planet wurde zerstört und existierte nur noch als ein Asteroiden- und Trümmerfeld hinter dem vierten Planeten ihres Systems.

Wenn wir den Ablauf dieser Zeitebene nicht korrigieren können, dann wird es für ihre Zivilisation schlecht enden. Die Leitstelle unseres Ältestenrates kontrolliert die Aktivierung des zeitgesteuerten Wurmloch-Generators ihrer Forschungsstation. Der dort installierte KI-Manipulator fordert die Eingabe eines sich kontinuierlich ändernden Funkcodes. Ohne den richtigen Code und die Abschaltung des KI-Manipulators, wird die Anlage nicht funktionieren. Diesen erhält er von der übergeordneten Hypertronic-KI unserer geheimen Station. Diesen Manipulator werden wir als Erstes ausschalten müssen. Hiernach lassen sich die Zeitebenen manuell anwählen. Unser Ziel ist der dritte Planet ihres Sternensystems in einer relativen Zukunft von 500.000 Jahren. «

»Sie haben ihre Station auf dem dritten Planeten unseres Systems erbaut? «, fragte Lenus erstaunt. » Das hätte ich nicht vermutet. Hierfür haben sie meinen Respekt. Vor einem Anflug auf diesen Planeten wurde von unserem Zentralrat ausdrücklich gewarnt. Es ist eine instabile urwüchsige Urwaldwelt mit gefährlichen Ungeheuern. Fast alle Forschungsteams, die wir dorthin entsandt hatten, mussten reihenweise Verluste beklagen. Selbst unsere hochkonzentrierten Nadelstrahler konnten den Angriff der Bestien auf unsere Forscher nicht aufhalten. «

»Auch diese Welt wird in der Zukunft ein wohnlicher Planet werden«, antwortete Halswan. »Die von ihnen erwähnten Bestien werden aussterben und Platz für andere humanoide Wesen schaffen. «

»Ich verstehe«, erwiderte Schiffsführer Lenus. »Geben sie uns ihre Anweisungen. Wir nähern uns dem Forschungs-Asteroiden nahe dem Tau-Ceti-Gestirn.«

Lenus blickte auf den zentralen Bildschirm des Kommandoschiffes.

»KI«, sagte er. »Den Forschungs-Asteroiden zoomen.«

»Das Bild wird vergrößert«, meldete die Hypertronic-KI monoton.«

Die Anzeige änderte sich und zeigte den ragunischen Forschungs-Asteroiden. Eine Flotte von 120 ragunischen Schiffen stand im Orbit und sicherte ihn.

»Unseren Autorisierungscode an die Wachflotte übermitteln«, befahl der Befehlshaber der kleinen Flotte.

»Der Code wurde übermittelt«, antwortete der Funkoffizier.

Kurze Zeit später traf die Bestätigung ein.
»Sonderflotte des Zentralrates von Ragun«, tönte es aus den Lautsprechern. »Sie sind autorisiert, den Asteroiden anzufliegen. Wir sind angehalten worden, sie zu

unterstützen. Wenn sie Hilfe brauchen, lassen sie es uns bitte wissen.«

»Danke«, antwortete Lenus.» Wir wissen ihre Hilfe zu schätzen.«

»Fliegen sie den Asteroiden an«, antwortete der Befehlshaber der Wachflotte.»Wir werden ihren Schiffen einen Einflugkanal durch den Schutzschirm öffnen. Fliegen sie mittig in den Kanal hinein. Unsere Feldgeneratoren erzeugen ein Strukturloch.«

Die Flotte von Schiffsführer Lenus erkannte, wie sich die Kriegs-Schiffe der Wachflotte zurückzogen und einen ausreichend breiten Einflugkanal freigaben. Der fast transparente Schutzschirm flimmerte und erlosch in der Mitte des Durchganges.

Lenus gab den Befehl an seine Schiffe, in den Kanal zu fliegen und in den Landeanflug überzugehen. In einem kurzen Abstand folgten die Klappflügel-Zerstörer ihrem Kommandoschiff. Vorsichtig setzten sie nacheinander auf dem angelegten Landeplatz vor der Station auf.

Halswan stand an einigen Konsolen und hatte Eingaben getätigt. Die Anzeige informierte ihn über ein breites sich wellendes Energieband.

»Der Zeitwellen-Reduktor ist noch aktiv«, fluchte er ärgerlich. »Hoffentlich simuliert mein Amulett den gleichen Wellenbereich. Ohne eine Angleichung unserer Individualschirme an die energetische Zeitwelle des Reduktors, können wir nicht in die Station eindringen.«

Er gab seinen Begleitsoldaten einen Befehl. Dann blickte er Lenus an.

»Sie begleiten uns«, antwortete er. »Nehmen sie ebenfalls 10 Soldaten mit, falls uns die dort stationierten Einheiten der ragunischen Wachsoldaten nicht passieren lassen will. Sie haben eine lange Zeit keinen Besuch mehr erhalten.«

Der Schiffsführer nickte und gab den entsprechenden Befehl.

»Die Soldaten erwarten uns am Ausstiegsschott«, antwortete er. »Wir können aufbrechen.«

In ragunischen Kampfanzügen gekleidet, stiegen Lenus und seine Soldaten aus dem Schott. Ihnen folgten Halswan und seine Eskorte, bekleidet mit ihrer einheitlich schwarzen Kampfkleidung. Die Sensoren der Kampfanzüge hatten den luftleeren Asteroiden gescannt.

Helme bauten sich rasend schnell aus den Anzügen auf und legten sich um die Köpfe der Personen. Sie sorgten für ausreichend Sauerstoff auf diesem kargen Asteroiden.

Halswan blickte Lenus an. Dann schritt er auf das Eingangsschott der Forschungsstation zu. Halswan wartete, bis der letzte Soldat gefolgt war.

»Wir müssen dicht zusammenrücken«, sagte er. »Das Zeitwellenfeld, das ich jetzt aktiviere, darf keine größeren Lücken erkennen.«

Die Soldaten rückten näher. Ihre Körper berührten sich. »Gut«, bestätigte Halswan. »Ich versuche das programmierte Zeitwellenfeld zu erweitern. Es wird sich dann um unsere Körper legen.«

Vorsichtig, fast zurückhaltend drückte er eine Zahlenkombination auf dem mystischen Dreieck-Amulett seiner Rasse, welches er zwischenzeitlich in der Hand hielt. Ein Flimmern des Stationsfeldes wurde sichtbar. Das Feld weitete sich und schloss die vor dem Schott wartenden Personen ein.

Halswan lächelte.

Er tippte einen Code in das Zahlschloss des Schotts ein. Zischend öffnete sich der Eingang. Halswan gab seinen Begleitern ein Zeichen.

»Schnell hineingehen«, sagte er. »Ich weiß nicht, wie lange das Feld aktiv bleibt. «

Das Einsatzteam drängte sich in den Eingang. Halswan verschloss den Schott wieder. Zischend wurde der Vorraum mit Luft angereichert. Als die Anzeige den oberen Bereich signalisierte, öffnete Halswan die Zwischentüre. Er drückte auf einen Knopf an seinem Kampfanzug. Der Helm zog sich ein und verschwand in seinem Anzug.

Laute Geräusche waren in der Anlage zu hören. Es schien so, als ob unzählige Energie-Geratoren ihre Arbeit verrichteten. Ein ragunischer Wissenschaftler blickte hinter einer Maschine hervor. Unsicher lief er auf eine Konsole zu und drückte einen roten Knopf.

Schrille Alarmsirenen heulten auf. Es dauerte nicht lange, bis eine Einheit ragunischer Soldaten angerannt kam. In ihren Armbeugen lagen aktivierte Lasergewehre.

Halswan blickte Lenus an.

»Da kommt das Begrüßungskomitee«, flüsterte er. »Sie werden irritiert sein, unsere Soldaten zu sehen.«

Der Wissenschaftler der Forschungsstation folgte seinen Soldaten in einem gewissen Abstand.

»Legen sie die Waffen ab«, sagte der Anführer der Stationssoldaten. »Sie sind in eine geheime Forschungsstation eingedrungen. Wer sind sie? Was wollen sie hier?«

Die Blicke der Soldaten wirkten bedrohlich.
»Beruhigen sie sich«, antwortete Lenus. »Wir sind von dem ragunischen Zentralrat mit einer Sondermission ausgestattet worden. Ihre Forschungsstation wurde sabotiert. Wir sind hier, um diesen Zustand zu beenden.«

Er übergab dem Anführer der Sicherheitstruppe eine Infofolie.

»Lesen sie«, sagte er. »Die Anweisung des Zentralrates hebt ihre Befehle unverzüglich auf.«

Der Anführer der Soldaten der Forschungsstation griff nach der Infofolie. Er schaute auf das rote Siegel und brach es auf. Dann rollte er sie auf und vertiefte sich in den Text.

Er nickte und gab die Folie zurück.
»Das Siegel war unbeschädigt«, antwortete er. »Die Befehle des Zentralrates werden akzeptiert. Wie können wir ihnen helfen? «

»Bringen sie uns zu der zentralen Energieversorgung der Station«, sagte Halswan. »Ich vermute, dass der KI-Manipulator mit dem Zeitwellen-Reduktor dort zu finden ist. «

Der Soldat nickte ihm skeptisch zu. Er wandte sich zu einem seiner Soldaten um.

»Informieren sie bitte Cicollus«, sagte er. »Er möchte über alle Eingriffe auf dieser Station informiert werden. «

»Wer ist Cicollus? «, erkundigte sich Lenus.

»Er ist der kommandierende Befehlshaber dieser Station«, antwortete der Soldat.

Lenus blickte Halswan an.
»Das ist der Befehlshaber, der vor 500.000 Jahren nach dem Bau dieser Station den Oberbefehl über diese Station erhalten hatte«, sagte er. » Ist es möglich, dass er immer noch lebt? «

Halswan nickte.

»Fragen sie mich nicht, wie das möglich ist«, antwortete er. »Durch das Eindämmungsfeld des Zeit-Reduktors haben sich die physikalischen Eigenschaften der Zeitebene geändert. Ich erklärte bereits, dass innerhalb dieses Feldes die Zeit verlangsamt wurde. Für Personen, die sich innerhalb des Feldes aufgehalten haben, ist nur ein Jahr vergangen. Alle die sich außerhalb aufgehalten haben, leben nicht mehr. Es sind über 500.000 Jahre vergangen. Fragen sie mich nicht nach einer technischen Erklärung hierfür. Sie sehen doch, dass es funktioniert. «

Lenus schüttelte ungläubig seinen Kopf.

»Folgen sie mir«, sagte der Anführer der Soldaten ungeduldig. »Ich bringe sie zu der zentralen Energieversorgung unserer Station. Unser Kommandeur erwartet sie bereits. «

Die Soldaten der Forschungsstation gingen voraus. Lenus, Halswan und die Soldaten des Begleitschutzes folgten in einem geringen Abstand. Nach der Durchquerung mehrerer Fertigungsbereiche, kam die Gruppe in eine deutlich größere Halle, in der zahlreiche laute Energiemeiler ihren Dienst verrichteten. Hier war die zentrale Energieversorgung der Station untergebracht.

Der Anführer der Soldaten zeigte auf einen großen breiten Schrank, der bis zu der Decke der Halle reichte.

»Das ist die Energieversorgung unserer Hypertronic-KI«, erklärte er. »Hier laufen alle Leitungen zusammen.«

Ein Schott sprang auf. Ein großer Raguner, begleitet von einer Einheit Kampfroboter, trat ein und ging schnellen Schrittes auf die Gruppe zu. Die Kampfroboter hatten ihre Lasergewehre im Anschlag und waren zu Kampfmaßnahmen bereit.

»Warum haben sie diesen Personen Zutritt zu unserem Hochsicherheitsbereich gewährt?«, fragte er. » Ich verlange sofort eine Erklärung.«

Lenus hob seine Hand.
»Wir sind im Sonderauftrag des Zentralrates von Ragun zu ihnen gekommen«, sagte er. » Alles hat seine Richtigkeit. Beruhigen sie sich. Sagen sie ihren Robotern, dass sie ihre Waffen senken sollen.«

»Mein Name ist Cicollus«, antwortete der großgewachsene Raguner. »Können sie sich ausweisen?«

Halswan gab ihm die Infofolie.

»Das ist unsere Legitimation«, sagte er. »Lesen sie die Befehle des Zentralrates.«

Cicollus griff nach der Folie und rollte sie auseinander. Sein Blick vertiefte sich hierin.

»Das Datum auf der Folie ist falsch vermerkt«, sagte er. »Ansonsten scheint sie in Ordnung zu sein. «

Er gab seinen Kampfrobotern ein Zeichen. Diese senkten ihre Waffen.

»Das Datum ist korrekt«, antwortete Lenus. »Ihre Station wurde sabotiert. «

»Das kann nicht sein«, erwiderte der Kommandeur der Station. »Mir sind keine Probleme gemeldet worden. Das ausgestellte Datum liegt fast 500.000 Jahre in der Zukunft.«

»Die Aussage von Schiffsgeschwader-Kommandant Lenus entspricht den Tatsachen«, antwortete Halswan. »Ihre Forschungsstation wurde in das Eindämmungsfeld eines Zeit-Reduktors gelegt. Dieses Gerät verlangsamt den Zeitablauf extrem. Innerhalb dieses Feldes ist für alle Personen lediglich 1 Lebensjahr vergangen. In unserer Realzeit verstrichen dagegen ganze 500.000 Jahre. Dem

Zentralrat von Ragun gelang es nicht, mit ihnen Kontakt aufzunehmen.«

Entsetzt blickte Cicollus Halswan an.
»Wie das möglich ist, das kann ich ihnen nicht erklären«, ergänzte er. »Hierzu sollten sie einen Wissenschaftler zu Rate ziehen. Ich kann ihnen aber die Korrektheit meiner Aussagen versichern.«

Cicollus wirkte wie vor den Kopf gestoßen.
»Wollen sie behaupten, unsere Familien, unsere Freunde und Bekannten sind seit langer Zeit tot?«, stutzte er.

Lenus nickte ihm betroffen zu.
»Das ist richtig«, sagte er. »Diese Station ist einem Sabotagekomplott zum Opfer gefallen. Nur dank unserem Freund Halswan haben wir hiervon erfahren. Unzählige Rettungsmissionen scheiterten, weil wir das unbekannte Energiefeld, das sich um ihre Forschungseinrichtung gelegt hatte, nicht durchdringen konnten. Wir hatten diese Forschungsstation bereits aufgegeben. Erst mit der Hilfe von Halswan war es uns möglich, das Energiefeld zu durchdringen. Die Verantwortlichen werden unsere Vergeltung zu spüren bekommen.«

»Wir müssen uns beeilen«, drängte der Aller Erste. »Durch das Gerede haben wir bereits viel Zeit verloren.

Wer kann mir den Schrank mit den Energiekupplungen der Hypertronic-KI öffnen?«

»Das mache ich persönlich«, sagte Cicollus. »Ich werde sie bei ihrem Eingriff beobachten. «

»Machen sie das«, erwiderte Halswan spöttisch.

Ohne weitere Worte drehte sich der Kommandeur der Station um und schritt auf den großen Schrank zu, der die Energieverbindungen zu der Hypertronic-KI der Station sicherte. Er trat vor ein Sichtfeld und blickte mit seinem Auge in das Feld. Seine Iris wurde gescannt.

»Zutritt gestattet«, meldete eine mechanische Stimme. Cicollus zog seine ID-Card aus einer Seitentasche seiner Uniform und steckte sie in einen Schlitz.

»Die Prüfung wurde abgeschlossen«, meldete die gleiche Stimme. »Ich öffne den Schrank meiner Energiekupplungen. «

Eine breite Türe zog sich in die Verkleidung zurück. Unzählige Kabelleitungen waren zu sehen. In zahlreichen Halterungen steckten Energiekristalle in einer unterschiedlichen Farbgebung. Sie waren sauber übereinander gesteckt.

Halswan zog seinen Scanner aus der Tasche und schaltete ihn ein. Dann hielt er ihn auf die Leitungen der Hypertronic-KI.

Das Gerät arbeitete und suchte nach dem KI-Manipulator. Halswan blickte auf das Gerät. Ein kleiner roter Punkt wurde sichtbar. Er fuhr mit dem Scanner weiter in den unteren Teil des Schrankes. Ein Summen wurde hörbar. Der angezeigte rote Punkt vergrößerte sich zusehends. Dann piepste das Gerät laut auf.

»Das ist er«, sagte der Abtrünnige der Aller-Ersten.

Vorsichtig bog er zahlreiche Kabelstränge zurück. Sein Blick fiel auf eine kleine schwarze Box. Halswan zeigte auf das unbekannte Gerät.

»Das gehört hier nicht hin«, erklärte er.
Halswan blickte Cicollus an. Dieser zog seine Schultern nach oben.

»Lassen sie die Energieversorgung der Station komplett abschalten«, flüsterte er. »Ich kann nur in dem kurzen Moment, wenn die Haupt-Energie ausfällt, das fremde Gerät entfernen. Es braucht lediglich 3 Sekunden, bis es auf Reserve-Energie umschaltet. Das ist unsere einzige Chance. Vertrauen sie mir.«

Der Kommandeur der Station griff nach seinem Communicator und aktivierte ihn.

»Hier spricht Kommandeur Cicollus«, sprach er in das Gerät. »Ich ordne die Sicherheitsstufe 1 an. Sämtliche Arbeiten in der Station sind auszusetzen. Die zentrale Stromversorgung ist in 10 Sekunden per Notunterbrechung abzuschalten. Alle weiteren Arbeiten hängen von der exakten Einhaltung des Terminplans ab. Bitte bestätigen sie meinen Befehl.«

»Hier ist die Leitstelle, Offizier Neto spricht«, hallte es aus dem Gerät. »Wir haben ihren Befehl verstanden. Sämtliche Arbeiten werden eingestellt. Unsere Techniker ziehen sich von ihren Anlagen zurück. Ich bestätige das Zeitfenster. Halten sie ihren Communicator offen. Die Stromversorgung wird gemäß ihrer Vorgabe unterbrochen.«

Lenus gab Halswan eine Handlampe. Der Aller-Erste nahm sie an sich und schaltete sie ein. Sein Blick fiel auf Cicollus an. Dieser stellte den Communicator auf laut.

»Wir sind bereit«, sprach er in das Gerät.

Die Männer hörten, wie der stellvertretende Kommandeur Neto die Zahlen ansagte.

»Zehn, Neun, Acht, Sieben, Sechs, Fünf, Vier, Drei, Zwei, Eins«, meldete er. »Die Energieversorgung wird notabgeschaltet.«

Das Licht in der Halle ging schlagartig aus. Alle Großaggregate und Maschinen setzten aus.

Halswan beugte sich nach vorne und riss die Kabelverbindungen des KI-Manipulators heraus. Dann hielt er das Gerät in der Hand und hielt es hoch.

»Das ist der Übeltäter«, sagte er erfreut. »Das Problem wurde behoben.«

Er warf es scheppernd auf den Boden.
»Flottenführer Lenus«, sagte er. »Vernichteten sie das Gerät. Es hat genug Schaden angerichtet.«

Der Angesprochene zog seinen Nadelstrahler aus dem Waffengürtel und richtete ihn auf das Gerät. Dann drückte er ab. Ein dünner Nadelstrahl traf das Gerät mit voller Härte.

Es explodierte noch am Boden und zersplitterte in viele kleine Teile.

»Bringen sie uns in die Zentrale«, befahl Halswan. »Der zeitgesteuerte Wurmloch-Generator kann jetzt in Betrieb genommen werden. Wir werden einen ersten Einsatz fliegen.«

Kommandeur Cicollus informierte die Leitstelle, dass die Energie der Forschungsstation wieder aktiviert werden könnte. Sekunden später flammte die Beleuchtung der Halle wieder auf und die Maschinen und Generatoren wurden mit Energie versorgt.

»Gehen wir in die Zentrale«, sagte der Kommandeur. »Ich möchte sehen, ob ein Wurmloch erzeugt werden kann.«

In der großen Leitstelle der Forschungsstation hatten sich einige leitende Wissenschaftler und Techniker versammelt.

Als Kommandeur Cicollus mit seinen Gästen eintrat, blickten sie erstaunt auf. Die Wissenschaftler redeten durcheinander und überhäuften den Kommandeur mit Fragen. Der hob seine Hände.

»Ruhe bitte«, sagte er. »Sie werden zu gegebener Zeit alle Informationen erhalten. «

Er zeigte auf die Gäste.
»Diese Personen sind uns von dem ragunischen Zentralrat geschickt worden«, erklärte er. »Sie haben die Sabotage durch fremde Mächte behoben. Einem Test des Wurmloch-Generators steht nichts mehr im Wege. Der leitende Wissenschaftler Morgon soll bitte zu mir kommen. «

Ein kleiner Raguner ebnete sich den Weg durch die Schar der Wissenschaftler und Techniker. Vor dem Kommandeur blieb er stehen und verbeugte sich.

»Das ist Morgon«, stellte Cicollus den Wissenschaftler vor. »Er ist von unserem Zentralrat mit der Leitung und der Konstruktion des Wurmloch-Generators beauftragt worden. «

Halswan lächelte ihn an.
»Haben sie sich an unsere Konstruktionszeichnungen gehalten? «, erkundigte er sich.

Der ragunische Wissenschaftler nickte.

»Natürlich«, antwortete er. »Alle Details wurden exakt nach den Zeichnungen produziert und montiert. Die Energieverbindungen mehrfach kontrolliert.«

»Perfekt«, antwortete Halswan. »Dann lassen sie uns ausprobieren, ob sich ein zeitgesteuertes Wurmloch erzeugen lässt.«

Morgon ging mit dem Aller-Ersten an die große Schalttafel.

»Das ist die Steuereinheit«, erklärte er.

Halswan nickte.
»Sie sieht exakt so aus, wie unsere eigenen Elemente«, antwortete er. »Respekt, sie haben gut gearbeitet.«

Halswan zeigte auf eine digitale Anzeige.
»Bevor der Generator ein Wurmloch aufbaut, kann über diese digitale Tastatur das gewünschte Datum und die Koordinaten eingegeben werden«, erklärte er. »Hiermit ist es möglich Zeitebenen in der Vergangenheit, oder in der Zukunft gezielt anzusteuern.«

Halswan blickte die staunenden Wissenschaftler an.
»Unsere Basis, mit der wir ihre Flüchtlinge von unterschiedlichen Kolonien auf sichere Planeten

evakuiert haben, liegt nach ragunischer Zeit etwa 100.000 Jahre in der Zukunft. Diese Zeitebene wurde von unseren Wissenschaftlern gewählt, um die Station vor einer Entdeckung und Zerstörung durch die Arthropoden zu schützen. Schauen sie genau zu. Ich werde jetzt eine Zeit und die Koordinaten einer Welt programmieren, die exakt 508.000 Jahre in der Zukunft liegt. «

Ein Aufstöhnen entströmte den Mündern der Wissenschaftler. Halswan blickte sie an.

»Sie fragen nach dem Warum? «, erkundigte er sich. »Das kann ich ihnen sagen. In dieser Zeit wird unsere Flüchtlingsstation nicht mehr gebraucht. Ich habe diese Zeit eingestellt, weil sich drei wichtige Personen unseres Ältestenrates dort hinbegeben werden. Sie planen diese Station mit allen technischen Errungenschaften an eine Rasse zu übergeben, die sich Terraner nennen. Sie werden zu dieser Zeit eine wichtige Rolle in ihrem Sternensystem und in der Milchstraße spielen. «

»Was verstehen sie unter dem Begriff Milchstraße? «, fragte Morgon.

Halswan blickte ihn an.
»Entschuldigen sie«, antwortete er. »Ich vergaß, dass dieser Name ihnen nicht vertraut ist. Hiermit wird zu

diesem Zeitpunkt die Galaxie genannt, in der sich ihr Sternensystem befindet.«

»Ich verstehe«, antwortete der Wissenschaftler. »Die von ihnen erwähnte Rasse der Terraner wird auf unserem Heimatplaneten entstehen?«

Halswan schüttelte seinen Kopf.
»Das ist nicht ganz richtig«, erwiderte er. »Der dritte Planet ihres Sternensystems wird eine neue humanoide Lebensform hervorbringen. Diese wird sich später Terraner nennen. Sie werden sich zu einer starken Macht entwickeln. Dieser eigenständigen Evolution muss Einhalt geboten werden. Falls wir den Zeitablauf nicht manipulieren können, wird Ragun nur noch als ein Asteroidenfeld existieren. Dann haben die Arthropoden ihren Heimatplaneten restlos zerstört.«

Wieder war ein Aufschrei der Wissenschaftler zu hören.

»Sie haben richtig gehört«, antwortete Halswan. »Doch seien sie nicht ohne Mut. Ich bin zu ihnen gekommen, um sie zu unterstützen. Wir haben den Samen ihrer Rasse in den Anfängen des Universums ausgestreut. Ich fühle mich für sie verantwortlich. Anders verhält es sich bei meinen Kollegen des Ältestenrates. Die Anführer meines Volkes leben nach dem Buch des großen Aahnn, der von sich selbst meinte, die Zukunft des Universums vorhersehen zu können. Ich halte das für falsch. Gemeinsam werden wir dafür sorgen, dass nicht spinnenartige Lebensformen die Hoheit über das Universum gewinnen.«

Die Zuhörer jubelten und rissen ihre Arme hoch.

Halswan drehte sich der Steuereinheit des Wurmloch-Generators zu. Er zog einen Zettel aus der Tasche und las ein Datum ab. Das tippte er es in die Tastatur des Eingabemoduls ein. Vorsichtig drehte er seinen Kopf und bemerkte, dass die Wissenschaftler sich unterhielten und ihn nicht beobachteten. Schnell zog er einen kleinen Codegeber aus der Tasche, hielt diesen vor die Steuereinheit und drückte einen Knopf. Das Codesignal wurde von der Steuereinheit empfangen. Er überprüfte noch einmal seine Eingabe an der Steuereinheit und bestätigte diese schließlich.

Erleichtert blickte er Flottenbefehlshaber Lenus an.
»Informieren sie ihre vier Klappflügel-Zerstörer, dass ich ihnen gleich ein Wurmloch öffne, das sie in den Orbit des dritten Planeten ihres Heimatsystems bringt«, sagte er.» Die Zielkoordinaten liegen den Schiffsführern vor. Sie sollten ihre Nadelstrahlen auf das Gebirge am Boden richten und es mitsamt unserer Flüchtlings-Station dem Erdboden gleichmachen. Der Überraschungseffekt wird

auf unserer Seite liegen. Hiermit nehmen wir den Terranern die Möglichkeit, in das Zeitgeschehen einzugreifen. Gleichzeitig werden die drei Abgesandten des Ältestenrates meines Volkes getötet, die gegen eine Unterstützung des ragunischen Volkes sind. «

»Ich habe verstanden«, antwortete Lenus.
»Einen Moment noch«, sagte Halswan. »Ich werde das geöffnete Wurmloch mit den Hypertronic-KI's der Schiffe verbinden. Nach dem erfolgreichen Abschluss der Mission können die Schiffe abdrehen und wieder in das Wurmloch einfliegen. Es führt sie sicher zu diesen Koordinaten zurück. «

Lenus nickte. Er drehte sich ab und informierte die Kampfschiffe seines kleinen Verbandes. Lenus befahl ihnen, mit allen verfügbaren Waffensystemen das Gebirge der Zielkoordinaten und die darunter verborgene Station der Aller-Ersten zu vernichten.

Dann drehte er sich wieder Halswan zu.
»Die Schiffsführer sind informiert«, erklärte er. »Öffnen sie den Durchgang. «

»Alle Monitore aktivieren«, befahl Halswan. »Den Orbit oberhalb dieses Forschungs-Asteroiden anzeigen. «

Cicollus nahm einige Schaltungen vor und richtete die Sensoren aus. Zahlreiche Bildschirme erwachten zum Leben. Sie zeigten den dunklen Weltraum, oberhalb des geheimen Stützpunktes an.

Halswan beobachtete die Bildschirme, dann drückte er vier Knöpfe und zog einen schweren Schalter nach unten. Der Boden der Leitstelle vibrierte, als in der unterhalb liegenden Maschinenhalle zahlreiche Energie-Meiler ihren Dienst aufnahmen. Die Wissenschaftler sahen, wie sich ein grelles großes Wurmlochfenster oberhalb des Asteroiden bildete. Der künstliche Durchgang stabilisierte sich. Die Energie fluktuierte nicht mehr.

Die vier Klappflügel-Zerstörer nahmen Fahrt auf und flogen auf das Fenster zu. Nacheinander tauchten sie in das Wurmloch hinein. Dann hatte der Durchgang die Schiffe verschlungen.

Lenus blickte Halswan an.
»Wie erfahren wir, was auf der anderen Seite passiert?«, erkundigte er sich.

»Da mir bekannt ist, dass diese Forschungsstation über keine Beobachtungsdrohnen verfügt, können wir nur die Rückkehr der Schiffe abwarten«, antwortete der Aller Erste. »Die Schiffe sollten bereits mit ihrem Angriff begonnen haben. Ich denke, wir geben ihnen 15 Minuten Zeit, um ihren konzentrierten Angriff zu beenden. In dieser Zeit sollte die Mission erfolgreich abgeschlossen werden können.«

Ungeduldig blickten die Wissenschaftler und die Soldaten auf den Zeitmesser der Station.

»Sind sie sicher, dass unsere Schiffe die Mission erfolgreich beenden können?«, erkundigte sich Cicollus. »Eigentlich halte ich Missionen, über die wir nichts wissen, für übereilt. Wir hätten eine Drohne anfordern und erst einmal die Lage auf der anderen Seite sondieren lassen. Unter militärischer Betrachtungsweise ist diese Mission eine Phrase.«

»Meine Informationen stammen aus sicheren Quellen«, antwortete Halswan verärgert. »Warum sollte sich hieran etwas ändern?«

Morgon trat vor.
»Nach meinen Erfahrungen handelt es sich bei Zeitmissionen immer um einen Vorstoß in unterschiedliche fiktive Zukunftsebenen«, erklärte er. »Man glaubt eine zu kennen, dann sieht man die zweite Ebene. Plötzlich erkennt man, dass alles wieder ganz anders ist, als man es vorher erwartet hatte.«

»Woher haben sie diese Weisheiten?«, fragte Halswan irritiert. »Sie konnten doch bisher keine Zeitexperimente durchführen?«

»Das ist zwar richtig«, antwortete Morgon. »Doch sie glauben doch wohl nicht, dass wir nicht in diese Richtung geforscht haben. Uns ist sehr wohl bewusst, dass es die Möglichkeiten einer Zeitreise gibt. Bisher sind wir nur noch nicht hinter den Schlüssel gekommen.«

Die Wissenschaftler diskutierten aufgebracht. Halswan schüttelte seinen Kopf.

»Das Zeitfenster ist um«, bemerkte Flottenführer Lenus. »Unsere Schiffe sollten jetzt zurückkommen.«

Der Kommandeur der Station und die Wissenschaftler blickten erwartungsvoll auf den Bildschirm. Das Wurmlochfenster leuchtete stabil über dem Asteroiden. Aus den Augenwinkeln sah Halswan, wie zwei Schatten aus dem Fenster austraten. Irritiert blickte er auf den zentralen Bildschirm.

Alarmsirenen heulten auf.

»Unbekannte Geschosse im Anflug lokalisiert«, meldete die Hypertronic-KI. »Ich aktiviere Schutzschirme für alle Gebäude der Station.«

»Verflucht«, sagte Halswan. »Wir sind in eine Falle geflogen.«

Die zielsuchenden Hyperspace-Geschosse traten aus der Rückseite des Wurmloches aus. In Millisekunden orteten sie die starken Energieerzeuger auf dem Asteroiden unter ihnen. Sie beschleunigten und wechselten ihren Kurs. Sie flogen durch das offene Strukturloch des ragunischen Schirms. Es vergingen nur Sekunden, dann schlugen sie in eine externe Halle mit zahlreichen Energiemeilern ein. Der sich schließende Schutzschirm konnte den Anflug der Geschosse nicht mehr verhindern.

Brutal schlugen die Hyperspace-Geschosse auf die geortete Halle der externen Energiemeiler ein. Die gewaltige Explosion ließ eine Feuersäule unbekannten Ausmaßes in den Weltraum schnellen. Der Boden des Asteroiden gab die Wucht der starken Explosionen weiter.

»Einschlag lokalisiert«, meldet die Hypertronic-KI der Forschungsstation. »Die externe Maschinenhalle der Schirmfeld-Generatoren und der Notenergie-Generatoren wurde getroffen.«

Sie hatte die Worte kaum ausgesprochen, als der Boden der Station massiv vibrierte. Die anwesenden Personen mussten sich festhalten, um nicht das Gleichgewicht zu verlieren. Auf den Bildschirmen der Leitstelle wurde eine gewaltige Feuersäule übertragen, die in den dunklen Weltraum raste. Das helle Wurmlochfenster erlosch.

»Das haben sie gut hinbekommen«, schimpfte der Befehlshaber der Basis. »Hätte ich mich nur nicht auf ihre Wünsche eingelassen. Wissen sie, wie schwierig es in diesen Zeiten ist, Ersatz-Energiemeiler zu bekommen? Ganz zu schweigen von prädestinierten Technikern.«

Nur langsam beruhigte sich das Beben in dem Boden des Asteroiden.

Halswan ignorierte Cicollus. Das schien den Befehlshaber der Forschungsstation noch mehr zu ärgern. Der Aller-Erste blickte den Flottenbefehlshaber an. Dieser schien die Tragweite der Situation noch nicht erfasst zu haben.

»Was war das?«, fragte Lenus. »Die Geschosse müssen eine starke Zerstörungskraft gehabt haben. Wo sind meine Schiffe?«

»Alle Schutzschirme der Forschungsstation haben sich deaktiviert«, meldete die Hypertronic-KI der Station. »Es ist nicht mehr möglich, sie neu aufzubauen. «

Halswan blickte ihn an.
»Das Wurmlochfenster hat sich geschlossen«, antwortete er. »Das bedeutet, dass die Steuereinheit des Generators die Verbindung zu ihren Klappflügel-Zerstörern verloren hat. Es ist davon auszugehen, dass alle Schiffe vernichtet wurden. Die fremden Geschosse waren eine Antwort auf unseren Angriff. «

Lenus blickte Halswan irritiert an.
»Bedeutet das, wir alle vier Schiffe und ihre Besatzungen verloren haben? «, erkundigte sich Cicollus.

Halswan nickte.
»Leider haben wir es mit intelligenteren Gegnern zu tun, als bisher vermutet«, erklärte er. »Die Schiffe müssen als verloren angesehen werden. «

»Wenn sie meiner Einheit zugeteilt wären, dann würde ich sie jetzt in Beugehaft nehmen«, fluchte der Kommandeur der Forschungsstation. »Sie haben leichtfertig das Leben dieser Besatzungen aufs Spiel gesetzt. Das ist nicht verzeihbar. «

»Haben sie es immer noch nicht erkannt«, tobte Halswan. »Das ragunische Imperium befindet sich im Krieg. Falls sie nicht alles probieren, dann wird es ihr stolzes Imperium und ihre Heimatwelt nicht mehr lange geben. Die Arthropoden werden dafür sorgen, dass ihre Species ausstirbt. Das ist der Grund ihres Angriffes.«

»Trotzdem werde ich dem Zentralrat auf Ragun ihren Misserfolg berichten müssen«, sagte Lenus. »Auch ich werde für den Verlust von Schiffen und Personal verantwortlich gemacht. Sie können sich denken, dass ich alle Fakten offenlegen werde. Sie persönlich sind hierfür verantwortlich.«

Halswan winkte ab.
»Das sind nicht die ersten Schiffe, die sie im Kampf gegen die Arthropoden verlieren«, erwiderte er. »Es werden auch nicht die letzten Schiffe sein. Machen sie ihrem Zentralrat klar, dass wir nach einer Lösung suchen, den Untergang ihres Imperiums zu verhindern. Wenn sie das nicht einsehen, dann kann ich mich sofort zurückziehen und der Geschichte seinen Lauf lassen. Habe ich mich klar ausgedrückt?«

Lenus ballte seine Hände zu Fäusten. So hatte noch kein Fremder mit ihm geredet. Nur mühsam konnte er sich beherrschen.

»Ich werde ihre Argumentation an den Zentralrat weitergeben«, antwortete er. »Sicherlich wird er über unseren Misserfolg nicht erfreut sein. Ebenso wenig unser geschätzter Systemrat Camaal. Wie sie wissen, hat er ihnen die Schiffe aus seinem Bestand zur Verfügung gestellt.«

»Beenden wir dieses Thema«, antwortete Halswan. »Wir dürfen uns nicht mit Kleinigkeiten aufhalten. Wichtig ist nur, dass unser zeitgesteuerter Wurmloch-Generator seinen Betrieb aufnehmen konnte. Alles Weitere wird sich finden.«

Er holte tief Luft und blickte den Befehlshaber der Station an.

»Öffnen sie uns ein Wurmloch nach Ragun«, befahl er. »Wir fliegen mit dem Kommandoschiff von Lenus zurück und senden einen Truppen-Transporter durch einen Flüchtlingstunnel. Der Truppengleiter sollte in seinen Abmessungen problemlos durch ein zeitgesteuertes Fluchtfenster passen. Wir werden die Station übernehmen und sie von innen heraus zerstören. Sie darf nicht in die Hände fremder Mächte gelangen.«

»Gehen sie zu ihrem Schiff«, antwortete Cicollus. »Ich öffne ihnen ein Fenster nach Ragun. Eigentlich bin ich froh, wenn ich sie nicht mehr wiedersehen muss.«

»Das kann ich ihnen noch nicht versprechen«, antwortete Halswan. »Diese Anlage ist die Einzige, die zeitgesteuerte Wurmlochfenster für Kriegsschiffe öffnen kann. Sie ist einmalig in ihrem Imperium. Nur von hier aus können wir ragunische Schiffe in unterschiedliche Zeitebenen entsenden. Ich hoffe, sie verstehen das endlich.«

Cicollus drehte sich um und verließ wortlos mit seinen Robotern die Besucher.

Lenus wandte sich an die Soldaten der Forschungs-Station.

»Offizier Neto«, befahl er. »Würden sie uns bitte wieder zu dem Ausgang bringen. Wir müssen durch das Wurmlochfenster nach Ragun fliegen.«

»Folgen sie mir bitte«, antwortete der Anführer der Soldaten. »Ich bringe sie zum Ausgangsschott.«

Wortlos verließ die Gruppe die Maschinenhalle und ging den Soldaten nach. Außerhalb der Forschungs-Station wartete das einzelne Kommandoschiff, das seine begleitenden Klappflügel-Kriegsschiffe verloren hatte.

Einige Stunden später stand Halswan und Lenus vor dem Zentralrat der Raguner.

Der Vorsitzende Ruadan blickte beide ärgerlich an.
»Ihre Versprechungen scheinen nicht aufzugehen«, sagte er erbost. »Ich frage mich wirklich, ob wir ihnen weiterhin vertrauen sollten? «

Halswan zuckte mit seinen Schultern.
»Ich bin hier, um ihnen zu helfen«, antwortete er. »Falls sie diese Hilfe nicht wollen, ist es ein Leichtes für mich, ihren totgeweihten Planeten zu verlassen. Fragen sie sich aber bitte, welche Optionen sie noch haben? Ich bin ihre letzte Chance. «

»Eine Chance, die bisher nur Misserfolge gebracht hat«, erzürnte sich der Vorsitzende des Zentralrates. »Wir sind es nicht gewohnt, in einer solchen Fahrlässigkeit vorzugehen und anderweitig benötigte Schiffe ohne vorherige Prüfung der Situation in den Untergang zu schicken. Vielleicht haben sie uns falsche Fakten geliefert.

Ist es nicht so, dass der Ältestenrat ihres Volkes sich von ihnen trennen wollte?«

»Lüge«, schimpfte Halswan. »Ich brauche mir ihre Vorwürfe und Beleidigungen nicht länger anzuhören. Versuchen sie doch selber eine Lösung ihres Problems zu finden. Wir sind es nicht, die von den Arthropoden angegriffen werden. Ich komme immer mehr zu der Einsicht, dass es falsch von mir war, ihre Rasse vor dem Untergang retten zu wollen. Sie haben es nicht anders verdient.«

Ruadan blickte seine Kollegen des Zentralrates an. Diese nickten einhellig.

»Gut«, antwortete er. »Wir versuchen es nochmals mit ihnen. Der Zentralrat ist einstimmiger Meinung, dass alle Möglichkeiten ausgeschöpft werden müssen, um den Arthropoden das Handwerk zu legen. Ihr ursprünglicher Gedanke, in der Zeit zurückzureisen und die Arthropoden in ihrer frühen Entwicklungsstufe zu beseitigen, hat uns begeistert. Führen sie diesen Gedanken fort. Warum muss ihre Flüchtlingsstation zerstört werden?«

»Weil dort auch ein zeitgesteuerter Wurmloch-Generator installiert wurde«, erklärte Halswan. »Hiermit kann der Ältestenrat meines Volkes alle Aktionen von uns vereiteln. Ebenso müssen die Wolkenstädte meiner Rasse angegriffen werden. Auch dort stehen diese zeitgesteuerten Anlagen. Nur wenn sich niemand mehr in unsere Angelegenheiten einmischen kann, ist der Erfolg unseres Vorhabens garantiert. Habe ich das jetzt verständlich ausgedrückt?«

»Wir haben es verstanden«, antwortete der Zentralrat. »Nur wenn keine dieser Anlagen mehr existiert, können geheime Kommandos ihrer Rasse unsere Absichten nicht mehr vereiteln.«

»Genau so ist das zu verstehen«, sagte Halswan. »Erst dann gelingt es niemanden mehr, tiefer in die Vergangenheit zu reisen, um unsere Missionen abzuwenden.«

»Ich frage mich wirklich, ob dieses Zeitabenteuer uns zu dem gewünschten Ziel bringt?«, erkundigte sich Systemrat Camaal. » Warum können sie uns nicht mit Raumschiffen unterstützen? Wäre das nicht ein einfacherer Weg?«

Halswan raufte sich die Haare.
»Obwohl wir den Samen ihrer Kultur ausgesät haben, kennen sie uns kaum«, antwortete er. »Viele Rassen betiteln uns als die Aller-Ersten. Wir haben ein

ungeschriebenes Gesetz, dass in dem Buch unseres weisen Propheten Aahnn als wichtigste Regel vermerkt ist. »Wir haben es noch nie und werden es auch nie praktizieren, uns in die freie Entwicklung von Species einzumischen. Noch nie wurde von uns militärisch in die Entwicklung einer Rasse eingegriffen.«

Die Zentralräte sahen sich an.
»Vielleicht hätten sie das besser«, antwortete Ruadan. »Bisher haben sie uns nur schöne Worte mitgeteilt. Erfolge können sie noch keine vorweisen.«

Er richtete sich auf und blickte Halswan durchdringend an. Dieser wich seinem Blick nicht aus.

»Sie teilten uns mit, dass einige Mitglieder ihrer Rasse in die Zukunft blicken könnten«, fuhr Ruadan fort. »Warum haben sie das Heranwachsen der Arthropoden nicht bereits im Vorfeld bekämpft?«

»Wir waren mit anderen Aufgaben beschäftigt«, antwortete Halswan. »Es gibt nicht nur die Arthropoden im Universum. In fast allen Sterneninseln brodelt es. Wir haben gegen eine Rasse gekämpft, die sich Zierrakies nannte. Leider hat dieser Kampf sehr viel Zeit in Anspruch genommen und unsere ganze Konzentration beansprucht.«

»Der Name sagt uns nichts«, erwiderte Ruadan. »Kann uns diese Species gefährlich werden? «

»Das glaube ich nicht«, lachte Halswan herablassend. »Diese Rasse wird erst 500.000 Jahre in der Zukunft von uns in die Schranken gewiesen«, schmunzelte Halswan. »In dieser Zeit existiert ihr Planet nicht mehr. Den Namen Ragun kennt in dieser Zeitebene niemand mehr. Er ist vollständig in Vergessenheit geraten. «

Der Zentralrat von Ragun blickte den Abtrünnigen der Aller-Ersten schon fast hasserfüllt an.

Der hob seine Hände.
»Geben sie mir nicht die Schuld für den bevorstehenden Untergang ihres Imperiums«, erwiderte er. » Das haben sie ganz alleine zu verantworten. «

»Was können wir noch tun, um das Unheil von uns abzuwenden? «, fragte Ruadan.

»Ich habe ihnen meinen Vorschlag unterbreitet«, erwiderte Halswan. »Leider bin ich kein Hellseher und kann nicht in andere Dimensionen schauen. Von daher konnte ich nicht erkennen, dass die Zeitstation meines Volkes derart stark gesichert war. Auch ihr Befehl hätte die ausgesandten Klappflügel-Zerstörer in den Untergang geschickt. Ich will ihnen nichts vormachen, geschätzter Zentralrat. Das kann bei der nächsten Mission erneut passieren. Sicherlich wird auch ihnen klar sein, dass durch unseren Angriff verstärkte Sicherheitsmaßnahmen durch den Ältestenrat meines Volkes angeordnet werden. Das erleichtert unsere Aufgabe in keiner Weise.«

Die Mitglieder des ragunischen Zentralrates blicken sich an. Sie standen auf und gingen zu den anwesenden Systemräten. Eine Weile unterhielten sie sich. Dann trat der mächtige Systemrat Camaal vor.

»Wie ihr wisst, regiere ich über 35 Sternensysteme«, erklärte er. »Die Kriegsfront rückt immer näher an die Grenzen meines Hoheitsgebietes. Wir haben es bisher nicht geschafft, die uns mengenmäßig überlegene Allianz-Flotte der Arthropoden zu stoppen. Sie rollt wie eine unaufhaltsame Gravitationswelle auf uns zu. Die Zeit der langwierigen Diskussionen muss beendet werden. Jetzt sollten alle Möglichkeiten ausgeschöpft werden, um die spinnenartigen Geschöpfe aufzuhalten. Wenn wir sie nur in der Vergangenheit bekämpfen können, dann müssen wir unverzüglich diesen Schritt gehen. Ich möchte nicht mitansehen, wie die bewohnten Welten meiner Sternensysteme ausradiert werden.«

Ruadan nickte

»Wie ich erkenne, sind die meisten Systemräte der gleichen Meinung«, antwortete er. »Obwohl ich mittlerweile an der Glaubwürdigkeit unseres Gastes zweifle, bitte ich über den Vorschlag unseres geschätzten Systemrates Camaal abzustimmen. Heben sie ihre Hand als Zustimmung. Bitte entscheiden sie sich.«

Halswan hatte sich weitere Worte verkniffen. Verärgert registrierte er die Worte des Vorsitzenden des Zentralrates von Ragun.

»Sie wollen meine Hilfe nicht«, dachte er. »Dann sollen sie doch untergehen. Ich bin es nicht, dem die Zukunft genommen wird. Trotzdem könnte eine negative Abstimmung meine weiteren Pläne vereiteln. «

Mit gemischten Gefühlen registrierte er, wie Ruadan die Systemräte abstimmen ließ.

Gespannt verfolgte er die Diskussion. Schließlich hoben 95 Prozent der anwesenden Räte ihre Hand.

»Die überwiegende Mehrzahl ist dafür, unserem Gast das Vertrauen auszusprechen«, erklärte der Vorsitzende des Zentralrates. «

Er breitete seine Hände aus und zeigte auf die Mitglieder des ragunischen Rates.

»Der Zentralrat wird in dieser wichtigen Frage den Wunsch der Systemräte nicht blockieren«, ergänzte er. »Versuchen wir den Vorschlägen von Halswan zu folgen.«

Der Zentralrat schritt zu ihren Plätzen an dem erhöhten Podium zurück.

»Abgesandter der Aller-Ersten «, sagte er mit eiserner Stimme. »Enttäuschen sie uns nicht noch einmal. Wie sehen ihre weiteren Vorschläge aus? «

Halswan blickte ihn schmunzelnd an.
»Sie haben sich in der Anrede vertan«, erwiderte er. »Ich bin kein Abgesandter meines Volkes. Mein persönliches Ziel ist es, die dekadente Befehlsstruktur meiner Regierung zu ändern. Nur so kann ich ein verstärktes Aufleben meiner Rasse erzeugen. «

»Wie hilft uns das weiter? «, fragte Ruadan.
»Es hilft uns beiden weiter«, erwiderte Halswan. »Durch die Auslöschung der Offiziere und der Stadträte erhalte ich Zugriff auf die Technik meines Volkes. Ich werde dann der letzte vereidigte Rat unseres Volkes werden. Ab diesem Zeitpunkt ist es mir bestimmt, den zukünftigen

Weg unseres Volkes zu weisen. Nach der Erhebung zum Hohen Rat ist es nur mir alleine gestattet, Zugriff auf die unvorstellbare Technik unserer Rasse zu nehmen. Dass wiederum kommt auch ihnen wieder zugute. Durch die von mir übergebene Technik wird ihre Rasse in der Lage sein, alle Gegner in der Gegenwart, in der Vergangenheit und in der Zukunft zu vernichten.«

Der Zentralrat sah Halswan skeptisch an.

»Bleiben wir doch in der aktuellen Gegenwart«, antwortete Ruadan. »Was brauchen sie von uns, um alle Weichen für die Bekämpfung der Arthropoden zu stellen?«

»Wir benötigen eine starke Kampf-Flotte«, antwortete Halswan. »Sie muss mengenmäßig groß genug sein, um zeitgleich unsere 36 Wolkenstädte anzugreifen. Ich denke an mindestens 50 ihrer modernsten und stärksten Zerstörer.«

»Reichen ihnen 50 Schiffe für 36 Wolkenstädte aus?«, fragte Systemrat Camaal irritiert. »Die Städte werden doch über massive Abwehreinrichtungen verfügen?«

Halswan lachte kurz auf.

»Entschuldigen sie bitte, dass ich mich nicht klar genug ausgedrückt habe«, verteidigte er sich. »Ich sprach von 50 Schiffseinheiten für jede Wolkenstadt.«

»Sie werden unverschämt«, sprach Ruadan den Gast an. »Sind sie sich eigentlich darüber im Klaren, was sie von uns verlangen? Diese Einheiten werden an der Front der Arthropoden benötigt. Ziehen wir diese Zerstörer ab, dann rücken die Aggressoren noch schneller vor. Weitere Sternensysteme unseres Imperiums werden unweigerlich fallen.«

»Ohne diese Schiffe scheitert der Plan«, antwortete Halswan. »Nur in unseren Wolkenstädten wurden die zeitgesteuerten Wurmloch-Generatoren installiert und sind einsatzbereit. Vernichten wir sie nicht, dann können alle Missionen von uns wieder rückgängig gemacht werden.«

»Ihr Vorschlag ist nicht durchführbar«, konterte Ruadan. »Wir geben ihnen diese Schiffe nicht. Sie bleiben an der Front und halten die Allianz der Arthropoden auf.«

Er blickte seine Kollegen von dem ragunischen Zentralrat an. Diese nickten einstimmig.

»Die Entscheidung ist gefallen«, entgegnete er. »Diese wichtigen Schiffe werden ihnen nicht übereignet. Sie kämpfen an der Front.«

»Dann kann ich nichts mehr für sie tun«, ereiferte sich Halswan. »Dieser Rat ist das eigentliche Übel des Unterganges ihres Imperiums. Ich werde mich zurückziehen und aus sicherer Entfernung den Angriff der Arthropoden verfolgen. Dann werde ich einen Satz laut ausrufen. Sie wollten es nicht anders. Dem ragunischen Zentralrat war nicht mehr zu helfen. Er ist für den Untergang der eigenen Rasse verantwortlich. «

Der weise Systemrat Camaal kam an das Podium getreten.

»Geschätzte Anwesende«, sagte er. »So kommen wir nicht weiter. Die Gemüter erhitzen sich. Unser Gast hat sicherlich Recht, dass man seine Wolkenstädte nicht nur mit einem Zerstörer angreifen kann. Entweder wir unterstützen ihn, oder unser Ende ist absehbar. «

»Welchen Vorschlag wollen sie hierzu betragen? «, fragte der Vorsitzende des Zentralrates ärgerlich. » Sie haben doch beide Parteien gehört. Der Zentralrat kann diese Anzahl von Schiffen nicht von der Front abziehen. «

»Dafür habe ich Verständnis«, antwortete Camaal. » Die Werften meiner 35 Sternensysteme laufen auf Hochtouren. Ich habe 5.000 neue Klappflügel-Zerstörer als flugbereit gemeldet bekommen, die vor wenigen

Tagen vom Stapel gelaufen sind. Wenn ich richtig gerechnet habe, benötigt Halswan für seinen Vernichtungsfeldzug 1.800 Schiffe. Ich wäre bereit, diese Schiffe aus meiner Flotte bereitzustellen.«

Ruadan blickte den Systemrat an.
»Trotz ihrer bereits vier vermissten Klappflügel-Zerstörer möchten sie eine weitere Flotte in eine Mission entsenden, deren erfolgreicher Ausgang nicht vorhersehbar ist?«, erkundigte er sich.

Camaal zuckte mit seinen Schultern.
»Vorsitzender«, sagte er. »Welche andere Option können sie mir anbieten?«

Der Vorsitzende erhob sich.
»Keine«, antwortete er. »Sie haben unsere Entscheidung vernommen. Für ihre Schiffe sind sie selbst verantwortlich. Falls sie Erfolg haben werden, ist ihnen der Dank dieses Gremiums jedoch sicher.«

»Dann sind wir uns einig«, bemerkte Camaal. »Ich beauftrage meine besten Schiffsführer, die Angriffe synchron durchzuführen.«

Halswan verbeugte sich.

»Mein Dank, Systemrat«, sagte er. »Sie wissen gar nicht, wie wichtig diese Mission ist.«

Er zog eine kleine Folie aus seiner Innentasche.
»Hierauf sind die zeitgesteuerten Koordinaten für den funktionierenden Wurmloch-Generator ihrer Forschungsstation notiert«, erklärte er. »Wir haben ihn getestet. Die Wurmlocheinheit arbeitet problemlos. Diese Koordinaten bringen sie zu den Planeten, in deren Atmosphäre sich unsere Städte verstecken. Sie werden unvorbereitet sein und ihre Schutzschirme nicht aktiviert haben. Lassen sie Dauerfeuer auf die Rückseite der Städte richten. Dort befinden sich die Antriebe und alle wichtigen Energieerzeuger. Schaffen sie es einen von ihnen zur Explosion zu bringen, wird es zu einer gewaltigen Kettenreaktion kommen. Diese wird dann die ganze Wolkenstadt in den Untergang reißen.«

»Danke für den Hinweis«, antwortete Camaal. »Ich gebe ihre Hinweise an meine Befehlshaber weiter.«

»Noch etwas«, sagte Halswan. »Ich habe ihren Wissenschaftler Morgon über die Steuerung des Zeitfeld-Wurmloch-Generators instruiert. Er kann die Koordinaten und die Zeit entsprechend programmieren.«

Er zog den kleinen Funkcodegeber aus seiner Tasche.

»Geben sie ihm zusätzlich das hier«, ergänzte Halswan. »Nach der Eingabe der Daten, muss er die Zeitsteuerung entsichern. Das ist nur mit diesem Gerät möglich. Ein kurzer Druck auf die Taste reicht aus, um die Zeitsteuerung zu aktivieren.«

Er reichte Camaal das Gerät. Dieser schaute es sich an und steckte es ein.

»Ich gebe es weiter«, sagte er. »Danke für ihr Vertrauen.«

Ruadan blickte Halswan an.
»Sind hiermit ihre Wünsche erfüllt?«, fragte er.

»Nicht ganz«, lächelte der Abtrünnige der Aller-Ersten. »Durch den misslungenen Einsatz der vier Klappflügel-Zerstörer ist jetzt eine direkte Bodenmission notwendig geworden. Ich hatte bereits erklärt, dass sich Geoffwan und zwei seiner getreuen Kollegen in der geheimen Fluchtbasis meines Volkes aufhalten. Wir müssen Kampftruppen entsenden, um diese Basis von innen heraus zu vernichten. Hierzu verwenden wir einen der Wurmloch-Durchgänge für die Evakuierung von Flüchtlingen.

Dieser sind groß genug, um einen Truppengleiter in die Basis zu befördern. Er sollte mit geschulten Elite-

Kämpfern bestückt sein. Die Soldaten werden dann Midir, den Wächter der Basis, seine Klon-Kämpfer und die Schutzroboter ausschalten. Ich muss lediglich die Zeitprogrammierung verändern.«

»In ihren Ausführungen hört sich alles immer sehr einfach an«, bemerkte der Vorsitzende des ragunischen Rates. »Wir haben es aber bei dem letzten Einsatz gesehen, dass ihr Vorschlag nicht aufgegangen ist. Was erwartet unsere Kämpfer in der Basis? «

Halswan blickte ihn ärgerlich an.
»Wie oft muss ich es noch wiederholen? «, fragte er. » Es befinden sich lediglich Geoffwan, in Begleitung von zwei Personen unseres Ältestenrates in der Basis und Midir, der Wächter der Anlage. Die Klon-Krieger müssen erst noch aktiviert werden und stellen keine Gefahr für ihre Soldaten dar. Die Roboter befinden sich in ihren Ladeschalen. Wenn wir eingedrungen sind, werden wir als erste Maßnahme das Sicherheitsprogramm der Basis abschalten. Dann kann nichts mehr passieren. «

Der Zentralrat nickte nachdenklich.
»Ihrer Aussage entnehme ich, dass sie persönlich den Einsatz leiten möchten? «, fragte Ruadan. » Ich hoffe aufrichtig, dass ihre Aussagen den Tatsachen entsprechen. Uns ist mittlerweile klar geworden, dass wir

für sie nur Mittel zum Zweck sind, um ihre eigenen Interessen durchzusetzen. Aber wenn wir hierdurch die Gefahr durch die Arthropoden beseitigen können, soll es uns recht sein.«

»Endlich sind wir uns einig«, freute sich Halswan. »Dann sollten wir nicht mehr länger warten.«

Der Vorsitzende des Zentralrates blickte Schiffskommandeur Lenus an.

»Wir sprechen sie von jeglicher Schuld frei, den Verlust der vier Klappflügel-Zerstörer verursacht zu haben«, erklärte er. »Ihnen wird ein neues Geschwader zugeteilt. Bis wir die Schiffe für sie bereitgestellt haben, werden sie unsere Kampftruppen anführen, die unser Gast für die Zerstörung der Flüchtlingsbasis benötigt. Führen sie die Mission zu einem erfolgreichen Ende und zerstören sie die geheime Station der Aller-Ersten. Die dort installierte zeitgesteuerte Wurmlochanlage darf nicht zum Einsatz kommen und unser Vorhaben gefährden.«

»Ich habe verstanden«, antwortete Lenus. »Die Station wird von uns eingenommen, der zeitgesteuerte Wurmloch-Generator unbrauchbar gemacht. Sie können sich auf mich verlassen.«

Ruadan blickte Lenus durchdringend an.
»Vertrauen sie nur ihren Eindrücken«, ergänzte er. »Lassen sie sich nicht von unserem Gast kommandieren. Sie haben den Oberbefehl über diese Mission. Rechnen sie mit einem starken Widerstand. Ich zweifle die Aussagen unseres Gastes im höchsten Maß an. Er verfolgt eigene Ziele. Das Leben unserer Leute ist ihm egal. Es sind für ihn nur Kollateralschäden. Richten sie sich auf einen intensiven Nahkampf ein. Nehmen sie genügend ausgebildete Schwertkämpfer mit. Alle Soldaten werden mit schweren Sturmwaffen ausgerüstet sein. Nutzen sie diesen Vorteil. Falls die Angaben von Halswan der Wahrheit entsprechen, dann sollten sie keine Probleme bekommen.«

Lenus blickte den Gast an.
Halswan ruderte mit den Armen.
»Ich erklärte ihnen bereits, dass ich nicht mit einem starken Widerstand rechne«, sagte er. »Diese Station läuft seit vielen Jahrtausenden in einem deaktivierten Modus. Warum sollte sich hieran etwas ändern?«

»Vielleicht weil die Personen ihrer Rasse ihren Plan durchschaut haben«, antwortete der Vorsitzende des Zentralrates. »Sie teilten uns mit, dass ihr großer Prophet Aahnn in die Zukunft blicken konnte.«

Halswan nickte.

»Er war seiner Zeit voraus«, bestätigte er. »Aber nie hat er sich mit kleinen Missionen beschäftigt. Er sah immer nur die großen Ereignisse voraus, die unsere Rasse im Laufe ihres Daseins betraf. «

»Wenn das zutrifft, dann steht ihrem weiteren Lebensweg auf Ragun nichts mehr im Wege«, antwortete Ruadan. »Sollten sie jedoch scheitern, werden sie nach ihrer Rückkehr unsere Arrestzellen von innen kennenlernen. Was dann mit ihnen passieren wird, entscheidet dieser Rat zu gegebener Zeit. «

»Gewiss«, schmunzelte Halswan. »Ich werde mich ihren Gesetzen beugen. Doch hierzu wird es nicht kommen. Meine Informationen stammen aus einer vertraulichen Quelle. «

Der Vorsitzende des Rates drückte auf einen Knopf. Eine Einheit von 30 schwer bewaffneten Soldaten kam in den Saal gelaufen. Sie richteten ihre Lasergewehre gegen die schwarz gekleideten Soldaten, die Halswan für seinen persönlichen Schutz mitgebracht hatte.

»Ich fordere die Schutzgarde von Halswan auf, ihre Waffen niederzulegen«, sagte er in einem eisigen Ton. »Wir werden ihnen hier auf Ragun ein gemütliches Quartier anbieten. Sie nehmen nicht an der Mission teil.

Unser Wunsch ist es, dass sie hier auf ihren Schutzbefohlen warten, bis er seine Aufgabe erfolgreich abgeschlossen hat. Vermeiden sie unüberlegte Handlungen.«

Die Soldaten erkannten, dass sie gegen die Überzahl der ragunische Soldaten nichts ausrichten konnten. Sie blickten ihren Befehlshaber an.

»Ich protestierte aufs Äußerste«, knurrte Halswan. »So wird mir meine Hilfe gedankt.«

»Ich fordere sie das letzte Mal auf, ihre Waffen abzugeben«, wiederholte der Vorsitzende drohend seine Forderung. »Noch einmal werde ich sie nicht bitten.«

Halswan erkannte die Unnachgiebigkeit in der Stimme des Vorsitzenden. Er befahl seinen Soldaten, dem Befehl des Zentralrates Folge zu leisten.

Langsam entledigten sich die schwarz gekleideten Soldaten ihrer Ausrüstung und legten sie auf dem Boden ab.

»Führen sie die Soldaten in ihre Quartiere«, sagte Ruadan. »Ihr Befehlshaber wird sie sicherlich bald wieder abholen.«

Die Schutztruppe wurde von den ragunischen Soldaten aus dem Saal geführt.

Zornig blickte der Aller-Erste den Vorsitzenden des Zentralrates an.

»Fühlen sie sich jetzt wohler?«, fragte er ihn.

Ruadan überging die Frage des Aller-Ersten. Er blickte Lenus an.

»Die Kampftruppen wurden informiert«, sagte er. »Ein entsprechend großer Transporter wartet auf sie auf dem Platz der Durchgangstore. Der Wurmloch-Generator wurde aktiviert. Auf ihren ausdrücklichen Befehl hin, wird ihnen ein Wurmlochfenster in die Flüchtlingsstation der Aller-Ersten geöffnet. Dieser Rat hat beschlossen, Ihnen 50 Elite-Soldaten, 50 ausgebildete Schwertkämpfer und 50 Kampf-Roboter an die Seite zu stellen. Wir hoffen inständig, dass diese Sturmtruppe ausreichen wird, um die von unserem Gast als unterbesetzt deklarierte Station zu übernehmen. Begeben sie sich in keine Gefahren. Brechen sie den Einsatz ab, wenn sie merken sollten, dass sie in einen Hinterhalt geraten sind. Haben wir uns verstanden?«

»Klar und deutlich«, antwortete Lenus. »Ich werde das Leben unserer Leute nicht gefährden.«

Der Vorsitzende blickte noch einmal Halswan an. »Vergessen sie nicht die Zeitsteuerung zu modifizieren«, sagte er. »Enttäuschen sie uns nicht noch einmal.«

Der vollständige Rat erhob sich. Er breitete seine Hände nach vorne aus.

»Die Schutzgötter von Ragun wachen über euch«, sagte Ruadan. »Erfüllt euren Auftrag und wendet Unheil von unserem Imperium ab. Ihr seid hierfür auserkoren.«

Sol-System, geheime Station der Aller-Ersten

Geoffwan hatte die Offiziere des Neuen-Imperiums in die große Leitstelle der geheimen Station geführt. Die Besuche staunten über die Ausmaße der Kommandostelle. Major Travis schätzte die Fläche auf mindestens 1.700 Quadratmeter.

»Hier laufen alle Informationen zusammen«, erklärte Geoffwan stolz. »Diese Basis war ein Meisterwerk unserer Ingenieure. Nicht nur aus dem Grunde, dass sie nach unseren neusten technischen Erkenntnissen erbaut wurde, auch die Kürze der Bauzeit war beeindruckend.«

Nadewan hatte sich von der Gruppe getrennt und legte zahlreiche Hebel um, um den ehemaligen Fluchtpoint Ragun wieder vollständig zu aktivieren. Er schlug mit seiner Hand auf einen großen grünen Knopf. Überall in der Leitstelle erhellten unzählige Bildschirme. Kontrollanzeigen, und eine Unmenge von Lichtern aktivierten sich.

»Ich bestätige die vollständige Aktivierung meiner Station«, meldete die Hypertronic-KI. »Ich führe einen Selbsttest aller Anlagen durch.«

Tart 1 und Tart 2 standen einige Schritte hinter ihrem Schutzbefohlenen. Sie ließen ihn nicht aus den Augen. Major Travis, Sirin, Commander Brenzby, Heinze, Admiral Tarin, Atlanta, Thoran, Heran und Barenseigs mit seinem Team schauten sich beeindruckt um. Mit den Bildschirmen wurden unterschiedliche Bereiche der Basis überwacht.

Der Blick von dem Major blieb auf einem großen Bildschirm hängen.

»Was ist das für eine Halle?«, fragte er Geoffwan.

Der Aller-Erste folgte seinem Blick und schaute ebenfalls auf den Bildschirm.

»Das ist die Halle der Ankunft«, erklärte er. »Die quadratischen Gestelle sind Endpunkte von Wurmloch-Verbindungen. Der Rahmen ist aus Tiziranium hergestellt, das ist ein Rohstoff, der in der Milchstraße nicht vorkommt. Wir haben den Raguner die Hinweise gegeben, wo er zu finden ist und wie es bearbeitet werden kann. Es zeichnete sich durch eine optimale Korrosionsbeständigkeit und durch eine extreme Härte aus. «

»Ich habe davon gehört«, lächelte Major Travis. »Sie haben den Ragunern viel Unterstützung gegeben. Welche Grund verfolgten sie damit? «

»Was soll ich sagen«, antwortete Geoffwan. »Zu der damaligen Zeit waren sie die Rasse, der wir eine große Zukunft vorhergesagt hatten. Sie stammten von unserer DNA ab und entwickelten sich gut. Lange sahen wir sie als Mitglied unserer Familie an. Nach unseren Vorstellungen sollten sie Licht in das dunkle Weltall bringen. Als wir erkannten, dass sie sich von unserem vorgegebenen Weg abwandten, ihr Imperium zu Lasten anderer Rasse immer weiter ausdehnten, sie mit Gewalt anfingen neue Welten zu annektieren, versagten wir ihnen unsere weitere

Unterstützung. Einige Mitglieder unseres Rates waren anfänglich dagegen, doch sie sahen später ein, richtig gehandelt zu haben.«

Major Travis nickte.
»Doch nicht Halswan?«, fragte er. »Er konnte sich nicht hiermit abfinden?«

Langsam drehte Geoffwan seinen Kopf und blickte dem Major in die Augen.

»Es ist davon auszugehen«, antwortete er. »Wir haben noch keine Aussagen von ihm zu unserem Vorwurf erhalten. Er ist auf einer Außenmission. Doch ich halte es für unwahrscheinlich, dass wir uns täuschen.«

»Der Angriff von vier Klappflügel-Zerstörer spricht eine deutliche Sprache«, bemerkte Admiral Tarin. »Die Raguner müssen eine Möglichkeit gefunden haben, ihren zeitgesteuerten Wurmloch-Generator einzusetzen. Wie sollten die Schiffe ansonsten aus der Vergangenheit in unsere heutige Zeit gelangen.

»Das steht außer Frage«, antwortete Talswan. »Diese Anlagen werden durch einen Funk-Code gesichert. Nur wer im Besitz des tragbaren Codegebers ist, kann das zeitgesteuerte Wurmloch freischalten.«

»Dann ist die Auswahl der Personen vermutlich nicht mehr sehr groß«, bemerkte Thoran. »Kann ich davon ausgehen, dass diese Codegeber sich eigentlich nur in ihrem Besitz befinden? «

Geoffwans Gesicht versteinerte sich.
»Sie haben Recht«, bestätigte er. »Das war eine zusätzliche Sicherheitsmaßnahme durch uns. Unsere Vorgabe war es, die Anlagen nicht für Kriegszwecke missbrauchen zu lassen. In den Zeiten der massiven Flüchtlings-Evakuierungen der Raguner, musste immer erst ein Abgesandter von uns die Anlagen auf Ragun freischalten. «

Thoran blickte Heran an.
»Ich denke das Gleiche«, antwortete der Spezialist für die Reparatur und Wartung von Wurmloch-Anlagen. Es befindet sich jemand von ihrer Rasse auf dem Planeten der Raguner und hilft ihnen bei der Inbetriebnahme der Anlage. Könnte das Halswan sein? «

Geoffwan nickte langsam.
»Es könnte sein, dass auch ein anderes Mitglied unserer Rasse über entsprechende Möglichkeiten verfügt. Auch diese Person könnte dann Zugriff auf diese Technik nehmen. Ich denke an Wissenschaftler und Techniker, die

ebenfalls die Technik dieser zeitgesteuerten Wurmloch-Generatoren verstehen.«

Die Personen ließen die Worte auf sich wirken. Jeder von ihnen suchte nach einer realistischen Erklärung. Das Licht der Leitstelle schaltete sich plötzlich in eine rote Farbe. Laute Alarmsirenen heulten auf.

»Eingehender übergeordneter Hyperkomm-Funkspruch aus dem Zwischenraum«, meldete die Hypertronic-KI, »Der Hohe Rat hat für alle Basen und Stützpunkte die höchste Alarmbereitschaft befohlen. Wir fallen ebenfalls hierunter. Sämtliche Abwehrtürme werden ausgefahren, der systemumspannende Schutzschirm wurde aktiviert. Alle Klon-Kämpfer und Kampf-Roboter werden aktiviert. Der Sprecher des Ältestenrates ist mit dem Oberbefehl dieser Station betraut worden.«

»Ich akzeptiere«, antwortete Geoffwan. »Sende eine Bestätigung zurück.«

»Die Bestätigung wurde versandt«, antwortete die KI emotionslos.

Der Aller Erste blickte seine Gäste an.
»Vermutlich ist mit einem weiteren Angriff der Raguner zu rechnen«, ergänzte er.

Major Travis griff nach seinem Communicator.

»Hier ist Major Travis«, sprach er hinein. »Sergeant Hardin, kommen sie zurück zu der Leitstelle der Station. Es ist möglich, dass wir Besuch bekommen. Midir soll unsere Wissenschaftler in ein sicheres Versteck bringen. Ziehen sie alle Marines und Kampfroboter von ihnen ab und vereinigen sie ihre Truppe. Erwarten sie dort neue Befehle von mir. «

»Hier ist Hardin«, meldete sich der Sicherheits-Offizier. »Wir kommen sofort zurück und sichern die Leitstelle. «

»Danke«, antwortete der Major.

»Lorin hören sie mich? «
»Klar und deutlich«, antwortete die Amazone.

»Haben sie mein Gespräch mit Sergeant Hardin mitbekommen? «, fragte der Major.

»Ja«, antwortete sie. »Wir folgen dem Sergeant und suchen uns Deckung. Dann warten ab, wer uns besucht.«

»Riskieren sie nichts«, befahl Major Travis. »Sie sind lediglich für den Nahkampf dabei. Ihre Schwerter haben gegen Laserstrahler keine Chancen. «

»Wir sind nicht leichtsinnig«, antwortete Lorin. »Doch ich vermute sehr stark, dass wir es auch mit Schwertkämpfern zu tun bekommen. «

»Gehen sie kein Risiko ein«, befahl der Major.
Dann beendete er die Verbindung.

Major Travis stellte eine andere Frequenz ein.
»Hier spricht Major Travis«, sprach er in den Communicator. »Ich rufe Captain Hunter. «

»Hunter«, tönte es aus dem Gerät. »Ich empfange sie.
»Was kann ich für sie tun? «

»Die Station hat selbstständig auf Alarmbereitschaft geschaltet«, sagte der Major. » Vermutlich ist mit einem weiteren Angriff zu rechnen. Lassen sie den Orbit über dieser Station von Kampfschiffen sichern. Ferner bitte ich um weitere Verstärkung. Senden sie uns bitte noch 50 Marines und 100 Kampf-Roboter zur Unterstützung. Sie sollten wachsam sein. Vermutlich planen die Raguner einen weiteren Angriff auf diese Station. «

»Ich leite den Trupp persönlich«, erwiderte der Captain. »Leider dauert es einen Augenblick. Ich rufe die

Kampfeinheiten zusammen, dann folgen wir ihren Spuren.«

»Danke«, antwortete der Major.

Geoffwan stand an einer großen Konsole und tippte Daten ein. Major Travis trat an seine Seite. Er blickte ihn fragend an.

»Ich programmiere unsere Kampfroboter und Klon-Krieger«, erklärte er. »Es muss gewährleistet sein, dass sie nicht ihre Roboter, oder die Amazonentruppe angreifen. Sie haben von mir eindeutige Befehle erhalten, dass sie sich speziell auf ragunische Kampftruppen konzentrieren.«

»Eingehender Funkspruch aus dem Zwischenraum«, meldete die Hypertronic-KI der Station. »Der Vorsitzende Zirnswan bittet Nadewan um ein Gespräch.«

Dieser nickte und lief an das Kommunikationsgerät. Er griff nach dem Empfangsgerät und steckte es sich in sein Ohr. Ein weiteres Gerät hielt er sich vor seinen Mund.

»Hier ist Nadewan«, meldete er sich. »Was gibt es Neues?«

»Sie haben mitbekommen, dass wir die höchste Alarmbereitschaft für alle Stationen und Basen ausgerufen haben?«, fragte der Vorsitzende.

»Korrekt«, antwortete Nadewan. »So sieht es die Vorschrift im Angriffsfall vor. «

»Wir haben alle Wolkenstädte an neue Koordinaten versetzt«, teilte er mit. »Roboter-Drohnen wurden auf den bisherigen Positionen zu Bobachtungszwecken zurückgelassen. Sie werden uns später über alle Ereignisse informieren. Lediglich die Stadt Zandrockia steht noch auf ihrer alten Position. Wir ziehen derzeit Kampfverbände zusammen. Es wird noch zwei Stunden dauern, bis genügend Schiffe eingetroffen sind. Erst dann können sie zu den Koordinaten von Zandrockia springen. Wir wurden unvorbereitet getroffen. «

»Ich verstehe«, antwortete Nadewan. »Geben sie den Befehl, dass zumindest die Kampfgleiter der Stadt aufsteigen, um den Standort der Stadt weitläufig zu sichern. «

»Ich gebe den Befehl sofort weiter«, antwortete Zirnswan.

»Ist die Bevölkerung der Stadt auf den unter ihr liegenden Planeten evakuiert?«, erkundigte sich der Befehlshaber der Wolkenstädte.

»Das ist als Erstes geschehen«, bestätigte der Ratsvorsitzende. »Es ist nur noch freiwilliges Personal da, das die Leitstelle bedient und einige Techniker, welche sich weiterhin um den Einbau der neuen Antriebe und der Energiemeiler kümmern. Ohne sie können wir die Station nicht an neue Koordinaten bringen.«

»Ich verstehe«, antwortete Nadewan. »Versuchen sie die Ankunft unserer Flotte zu beschleunigen. Ich habe ein ungutes Gefühl.«

»Machen sie sich keine Sorgen«, antwortete Zirnswan. »Wir haben alles Mögliche getan. Jetzt können wir nur warten, bis die Techniker die Antriebe der Stadt erneuert haben. Vielleicht sind unsere Vermutungen auch falsch.«

»Das hoffe ich«, entgegnete Nadewan. »Halten sie uns auf dem Laufenden.«

Dann unterbrach er die Verbindung.

Er schritt zu den wartenden Personen zurück. Geoffwan und Talswan blickten ihn fragend an.

»Das war Zirnswan«, erklärte er. » Exakt 35 Wolkenstädten haben sich 35 an neue geheime Koordinaten begeben. Sie sind aus der Schusslinie. Lediglich unsere Stadt Zandrockia konnte dem Befehl noch nicht folgen. Sie liegt weiterhin im Wartungsmodus auf den alten Koordinaten. Die Bevölkerung wurde auf den unterhalb liegenden Planeten evakuiert. Es befinden sich nur noch wenige Offiziere auf der Leitstelle der Stadt, die notwendige Geräte bedienen. Ebenfalls ein Team von Technikern, das mit Hochdruck die neuen Antriebe und einige Energiemeiler in die Wolkenstadt einbauen. Ich hoffe sehr, dass die Zeit ausreichen wird. Unseren Kampfgleitern habe ich den Befehl zum Aufsteigen gegeben. Sie werden unsere Stadt von der Atmosphäre aus sichern. «

»Sie werden nicht lange gegen die Klappflügel-Zerstörer der Raguner durchhalten«, entgegnete Talswan. »Sie sind nicht mit unseren stärksten Waffensystemen ausgestattet. Eigentlich wurden die für die Aufrechterhaltung der Ordnung in den Wolkenstädten konzipiert. «

»Leider ist das aber unsere einzige Option, um Zeit zu gewinnen«, antwortete Nadewan. »Langsam bekomme ich den Eindruck, das Halswan, oder wer auch immer für diese Intrige verantwortlich ist, diesen Plan von langer Hand vorbereitet hat.«

Geoffwan ging an ein Steuerpult der Leitstelle. Er drückte einen Knopf. An allen Seiten der Leitstelle fuhren schwere Schutzplatten herunter. Durch die jetzt sichtbaren Fenster leuchtete das Licht der Hallen hinein. Erst jetzt erkannten die Gäste des Neuen-Imperiums, dass die Leitstelle so gebaut war, dass sie durch ihre Fenster alle Hallen einsehen konnte. Sie bildete den Mittelpunkt der Station.

»Beeindruckend«, lächelte Major Travis. »Sie können durch ihre Fenster in alle unterschiedlichen Hallen blicken.«

Geoffwan nickte.
»Das war das Konstruktionsziel dieser Leitstelle«, antwortete der Sprecher des Ältestenrates der Aller-Ersten. »Sämtliche Abläufe lassen sich von hieraus im direkten Blickkontakt erkennen.«

Commander Brenzby zeigte auf eine große Halle, welche die Gäste des Neuen-Imperiums noch nicht gesehen hatte.

»Was ist das für ein Bereich?«, fragte er interessiert.

»Das ist unsere Halle der Ankunft«, erklärte Nadewan. »Dort sind alle stabilisierenden Wurmlochrahmen installiert. Sie erkennen, dass wir dort 15 große quadratische Metallrahmen installiert haben. Sie alle besitzen eine Kantenlänge von 8 Meter Breite und Höhe. Das ist ausreichend, um Personen und Material zu befördern.«

Er blickte die Gäste an.
«Sie werden sicherlich wissen, dass wir im Weltraum ein beliebig großes Wurmloch initiieren können«, erklärte er. »Dabei ist es möglich, weil die Größe je nach Stärke der verwendeten Energie etwas abweicht. In Gebäuden, Hallen, oder in dieser Station verwenden wir einen sogenannten begrenzenden Ausdehnungsrahmen. Dieser verhindert, dass sich ein Wurmloch in einer unkontrollierten Größe bildet. Dieser Rahmen unterbindet die unkontrollierte Ausdehnung.«

»Das ist interessant«, antwortete Heran. »An diese Funktion hatte ich bisher noch nicht gedacht. Sie scheinen sich schon lange mit der Technik von Wurmlocheigenschaften zu beschäftigen?«

»Das stimmt«, lächelte Geoffwan ihn an. »Wie wäre ansonsten die Überbrückung weiter Entfernungen im Universum möglich.«

»Stimmt es, dass die Arthropoden die Fähigkeit besitzen, den Raum und die Zeit zu krümmen?«, fragte Heran nach. »Damit hätten sie eine weitere Möglichkeit gefunden, die Entfernungen im Universum abzukürzen.«

»Leider kennen wir diese Rasse zu wenig«, antwortete Geoffwan. »Wir wissen lediglich, dass es sich um eine aggressive Species handelt, die nicht an einem friedlichen Miteinander der Völker der Milchstraße interessiert ist. Sie sind doch auch ein Experte für die Wurmloch-Technologie. Kennen sie einen Weg, um den Raum des Universums zu krümmen? Welch ein gewaltiger Energiebedarf wäre wohl hierfür notwendig, falls das überhaupt möglich wäre?«

Heran schüttelte seinen Kopf.
»Mit der Antwort bin ich überfordert«, erklärte er. »Eine Raumkrümmung entzieht sich meinem technischen Verständnis.«

»Eingehender Funkspruch«, meldete die Hypertronic-KI der Station. »Er kommt über eine Energieader des

Zwischenraumes. Der Vorsitzende Zirnswan möchte Geoffwan und die Gruppe der Ratsmitglieder sprechen.«

»Übertrage die Mitteilung über die Lautsprecher, « antwortete Geoffwan.

»Die Mitteilung wird übertragen«, antwortet die KI.

»Hier ist Geoffwan«, meldete sich der Sprecher der Aller-Ersten. »Haben sie Neuigkeiten für uns? «

»Leider keine guten«, antwortete Zirnswan.« Ihre Vermutung ist wahr geworden. An allen alten Koordinaten unserer Wolkenstädte, sind 50 Klappflügel-Zerstörer der Raguner mit aktivierten Waffensystemen durch ein Wurmlochfenster ausgetreten. Nur durch ihre rechtzeitige Mitteilung konnte Schlimmeres verhindert werden. Die Klappflügel-Zerstörer sind nach einem kurzen Scannen wieder durch das Wurmloch verschwunden. Lediglich unsere Stadt Zandrockia liegt unter einem starken Beschuss. Die Hälfte unserer Kampfgleiter wurde bereits ausgeschaltet. Alle Abwehrtürme unserer Stadt feuern im Automatikmodus. Doch ich muss ihnen leider mitteilen, dass wir die Stadt nicht mehr lange halten können. «

»Verfluchter Verrat«, stöhnte Nadewan auf. »Wann erreichen unsere großen Kampfverbände das Gebiet?«

»Das wird mindestens noch eine Stunde dauern«, antwortete Zirnswan. »Wir müssen mindestens einen Verband von 400 Schiffen entsenden, um die Raguner vernichtend zu schlagen. Mit ihren komprimierten Nadelstrahlen ist nicht zu spaßen.«

»Wie viele Schiffe haben sie bereits vor Ort versammelt?«, fragte Geoffwan.

»Derzeit sind 175 Schiffe aus unterschiedlichen Regionen eingetroffen«, antwortete Zirnswan. »Das sind zu wenige für einen Vergeltungsschlag.«

»Ich verstehe«, erwiderte Geoffwan. »Schicken sie mehrere Geschwader zielsuchender Kampfdrohnen zu den Koordinaten. Sie werden die Schiffe der Raguner beschäftigen, bis wir unsere Eingreifflotte durch ein Wurmloch senden können. Werfen sie ihnen alle Drohnen vor ihre Schiffe, die sie aufbringen können.«

»Das ist eine gute Idee«, antwortete Zirnswan und brach das Gespräch ab.

»Es sieht nicht gut aus«, sagte Geoffwan. »Unsere Stadt Zandrockia wird nicht zu halten sein. Hoffentlich greifen die Raguner nicht noch den Planeten an, auf dem sich unsere Stadtbevölkerung derzeit befindet.«

»Können wir sie möglicherweise mit Kriegsschiffen unterstützen?«, fragte Major Travis. » Wie viele unserer natradischen Zerstörer sind notwendig, um die 50 Klappflügel-Zerstörer der Raguner aufzuhalten?«

Talswan horchte auf.
»Wir könnten ebenfalls ein Wurmloch zu den Koordinaten von Zandrockia öffnen«, sagte Talswan. »Wenn sie mit 300 Großkampfschiffen angreifen, sollten sie die Schutzschirme der Raguner schnell zum Kollabieren bringen. Sind einmal die Schirme ausgefallen, zentrieren sie ihr Feuer auf die Antriebsreaktoren. So werden ihre Schiffe die Klappflügel-Zerstörer am schnellstens ausschalten.«

»In Ordnung«, antwortete Major Travis. »Wir unterstützen sie. Öffnen sie gleich einen Durchgang.«

Er griff nach seinem Communicator.
»Kann ich mit meiner Flotte kommunizieren?«, fragte er.

»KI«, befahl Geoffwan. »Öffne bitte eine Funkwellen-Verbindung nach außerhalb.«

»Die Verbindung wurde geöffnet«, bestätigte die KI.

Major Travis aktivierte seinem Communicator.
»Hier ist Major Travis«, sprach er hinein. »Ich rufe Commander Ciacombo. Bitte melden sie sich.«

Es knackte kurz in dem Gerät.
»Ich höre sie Herr Major«, antwortete der Commander.
»Ich brauche 600 Schiffe der Kaiser-Klasse«, erklärte er. »Sie müssen einen Noteinsatz fliegen. Ist ein Commander der Termar-Staffel bei ihnen in der Gruppe?«

»Nein«, antwortete Commander Ciacombo. »Lediglich Oberst Cameron ist bei uns.«

»Gut«, antwortete der Major. »Stellen sie bitte eine Konferenzschaltung her.«

»Einen Moment bitte«, antwortete der Commander. »Die Verbindung steht jetzt. Der Oberst hört mit.«

»Oberst Cameron, es ist gut, dass ich sie erreiche«, sagte Major Travis. »Wir haben einen Notfall. Trauen sie sich zu, einen Angriff auf 50 Klappflügel-Zerstörer der Raguner zu fliegen? Ihnen werden 600 Schiffe der Kaiser-Klasse unterstellt.«

»Sicherlich«, antwortete der Oberst. »Warum diese Eile?«

»Derzeit findet ein Angriff auf eine Wolkenstadt der Aller-Ersten statt«, erklärte der Major. »Es bleibt nicht viel Zeit für Erläuterungen. Sie wurde von dem Angriff überrascht. Die Aller-Ersten brauchen noch 1 Stunde, um eigene Schiffe zu entsenden. Dann könnte aber die Stadt bereits vernichtet sein. Derzeit widersetzt sie sich noch mit Kampfgleitern, die aber unterlegen sind.«

»Ich habe verstanden«, antwortete der Oberst.
»Sie werden Unterstützung leisten, bis zu dem Zeitpunkt, bis die Flotte der Aller-Ersten eintrifft, dann ziehen sie sich wieder durch das geöffnete Wurmloch zurück«, erklärte Major Travis. »Gehen sie folgendermaßen vor. Teilen sie ihre Flotte von 600 Großkampfschiffen in Angriffsgeschwader zu 12 Schiffen auf. Diese Gruppen kümmern sich jeweils um ein Schiff der Raguner. Lassen sie die vollen Breitseiten auf die Schutzschirme der ragunischen Schiffe feuern. So können die Schutzfelder am schnellsten zum Kollabieren gebracht werden. Sind einmal die Schirme ausgefallen, lassen sie das Feuer ihrer Schiffe die Antriebsreaktoren konzentrieren. So werden

ihre Schiffe die Klappflügel-Zerstörer am schnellstens ausschalten können. Verfügen sie über die Hyperspace-Kanonen nach eigenem Ermessen. Haben sie alles verstanden?«

»Klar und deutlich«, antwortete der Oberst. »Wir werden sofort fliegen. Die Schiffe wurden mir von Commander Giacombo bereits überstellt.«
»Ich lasse ihnen jetzt ein Wurmloch öffnen, das sie zu den Koordinaten bringt«, ergänzte Major Travis. »Aktivieren sie vor dem Durchflug bereits alle Waffensysteme und die Schutzschirme ihrer Schiffe. Sie werden in einem Kampfgebiet materialisieren.«

»Ich habe verstanden«, antwortete Oberst Cameron.

»Viel Erfolg«, antwortete Major Travis.

Er war sichtlich erregt.
»Einen Bildschirm in den Orbit aktivieren«, befahl er.

Er blickte Geoffwan an.
»Wir sind bereit«, sagte er. »Öffnen sie das Wurmloch.

Die Gäste in der Station der Aller-Ersten blickten gespannt auf den Monitor.

Er zeigte an, wie sich vor der Einsatzflotte von Oberst Cameron ein großes hellblaues Fenster bildete. Der Durchgang stabilisierte sich schnell. Die Flotte des Neuen-Imperiums beschleunigte und flog in das Portal hinein.

Die Gäste der Aller-Ersten in der großen Leitstelle beobachteten den Durchflug der Flotte.
Geoffwan war sichtbar dankbar für die Unterstützung durch das Neue-Imperium.

Major Travis griff nach seinen Communicator.
»Hier spricht Major Travis«, sprach er hinein. »Ich rufe Sergeant Hardin. «

»Hier ist Hardin«, meldete sich der Befehlshaber der Marines und der Robot-Kampfeinheiten.

»Führen sie ihre Truppe in die nächste Halle und suchen sie Schutz«, befahl er. »Dort wird sich bald ein Durchgang öffnen. Wir rechnen mit einer Kampfeinheit Raguner. Nehmen sie Lorin und ihre Amazonen mit. Auch sie sollen sich erst einmal eine sichere Deckung suchen. Weitere Befehle folgen. «

»Befehl verstanden«, antwortete der Sergeant.

Angriff der Raguner auf Zandrockia

Weit entfernt, in den Tiefen der Galaxie öffnete sich ein großes Wurmloch. Exakt 50 ragunische Klappflügel-Zerstörer einer 1.000-Meter-Klasse traten aus dem Tunnel aus. Sie befanden sich in dem Orbit eines unbekannten Planeten. Alle Schiffe scannten die Welt, die sie als Stützpunkt einer Wolkenstadt der Aller-Ersten genannt bekommen hatten.

»Haben wir etwas?«, fragte der kommandierende Befehlshaber der Flotte.

»Die Daten kommen herein«, meldete der Ortungs-Offizier. »Ich registriere starke Energieflüsse. Das ist etwas Gewaltiges in der Atmosphäre des Planeten. Ich messe ein großes Objekt von 25 Kilometern Länge und 15 Kilometern Breite.«

»Das ist es«, bestätigte der Befehlshaber. »Mit diesem schwerfälligen Objekt werden sie nicht vor uns flüchten können. Wir haben die Stadt der Aller-Ersten gefunden. Der Befehl ist uns allen bekannt. Die Stadt ist anzugreifen und zu vernichten.«

Der Ortungs-Offizier blickte auf seine Anzeigen.

»Die Stadt schleust Gleiter aus«, meldete er. »Sie besitzen jedoch nur eine mittelmäßige Bewaffnung. Die Gleiter sollten uns nicht lange aufhalten können. «

»Noch etwas? «, fragte Henuar, der den Oberbefehl über diese Flotte erhalten hatte.

»Ja«, antwortete der Ortungs-Offizier. »Es laufen zahlreiche Reaktoren in der Stadt an. Meine Anzeigen schlagen bis zum Anschlag aus. Vermutlich hat man uns entdeckt und bereitet sich auf Kampfhandlungen vor. Sie werden ihre Abwehrtürme aktivieren. «

»Sollen sie ruhig«, lachte Henuar. »Ihre letzte Stunde ist gekommen. Sie haben uns lange genug denunziert. «

»Wir bilden zwei breite Angriffslinien und rücken vorder- und rückseitig auf die Stadt zu. Vorrangig ist der Schutzschirm zu bekämpfen. Die Kampfgleiter werden von unseren automatischen Waffentürmen bekämpft. «

Er blickte seinen Funkoffizier an.
»Geben sie diese Befehle durch«, befahl er.

Der Offizier tat, wie ihm befohlen. Kurze Zeit später bestätigte er die Ausführung.

»Alle Schiffe wurden informiert«, teilte er mit. »Die Gruppen formieren sich.

»Sehr gut«, lachte der Befehlshaber »Zeigen wir es ihnen.«

Die Zerstörer beschleunigten und flogen in die Atmosphäre des Planeten ein. Die Flügel ihrer Schiffe klappten nach unten und nahmen eine Angriffsstellung ein. Sie näherten sie der Position der großen schwebenden Stadt.

Die Notbesatzung der Wolkenstadt sah den Angriff kommen. Die Offiziere der Leitstelle informierten die an den Triebwerken arbeitenden Techniker sofort ihre Arbeiten einzustellen und sichere Schutzräume aufzusuchen. Dort waren auch die Fluchtkapseln untergebracht. Alarmsirenen heulten in der Stadt auf und vermittelten ein lange nicht mehr gekanntes Gefühl.

In der zentralen Steuerung der Wolkenstadt war Hektik ausgebrochen. Die Notbesetzung hatte alles Mögliche getan. Die ausgefahrenen Abwehrgeschütze wurden nicht mit voller Energie versorgt. Der Schutzschirm konnte derzeit nur mit 67 Prozent der regulären Energie betrieben werden. Noch waren nicht alle Generatoren gewartet, oder erneuert worden.

Mit gemischten Gefühlen blickten die Offiziere der Stadt auf die Anzeigen. Exakt 50 ragunische Klappflügel-Zerstörer einer 1.000 Meter-Schiffsklasse, drangen in die Atmosphäre des Planeten ein. Der diensthabende Kommandeur hatte die Kampfgleiter der Stadt bereits starten lassen. Sie sollten versuchen, die angreifenden feindlichen Schiffe zu beschäftigen, bis der eigene Flottenverband eingetroffen war. Zirnswan hatte ihm mitgeteilt, dass die Schiffe erst von fernen Koordinaten zurückgerufen werden mussten.

Schon lange hatte die Stadt keine Angriffe mehr erdulden müssen. Durch die relativen kurzen Aufenthalte in dem Orbit von unterschiedlichen Planeten, war bisher eine Entdeckung weitgehend ausgeschlossen gewesen. Nicht aber in diesem Fall. Irgendjemand musste den Standort der Stadt Zandrockia feindlichen Mächten mitgeteilt haben.

Die Offiziere erkannten, wie die Klappflügel-Zerstörer der Raguner tiefer in die Atmosphäre eintauchten.

Ein Aufschrei ging durch die Notbesetzung der Leitstelle, als die Kampfgleiter der Wolkenstadt die fremden Schiffe angriffen. Die beidseitig unter den Tragflächen der Gleiter angebrachten Lasergeschütze feuerten im

Sekundenrhythmus auf die großen Zerstörer. Die Laserstrahlen verpufften jedoch in den Schutzschirmen. Gruppen von 5 Kampfgleitern schlossen sich zusammen und nahmen gemeinsam einen Zerstörer unter Beschuss. An den Stellen, wo die Strahlen aufschlugen, verfärbte sich der Schirm des ragunischen Zerstörers weitflächig. Die nachfolgenden Strahlen durchschlugen das Schirmfeld und brannten Löcher in die Bordwände der Schiffe.

Diese bemerkten die geänderte Taktik der Kampfgleiter. Sie stoppten ihren Anflug und eröffneten das Gegenfeuer. Ihre Waffentürme fuhren herum und visierten die Gleiter der Stadt an. Dann zischten unzählige Laserlanzen den kleinen Kampfbooten entgegen. Viele von ihnen konnten rechtzeitig abdrehen, doch leider nicht alle. Die mehrfachen Treffer erwischten vier Kampfgleiter mit voller Wucht. Die ragunischen Strahlen durchschlugen ihre Schutzschirme und trafen auf die Antriebszellen der Gleiter. In lodernden Explosionen zerbarsten die kleinen Kampfgleiter. Die glühenden Metallreste zogen eine Rauchfahne hinter sich her, während sie auf den Boden des Planeten stützten.

»Es sieht nicht gut aus«, sagte der Kommandeur der Leitstelle zu seinen Kollegen. »Wir haben vier unserer

Kampfgleiter verloren. Wenn nicht bald Hilfe kommt, werden sie den Angreifern schutzlos ausgeliefert sein.«

Das Donnern der Abwehrtürme ließ die Offiziere auf die Bildschirme blicken. Im Automatikmodus schossen die Abwehrgeschütze ihre heißen Laserlanzen auf die näher rückenden Schiffe. Ohne Wirkung schlugen die Lasersalven der Stadt in die Schutzschirme der ragunischen Schiffe ein. Die starken Schirmfelder leiteten die Energie sofort ab.

»Unsere Abwehrtürme sind nutzlos«, meldete ein Offizier. »Die Raguner haben ihre Schirmfelder modifiziert.

Unsere Strahlen dringen nicht durch.«

Der Kommandeur nickte.
»Ich sehe es«, flüsterte er entsetzt. »Wir müssen die Stadt sofort verlassen. Sie kann nicht mehr gerettet werden.«

Wie eine Feuerwalze rückten die Schiffe der Raguner näher und schossen Lasersalve um Lasersalve auf die Stadt. Der ohnehin geschwächte Schutzschirm verfärbte sich in eine tiefrote Farbe. Durch den sich immer mehr aufweichenden Schutzschirm zischten erste Nadelstrahlen der ragunischen Geschütze auf die Stadt.

Gebäude wurden getroffen, Glaskuppeln stürzten ein. Aus dem Turm einer hohen Halle wurden Stücke heraus gefetzt und fielen hart auf den Boden der Stadt. Die Bevölkerung war evakuiert worden. Sie sah nicht mehr den schmerzlichen Untergang ihrer geliebten Stadt.

Immer wieder griffen die Kampfgleiter der Aller-Ersten die Schiffe der Raguner an. Sie verstellten ihnen den Weg und versuchten sie aufzuhalten. Doch die Laserstrahlen ihrer unterlegenen Waffen, konnten den Schutzschirmen der feindlichen Schiffe nicht gefährlich werden. Immer dann, wenn eine Gruppe von Kampfgleitern es geschafft hatte, den Schutzschirm eines ragunisches Schiffes zu gefährden, flog es mit brachialer Geschwindigkeit aus der Gefahrenzone. Zahlreiche Schutzgleiter der Stadt wurden getroffen und verwandelten sich in heiße Glutfeuer.

Ein neues Wurmlochfenster öffnete sich. Die Offiziere der Wolkenstadt blickten auf ihre Monitore.

»Das sind unsere Kampfdrohnen«, erkannte der Ortungs-Offizier. »Zirnswan hat ein ganzes Geschwader zu unserer Unterstützung geschickt. Vielleicht bringt uns das etwas Zeit?«

»Wie viele sind es?«, fragte der Kommandeur der Wolkenstadt.

»Die Zählung wurde abgeschlossen«, meldete der Ortungsoffizier. »Es ist ein ganzes Geschwader von 5.000 Drohnen. «

Die Notbesetzung der Wolkenstadt hielt ihren Atem an. Die Drohnen stürzten sich auf die Schiffe der Raguner und belegten sie mit einem Dauerfeuer. Doch auch die Strahlen der kleinen Flugdrohnen, konnten den Schutzschirm der ragunischen Zerstörer nicht durchdringen.

Die Geschütze der Klappflügel-Zerstörer wechselten im Sekundenrhythmus ihre Schussrichtung. Unzählige kleinere Explosionen entstanden in der Atmosphäre des Planeten. Immer mehr der angreifenden Drohnen wurden ausgeschaltet Sie stürzten in den Schutzschirm der ragunischen Schiffe, oder brennend auf den Boden des Planeten.

Resigniert erkannte Notbesatzung der Wolkenstadt das Fehlschlagen des Drohnenangriffes.

Die im Dauermodus feuernden Zerstörer der Raguner, legten eine breite Wand aus Laserstrahlen vor die restlichen Drohnen. Diese flogen in das Gegenfeuer hinein und verursachten ein helles Blitzgewitter. Die Anzahl der Drohnen hatte sich stark reduziert.

Eine Gruppe ragunischer Schiffe drehte sich von den Drohnen ab und griff erneut die Wolkenstadt an. Die Schiffe setzten ein synchrones Punktfeuer auf eine Stelle des Schirmes. In Sekundenbruchteilen verfärbte sich der Schutzschirm und bildete ein Strukturloch. Die nachfolgenden Laserstrahlen durchschlugen eine Fertigungshalle und frästen sich in den Boden der Stadt. Hierunter war die große Maschinenhalle untergebracht. Immer mehr wichtige Anlagen fielen aus und versagten ihren Dienst.

»Wir haben massive Schäden«, teilte der Kommandeur der Leitstelle mit. »Lange werden wir die Stadt nicht mehr halten können.«

Der Ortungs-Offizier blickte auf seinen Bildschirm.
»Ein weiteres Wurmlochfenster öffnet sich«, meldete er. »Hoffentlich sind das Schiffe unserer eigenen Flotte?«

»Können wir die Signaturen der Schiffe empfangen?«, fragte der Kommandeur. » Wenn es neue Zerstörer der Raguner sein sollten, dann hat unsere letzte Stunde geschlagen.«

»Ich empfange die ID's der Schiffe«, meldete der Ortungs-Offizier. » Es sind fremde Signaturen, keine der unseren. Unsere Hypertronic-KI gleicht mit unserem Archiv ab. «

»Die Schiffe wurden identifiziert«, meldete die Hypertronic-KI der Wolkenstadt. »Es handelt sich um 600 Schiffe einer 2.000 Meter-Klasse natradischen Ursprungs. Die Schiffe gehen auf einen Abfangkurs. «

Der Kommandeur wollte es nicht glauben.
»Natradische Schiffe sind zu unserer Unterstützung gekommen? «, staunte er.

»Die Schiffe schwenken auf einen Kollisionskurs ein«, meldete die KI. »Ein Irrtum ist ausgeschlossen. «

Die wenigen Offiziere der Leitstelle jubelten.

»Ich empfange einen Funkspruch der natradischen Schiffe an die ragunische Flotte«, meldete die Hypertronic-KI.

»Auf die Lautsprecher legen und übersetzen«, befahl der Kommandeur.

»Hier spricht die natradische Flotte unter Oberst Cameron«, tönte es aus den Lautsprechern. »Ich rufe die Angriffsflotte der Raguner. Sie befinden sich in dem

Schutzbereich des Neuen-Imperiums. Ziehen sie sich sofort zurück und brechen sie ihren Angriff ab. Wir geben ihnen 10 Sekunden Zeit, um zu antworten. Anschließend eröffnen wir das Feuer auf ihre Schiffe. Diese Ansage wird nicht wiederholt.«

Gespannt blickte die Notbesetzung der Stadt auf die Monitore. Die 600 großen Schiffe einer 2.000 messenden Zerstörer-Klasse näherten sich majestätisch den kleineren ragunischen Schiffe. Diese machten keine Anstalten auf den Hyperkomm-Funkspruch zu reagieren.

Oberst Cameron blickte seinen Funkoffizier an.
»Erhalten wir eine Nachricht?«, erkundigte er sich.

Dieser schüttelte seinen Kopf.
»Nichts«, antwortete er. »Das Kommandoschiff der feindlichen Flotte stellt sich stumm.«

»Aufteilen in Gruppen zu 12 Zerstörern«, befahl der Oberst. »Alle Waffentürme sind auszufahren. Ich will den Beschuss voller Breitseiten aller Schiffsgruppen im Dauertakt auf die feindlichen Schiffe sehen. Sobald ein Schirm kollabiert, werden die Hyperspace-Geschütztürme eingesetzt. Ich befehle die Feuerfreigabe. Übermitteln sie den Befehl.«

Der Funkoffizier nickte und beeilte sich den Feuerbefehl an die 600 Schiffe durchzugeben.

»Wir erhalten Bestätigungen«, meldete er.
Die natradische Flotte von Großkampfschiffen formierte sich in die befohlenen Angriffsgruppen. Es dauerte nur Sekunden, dann brach ein blitzendes Lasergewitter aus. Die Schiffe der Raguner wurden von der durchschlagenden Feuerkraft der natradischen Schiffe überrascht. Vier der angreifenden Schiffe der Raguner mussten die ersten Breitseiten über sich ergehen lassen. Die massiven Einschläge unzähliger Laserlanzen ließen die Schutzschirme der Klappflügelschiffe schlagartig versagen.

Wieder feuerte die näherkommende natradische Flotte auf ihre ausgewählten Opfer. Die Bordwände der Schiffe wurden durchschlagen, oder aus ihnen große Stücke herausgesprengt. Brände breiteten sich aus und fraßen sich zu der Brücke der Schiffe weiter. Der nächste Einschlag zerfetzte die Klappflügel der Schiffe. Hierdurch gerieten die stolzen Schiffe in eine starke Trudel-Bewegung. Ihr Kurs war nicht mehr zu kontrollieren. Die nicht mehr steuerbaren Schiffe näherten sich anderen überraschten Schiffen der Raguner.

Die erste Gruppe der natradischen Schiffe feuerten ihre Hyperspace-Kanone ab. Die Geschosse röhrten aus den Geschützrohren und wechselten in den Hyperraum. Kurz vor den feindlichen angeschlagenen Schiffen materialisierten die Geschosse erneut und schlugen mit brachialer Gewalt in die geschundenen Schiffskörper ein. Fast gleichzeitig explodierten die vier Klappflügel-Zerstörer in einem heißen grellen Atombrand. Drei nahestehende Schiffe wurden in Mitleidenschaft gezogen. Obwohl sie die Gefahr kommen sahen und ihre Schiffe bereits in eine Rückwärtsbewegung befohlen hatten, holte sie der gigantische Glutball der explodierten Schiffe ein und erfasste sie. Die Antriebe der Schiffe detonierten. Die sich ausbreitenden Explosionen fraßen sich über alle Schiffsdecks in Sekunden von Bruchteilen fort und rissen die Schiffe in den Untergang.

Henuar, der Befehlshaber der ragunischen Flotte traute seinen Augen nicht. Exakt 600 Schiffe einer unbekannten Rasse waren aus einem Wurmlochfenster getreten und nahmen Kurs auf seine Schiffe.

»Was sind das für Schiffe?«, erkundigte er sich.

Der Ortungsoffizier schüttelte seinen Kopf.
»Wir haben keine Informationen in unserer Datenbank«, antwortete er. »Diese Rasse ist uns noch nicht begegnet.

»Eingehender Funkspruch«, meldete der Funkoffizier.
»Stellen sie laut«, befahl der Oberbefehlshaber. »Mit dem Angriff auf die Stadt fortfahren. «

»Hier spricht die natradische Flotte unter Oberst Cameron«, tönte es aus den Lautsprechern. »Ich rufe die Angriffsflotte der Raguner. Sie befinden sich in dem Schutzbereich des Neuen-Imperiums. Ziehen sie sich sofort zurück und brechen sie ihren Angriff ab. Wir geben ihnen 10 Sekunden Zeit, um zu antworten. Anschließend eröffnen wir das Feuer auf ihre Schiffe. Diese Ansage wird nicht wiederholt. «

Der Befehlshaber tobte.
»Wer wagt es, uns diese unverschämte Forderung zu stellen«, fluchte er. »Der Funkspruch wird nicht beantwortet. Das Feuer auf die Stadt ist zu verstärken. Ihr Schutzschirm ist kurz vor dem Kollabieren. «

»Die fremde Flotte kommt in Feuerreichweite«, meldete der Ortungs-Offizier.

»Einige Schiffe unserer Rückseite sollen sie abfangen«, befahl Henuar. »Die fremden Schiffe müssen vernichtet werden.
«

»Ich registrierte ein starkes Laserfeuer der unbekannten Schiffe«, meldete der Ortungs-Offizier. »Unzählige Geschütztürme feuern auf unsere rückseitigen Schiffe.«

Der Befehlshaber und die Offiziere des Kommandoschiffes blickten auf den Monitor.
Sie sahen, wie die näher rückenden Schiffe ein blitzendes Gewitter auslösten. Die rückseitigen Schiffe der Raguner wurden von der durchschlagenden Feuerkraft der natradischen Schiffe massiv eingedeckt. Vier der Schiffe der Raguner mussten die ersten Breitseiten über sich ergehen lassen.

»Wir erhalten Notrufe, von vier unserer Schiffe«, meldete der Funk-Offizier. »Die massiven Einschläge der fremden Waffensysteme lassen unsere Schutzschirme versagen.«

»Angriff auf die Stadt abbrechen«, befahl der Befehlshaber der Flotte. »Die unbekannten Schiffe sind abzufangen.«

Wieder feuerte die näherkommende natradische Flotte auf ihre ausgewählten Opfer. Die Bordwände der Schiffe wurden durchschlagen, oder große Stücke herausgesprengt. Als dann fast gleichzeitig vier Klappflügel-Zerstörer in einem grellen Atombrand explodierten, wurde der Befehlshaber der Flotte unruhig.

»Befehl an die drei nahe der Explosion stehenden Schiffe«, sagte er. »Sie sollen sich sofort aus der Gefahrenzone zurückziehen.«

Der Ortungs-Offizier schüttelte seinen Kopf.
»Zu spät«, meldete er. »Weitere drei Schiffe wurden von der Atomglut erfasst und ausgeschaltet.«

Die Offiziere der Brücke des ragunischen Schiffes sahen, wie sich weitere Klappflügel-Zerstörer sich in heiße Explosionen verwandelten.

Die fremde Flotte kam wie eine heiße Feuerwand näher.
»Wie viele Schiffe haben wir verloren?«, fragte der Befehlshaber.

Der Ortungs-Offizier blickte ihn an.
»Bisher 11 Schiffe unseres Verbandes«, antwortete er.
»Andere melden schwere Schäden.«

»Das macht keinen Sinn«, erkannte er. »Wir ziehen uns zurück. Befehlen sie allen Schiffen den Angriff einzustellen und durch das geöffnete Wurmloch zurückzufliegen. Die unbekannte Flotte ist uns überlegen. Machen sie Aufzeichnungen von den Schiffen. Wir werden uns vor dem Zentralrat rechtfertigen müssen.«

»Ihr Befehl wurde durchgegeben«, meldete der Funk-Offizier.

Die ragunischen Klappflügel-Zerstörer brachen ihren Angriff auf die Wolkenstadt der Aller-Ersten ab. Schäden hatten sie genug angerichtet. Qualm-Säulen stiegen aus unterschiedlichen Sektoren der Stadt auf. Explosionen und Brände waren an vielen Gebäuden am Boden zu registrieren.

Mit steigender Geschwindigkeit drehte die ragunische Flotte ab und flog dem geöffneten Wurmlochfenster entgegen. Die ersten Schiffe tauchten ein und verschwanden aus der Sicht. Beschädigte Einheiten flogen mühsam hinterher. Sie hofften, nicht noch weitere Treffer der natradischen Schiffe zu erhalten. Dann flogen auch die in das noch geöffnete Wurmlochtor ein.

Oberst Cameron blickte zufrieden auf die Feindflotte. Er erkannte, dass die Raguner die Eingreifflotte des Neuen-Imperiums unterschätzt hatten. Die vereinzelten Laserstrahlen der gegnerischen Flotte, wurden von den Schutzschirmen seiner Flotte problemlos abgeleitet.

»Die Raguner brechen den Angriff auf die Wolkenstadt der Aller-Ersten ab«, meldete der Ortungs-Offizier.

»Das Feuer auf die noch angreifenden Schiffe intensivieren«, befahl der Oberst. »Sie müssen erkennen, dass sie unterlegen sind.«
Wieder röhrten unzählige Breitseiten den feindlichen Schiffen entgegen und durchschlugen ihre Schutzschirme. Das Gegenfeuer der Raguner richtete keinen Schaden an.

»Die Flotte dreht jetzt vollständig ab«, meldete der Ortungs-Offizier. »Sie wollen flüchten. »Möchten sie die Schiffe verfolgen?«

Der Oberst winkte ab.
»Das ist nicht nötig«, antwortete er. »Sie haben uns jetzt kennengelernt. Machen sie Aufnahmen von der Wolkenstand und den entstandenen Schäden.«

Er blickte seinen Funk-Offizier an.
»Die Flotte soll sich wieder formieren«, befahl er. »Wir fliegen zurück.«

»Ihr Befehl wurde durchgegeben«, nickte der angesprochene Offizier.

Sol-System, geheime Station der Aller-Ersten

Geoffwan, dem Sprecher des Ältestenrates war anzusehen, dass er sich Sorgen um die Wolkenstadt Zandrockia machte.

»Oberst Cameron ist ein guter Mann«, beruhigte ihn Major Travis. »Er wird die Angelegenheit bereinigen.«

Geoffwan sah ihn an.
»Die kennen doch die Raguner gar nicht«, antwortete er. »Auch sie besitzen eine gefürchtete Technik. Ihre Klappflügel-Zerstörer verbreiten Angst und Schrecken im ganzen Universum.«

Heran lachte ihn an.
»Auch die natradische Technik ist nicht auf dem alten Stand stehen geblieben«, sagte er. »Sie scheinen die Terraner ebenfalls noch nicht gut zu kennen. Sie geben sich mit dem Vorhandenen niemals zufrieden. Alles wird weiterentwickelt und optimiert. Auch ihre Waffen und die Schutzschirme der Schiffe.«

Talswan blickte interessiert auf einen Monitor, der die Halle der Ankunft zeigte. Sein Kopf drehte sich und suchte einen Anzeigemonitor.

»Wurmlochtor 7 wurde angewählt«, sagte er erstaunt. »Es sieht fast so aus, als ob wir Besuch bekommen werden.«

Geoffwan kam zu ihm gelaufen und nickte.
»Das ist nicht gut«, bemerkte er. »Das Tor wurde von Ragun aus angewählt.«

Er blickte Major Travis an.
»Informieren sie ihre Kampftruppen«, sagte er. »Sie sollen in die Halle der Ankunft vorrücken. Vermutlich werden wir es gleich mit ragunischen Bodentruppen zu tun bekommen.«

Geoffwan winkte Talswan zu sich.
»Führe die Klon-Krieger und unsere Abwehr-Roboter«, sagte er. »Wir haben ansonsten keinen kampferprobten Offizier in dieser Basis.«

Talswan nickte und eilte aus der Leitstelle.

Major Travis informierte sein Team über den bevorstehenden Angriff.

Sein Communicator piepste. Er öffnete die Verbindung.
»Hier ist Major Travis«, sprach er hinein.

»Wir sind eingetroffen, vernahm er die Stimme von Captain Hunter. »Meine 50 Marines und die 100 Kampf-Roboter stehen bei der Truppe von Sergeant Hardin.«

»Gut«, antwortete Major Travis. »Bereiten sie sich vor. Eines der acht Meter großen Wurmloch-Tore wird sich gleich aktivieren. Wir rechnen mit Bodentruppen von Ragun. Teilen sie sich in mehrere Gruppen auf und hindern sie die feindlichen Truppen an einem Vorrücken.«

»Wir haben verstanden«, antwortete Captain Hunter. » Sergeant Hardin hat mitgehört. «

»Danke«, antwortete der Major. »Wir stoßen gleich zu ihnen. «

»Ich gehe zu Lorin«, sagte Atlanta. »Sie kann jede Hilfe gebrauchen. «

»Ich komme mit«, sagte Sirin. »Auch ich bin kampferprobt. «

Major Travis verzog sein Gesicht.
»Muss das sein? «, fragte er. »Du bist die einzige natradische Prinzessin, die wir haben. «

»Ich begleite die Frauen«, sagte Thoran. »Machen sie sich keine Sorgen. «

Dann drehten sich die Personen um und folgten Atlanta aus der großen Leitstelle der geheimen Station.

»Wir müssen wissen, wer der Verräter ist«, bemerkte Geoffwan. »Ich werde sie begleiten. «

»Bringen sie uns in die Halle der Ankunft«, sagte Major Travis.

»Da sind wir dabei«, sagte Heinze und zog seinen Laserstrahler aus dem Holster.

Geübt ließ er ihn an dem Bügel des Abzuges mehrmals um seinen Finger kreisen. «

Geoffwan blickte ihn an.
»Du kannst auch mit einem Laserstrahler umgehen? «, fragte er erstaunt.

»Das kann ich«, lächelte Heinze. »Ich werde den Ragunern meinen Strahl auf den Pelz brennen. «

»Vorausgesetzt, sie haben einen Pelz«, lächelte Commander Brenzby.

Er und Admiral Tarin hatten schweigend der Gruppe zugehört. Jetzt bildeten sie eine Kampfgruppe, die Major Travis und Geoffwan folgte.

Dieser öffnete einen versteckten Schott.
»Hierdurch«, erklärte er. »Dieser Weg bringt uns direkt in die Halle der Ankunft.«

Er blickte Nadewan an.
»Du bleibst hier und kontrollierst alle Anlagen«, befahl er. »Falls ein Generator kollabiert, informierst du uns bitte sofort.«

»Das mache ich«, antwortete der Befehlshaber der Wolkenstädte.

Geoffwan drehte sich um und schlüpfte durch den Schott. Die restlichen Offiziere des Neuen-Imperiums folgten ihm.
Imperiums hatten sich in vier Gruppen aufgeteilt. Sie versteckten sich hinter schweren Maschinen und Geräten.

Atlanta hatte Lorin und ihre Amazonen linksseitig in die Nähe des Tores 7 gebracht. Die Kontrollanzeigen des

Wurmloch-Rahmens leuchteten hell. Das deutete daraufhin, dass sich gleich ein Durchgang öffnen würde.

Auf der rechten Seite hatte sich Talswan mit 100 Klon-Kriegern und seinen Robotern Schutz gesucht.

Geoffwan, Major Travis, Heran, Admiral Tarin, Commander Brenzby, und Heinze blieben 200 Meter vor dem besagten Wurmlochtor stehen. Tart 1 und Tart 2 positionieren sich rechts und links ihres Schutzbefohlenen. Die Gruppe erkannte, wie sich der quadratische Rahmen mit Energie füllte.

Die Marines, unter dem Befehl von Sergeant Hardin und Leutnant Miller, hatten ihre neuen ragunischen Nadelstrahl-Gewehre in Anschlag gebracht. Ihre schwarzen Uniformen verbanden sich mit dem dunklen Schatten der großen Maschinen in der Halle. Unter dem Befehl von Captain Hunter entsicherten die Soldaten ihre neuen TM 1.200 Gewehre. Diese neu entwickelten Waffen für die Elite-Sturmtruppen des Neuen-Imperiums, besaßen neben den Laserstrahlen mit mehr Durchschlagskraft, auch die Möglichkeit Fesselstrahlen und schutzschirmbrechende Granatgeschosse zu verschießen.

Alle Weichen waren gestellt, alle Befehle gegeben. Jede Kampf-Gruppe wusste, was von ihr verlangt wurde. Die Blicke der Kampfgruppen richteten sich auf das stabilisierende Wurmlochtor. Der blaue Ereignishorizont bewegte sich nicht mehr. Das war ein Zeichen, dass der Durchgang aktiv war. Plötzlich schälte sich ein schwarzes Ungetüm aus dem Tor. Der 40 Meter lange Truppen-Transporter maß eine Breite von 6,50 Metern. Es war eine Meisterleistung des Piloten, ihn unbeschädigt durch das Wurmloch Tor fliegen. Nur 9 Meter hinter dem Wurmlochtor kam das Gefährt zum Stillstand. Gleichzeitig öffneten sich auf jeder Seite vier Schotts.

50 ragunische Schwertkämpfer in bunten Rüstungen sprangen heraus. Ihnen folgten 50 Kampf-Soldaten, die ihre Nadelstrahler-Gewehre bereits entsichert hatten. Dann folgten 50 fremdartig aussehende Roboter, ebenfalls mit Lasergewehren ausgestattet. Sie besaßen eine Größe von 2 Metern und waren etwas kleiner als ihre natradischen Kollegen. Sie verteilten sich um den Truppentransporter. Noch hatten sie keinen Verdacht geschöpft. Endlich traten drei Offiziere aus dem Gleiter. Geoffwan und Major Travis erkannten zwei Offiziere in ragunischen Uniformen und eine Person in einer weißen langen Kutte. Sie sahen sich interessiert um.

»Da haben wir unseren Verräter«, flüsterte Geoffwan. »Er trägt die Kleidung des hohen Rates unseres Volkes. Leider kann ich sein Gesicht nicht erkennen.«

Der Major blickte Heinze an.
»Kannst du seine Gedanken sondieren?«, fragte er den Ro.

»Ich erfasse ihn«, antwortete der Ro. »Ich versuche, in seinen Kopf vorzudringen.«

Das Gesicht von Heinze verzog sich in tiefe Falten. Major Travis sah, dass sich sein Freund bemühte an nähere Informationen zu gelangen.

Endlich entspannte sich das Gesicht des kleinen pelzigen Wesens wieder.

»Sein Name ist Halswan«, teilte Heinze mit. »Er ist voller Hass auf die Mitglieder ihres hohen Rates und mit ihren Entscheidungen nicht einverstanden. Er möchte das ganze Gremium töten und selbst die Befehlsgewalt übernehmen. Derzeit findet ein Angriff auf 36 Wolkenstädte ihres Volkes statt. Halswan vermutet sie noch an den Koordinaten, die er den Ragunern mitgeteilt hat. Er ist noch nicht informiert, dass sie sich zwischenzeitlich an neue Standorte begeben haben. Er wusste, dass sich Geoffwan und zwei seiner Begleiter aus dem hohen Rat hier aufhalten. Er ist mit der Kampftruppe eingedrungen, um die Basis von innen heraus zu zerstören. «

Geoffwan hatte mitgehört.
»Das hast du alles seinen Gedanken entnommen? «, staunte er. » Du bist ein ganz besonderes Wesen. Ich danke dir für deine Hinweise. «

Er blickte Major Travis und Admiral Tarin an.
»Wie ich es vermutet habe«, sagte er. »Halswan ist bereits lange ein Mitglied des hohen Rates unseres Volkes. Niemals hätten wir vermutet, dass er uns so hintergehen könnte. Entsprechend seines Ranges hatte er Zugang zu vielen geheimen Informationen. Er scheint mit unseren Plänen nicht mit uns einig zu sein, den Ragunern keine Unterstützung mehr zu geben. Er war maßgeblich an dieser Schöpfung unseres Volkes beteiligt. «

»Ich verstehe«, antwortete Major Travis.
Langsam schritt die Gruppe der Raguner auf Geoffwan und seine wartenden Gäste zu. Als sie nur noch 100 Meter entfernt waren, griff Geoffwan nach einem Gerät in der Tasche seines Anzuges.

Er drückte auf einen Knopf und sprach hinein.

»Das reicht jetzt«, sagte er. »Halswan, ich bin erfreut dich zu sehen. Darf ich euch bitten, eure Waffen auf den Boden zu legen. Dies hier ist eine Sicherheitszone.«

Seine Worte wurden über starke Lautsprecher wiedergegeben. Die Kampftruppen der Raguner blieben stehen.

»Sollen wir angreifen?«, fragte Lenus den Aller-Ersten.

Halswan schüttelte seinen Kopf.
»Er hat uns erwartet«, staunte er. »Geoffwan konnte doch gar nichts über unsere Absichten wissen. Wir müssen vorsichtig sein.«

»Ich bin hier, um über die Übergabe dieser Station an die Raguner zu verhandeln«, sagte Halswan. »Es ist ihre Anlage.«

»Diese Station ist Eigentum des Neuen-Imperiums«, antwortete Geoffwan. »Der Besitz ist geregelt und nicht verhandelbar. Ihr seid widerrechtlich eingedrungen. Legt eure Waffen ab und ergebt euch. Du wirst deiner Ämter enthoben und musst dem Hohen-Rat Rede und Antwort stehen. Alle ragunischen Soldaten werden sich ebenfalls verantworten müssen.«

Halswan blickte Lenus an.

»Es hat keinen Sinn«, erklärte er. »Mit Worten werden wir nicht weiterkommen. Lassen sie ihre Sturmtruppen angreifen.«

»Du hast es nicht anders gewollt«, fluchte Halswan. »Wir nehmen uns das, was uns immer schon gehört hat.«

Das war das Zeichen. Die Sturmtruppen der ragunischen Soldaten feuerten auf die knapp 100 Meter vor ihnen stehende Gruppe. Diese hatten ihre Individual-Schirme bereits aktiviert. Geoffwan machte eine kreisrunde Bewegung mit seiner Hand. Wie aus dem Nichts, bildete sich vor der Gruppe eine weiße neblige Wand. Sie festigte sich und wurde undurchdringbar. Die Strahlen der ragunischen Soldaten und Kampfroboter schlugen in die Wand ein, ohne einen Schaden anzurichten.

Fassungslos blickten die ragunische Soldaten auf die weiße nebelige Wand, die scheinbar aus dem Nichts entstanden war. Sie registrierten, dass ihre Waffen sie nicht durchdringen konnten.

Tart 1 und Tart 2 eröffneten schweres Laserfeuer auf die Angreifer. Ihre Laserarme feuerten im Dauertakt. Major Travis und Heran hatten ihre Strahler gezogen und waren an die Seite der Schutzwand getreten. Sie feuerten gleichzeitig auf die anrückenden Roboter. Der Blaster von Heran übertönte die Lautstärke der neuen Lasergewehre TM 1.200 um ein Vielfaches. Der Einschlag von Heran's Blaster reichte aus, um die ragunischen Kampf-Roboter auszuschalten. Ihre Schutzschirme wurden von der Waffe durchschlagen. Die nachfolgenden Strahlen aus Major Travis TM 1.200 beendete die Existenz der getroffenen Roboter. In lauten Explosionen zersplitterten sie in unzählige Teile.

Seitlich sprangen die Klon-Krieger hinter ihren schützenden Verstecken hervor. Ihre Laserwaffen waren auf die ragunischen Soldaten gerichtet. Diese wurden von dem Seitenangriff überrascht und formierten sich neu. Ein verbitterter Kampf entstand, mit schweren Verlusten für beide Seiten. Die getroffenen, am Boden liegenden Klon-Krieger, brauchten nur wenige Sekunden, um sich zu regenerieren. Ihre Blutungen hörten auf und ihre Verletzungen schlossen sich wieder. Wie ungezähmte Wildtiere sprangen sie auf und griffen erneut in den Kampf ein.

Die ragunischen Soldaten waren irritiert. Sie erkannten mit Abscheu, dass sich die grauen Klon-Krieger selbstständig heilen konnten. Die im Dauerfeuer vorrückenden Krieger zeigten keine Ängste in ihren emotionslosen Gesichtern. Sie schossen beidhändig auf die ragunischen Soldaten, die immer weiter zurückgedrängt wurden.

Diese konnten es nicht verstehen. Von mehreren Strahlen getroffene Klon-Krieger standen nach wenigen Sekunden wieder auf und griffen erneut in den Kampf ein. So etwas hatten sie vorher noch nicht gesehen. Immer mehr ragunische Soldaten wurden getroffen und vielen rückwärts zu Boden.

Geoffwan, der Sprecher des Ältestenrates, trat hinter der Deckung hervor. Er hatte seine Hände hüfthoch von seinem Körper abgewandt. In seinen Händen entstanden wie aus dem Nichts feurige Energiebälle.

Er blickte zu Halswan und dem ragunischen Offizier. Diese standen noch gut 100 Meter von ihm entfernt. Er schleuderte die Energiebälle auf sie zu. Doch die Entfernung war noch zu groß. Ganze 15 Meter vor den beiden Personen schlugen die Feuerbälle auf den Boden auf. Eine gewaltige Explosion entstand. Die Druckwelle riss Halswan und Lenus von den Füßen.

Diese fluchten, standen und stießen laute Schimpfwörter in Richtung Geoffwan aus. Dann liefen sie in die Richtung ihres Tarnsportgleiters zurück. Das Trommelfeuer aus Heran's und Admiral Tarins Waffen begleitete sie.

Heinze blickte Commander Brenzby an.
»Ich habe den Befehlshaber der Soldaten identifiziert, sagte er. »Ich hole ihn mit einem zwanghaften Befehl aus seiner Truppe. Benutze den Fangstrahl deiner Waffe, um ihn gefangen zu nehmen. Wir können ihn später befragen.«

»Gut«, lächelte der Commander.
Er kannte den kleinen Ro bereits eine längere Zeit und wusste nur allzu gut, wozu er fähig war.

Aus der Gruppe der ragunischen Soldaten löste sich eine Person, die in einer hochdekorierten Uniform gekleidet war. Sein wirres Gesicht zeigte an, dass er geistig von Heinze beeinflusst wurde.

»Nicht auf den Soldaten schießen«, rief Heinze allen Personen zu, die sich hinter der weißen nebeligen Wand von Geoffwan befanden. »Er steht unter meinem Einfluss und wird uns später einige Fragen beantworten.«

Major Travis blickte ihn an und nickte.
»Keine Sorge«, antwortete er. »Wir haben deine Geisel bereits erkannt.«

Heinze führte den Soldaten hinter die Schutzwand. Dort wurde er von dem Gewehr von Commander Brenzby in einen Fesselstrahl gelegt. Der Anführer der ragunischen Soldaten konnte sich nicht mehr bewegen.

»Ich habe ihn sicher«, sagte Commander Brenzby.
Heinze löste seine geistige Beeinflussung. Er zog seinen Strahler und richtete ihn auf die restlichen ragunischen Kampf-Roboter, die noch Widerstand leisteten.

Lorin stürmte schreiend mit ihren Amazonen aus dem Dunkel der großen Maschinen hervor. Ihre Individual-Schirme waren auf die maximale Leistung gestellt. Ihre Angriffsschreie ließen die in bunten Rüstungen gekleideten Schwertkämpfer von Ragun einen Schritt zurückweichen. Dann waren die Amazonen vor ihnen. Ihre Schwerter schlugen gezielt auf die Körper der Feinde ein. Doch auch diese verstanden ihr Handwerk. Das Klirren der Schwertkämpfer wurde immer lauter.

Atlanta und Sirin befanden sich im Rücken der Amazonen. Sie zielten mit ihren Lasergewehren auf die vereinzelten Roboter, die näher rückten, um ihre Schwertkämpfer zu unterstützen. Das massive Laserfeuer stoppte das Vorrücken der Roboter abrupt. Sie wandten sich den neuen Zielen zu und erwiderten das Laserfeuer. Lorin kämpfte wie eine Löwin an der vordersten Front. Sie drehte sich um die eigene Achse und schlug mit ihrem Langschwert einen ragunischen Soldaten den Kopf ab. In einer schnellen Körperdrehung nach rechts, stach sie einem zweiten Angreifer ihren Dolch in die untere Körperseite. Blut spritze aus der schweren Verletzung, als der Schwertkämpfer zu Boden glitt.

Lorin kümmerte sich nicht weiter um ihn. Sie sprang über ihn fort und lief zu einer ihrer Amazonen, die in arge Bedrängnis geraten war. Sie lag auf ihrem Rücken. Anscheinend war sie durch einen geübten ragunischen Schwertkämpfer zu Boden getreten worden. Ihre Laserwaffe hatte sie verloren. Der große ragunische Schwertkämpfer stand breitbeinig über ihr und hatte sein Schwert bereits über seinen Kopf erhoben. Er war bereit das Schwert in die unterlegene Amazone zu stoßen.

Dann war Lorin da und rammte ihr Schwert dem Gegner von hinten in den Hals. Dieser Bereich wurde von der Rüstung nicht geschützt. Blut spritzte aus der tiefen Wunde. Die Bewegung des Schwertkämpfers erstarb. Es gelang ihm nicht mehr seinen Kopf zu drehen, um seinem Richter in die Augen zu schauen. Langsam fiel er auf seine Knie, das Schwert rutschte aus seiner Hand. Seine Augen wurden starr, der Körper fiel der Länge nach auf die am Boden liegende Amazone.

Angewidert stieß diese ihn fort und kroch unter ihm hervor. Dankbar nickte sie Lorin zu, die sich wieder einen neuen Gegner vorgenommen hatte.

Atlanta und Sirin hatten die anrückenden ragunischen Kampf-Roboter ausgeschaltet. Die qualmenden Maschinen standen nutzlos im Weg herum. Beide hoben ihre Waffen und feuerten auf die Schwertkämpfer, die noch auf die Amazonen einschlugen. Die ragunischen Schwertkämpfer hoben ihre Schilder und fingen die Laserstrahlen ab. Das unbekannte Material der Schilde leitete den Laserstrahl zu Boden. Doch diese kleine Unachtsamkeit reichte aus, um den kämpfenden Amazonen einen entscheidenden Vorteil zu verschaffen. Die flinken, muskulösen Frauen zogen ihre Dolche und stießen diese in die Körper der Schwertkämpfer. Die ragunischen Kämpfer hatten in den weiblichen Amazonen keine Gegner gesehen. Sie waren sich sicher gewesen, den Kampf für sich entscheiden zu können.

Die Amazonen-Kämpferinnen waren von ihrer Anführerin gut geschult. Trotz leichter Blessuren an Armen und Beinen, mussten sie bisher noch keine Verluste verkraften. Thoran warf seinen Energiering einem anstürmenden Soldaten entgegen. Der energiegeladene Ring durchtrennte die Rüstung des ragunischen Soldaten und drang in seinen Körper ein. Das Gesicht des Soldaten verzog sich schmerzhaft, als der Energiering auf der Rückseite wieder austrat. Dann flog der Ring eine Kurve zu Thoran zurück. Dieser fing ihn mit seiner Hand sicher auf. Die Energie hatte sich bereits abgeschaltet.

Langsam kippte der Korpus des tödlich verletzten Soldaten zu Boden. In der anderen Hand hielt Thoran einen lantranischen Blaster, wie auch Heran einen besaß. Die Waffe war ausgereifter und durchschlagender als alles bisher Bekannte. Doch noch gaben die Lantraner diese Technik nicht weiter.

Thoran hob den Blaster an und zielte auf einen entfernten Schwertkämpfer, der gerade sein Schwert in den Körper einer Amazone stechen wollte. Der breite Laserstrahl stieß den Schwertkämpfer von seinen Füßen. Ein dampfendes, brennendes Loch war in seiner Rüstung zu sehen. Das Leben war aus seinem Körper gewichen.

Thoran schaute sich um. Immer wieder konnte er Heran's Waffe hören. Das mächtige Donnern des lantranischen Blasters sorgte bereits für Schrecken unter den Angreifern.

Die Truppe von Captain Hunter bekämpfte eine Gruppe von 30 hartnäckigen Robotern, die gegen ihre Stellung anliefen. Die neuen TM 1.200 Gewehre stoppten ihren

Vormarsch. Der synchronisierte Beschuss aus mehreren Gewehren ließ die Schutzschirme der Roboter kollabieren. Captain Hunter schmunzelte, als er sah, wie bei einem weiteren Roboter der Schirm versagte. Er hob sein Gewehr und schoss eine Sprenggranate auf den Roboter ab. Schnell zog er seinen Kopf ein, als der Getroffene in viele kleine Metallsplitter explodierte.

Sergeant Hardin lag mit seinen Marines hinter dem sicheren Schutz von großen Maschinen. Sie lieferten sich ein Gefecht mit ragunischen Soldaten, die sich ebenfalls Schutz gesucht hatten. Das pausenlose Dauerfeuer brachte keinen sichtbaren Erfolg.

»Sperrfeuer auf die Position drei-sieben-vier richten«, sprach er in seinen Communicator. »Dort verbirgt sich ein Heckenschütze.«

Das Feuer aus 12 neuen TM 1.200 Gewehren zischte auf das Versteck des Heckenschützen zu. Dieser warf sich reaktionsschnell hinter seine Deckung. Sergeant Hardin winkte zwei Soldaten vorzurücken. Leicht gebeugt und den Schutz der großen Maschinen ausnutzend, pirschten sie sich an das Versteck heran. Nach wenigen Schritten hatten sie geräuschlos ihr Ziel erreicht. Einer von ihnen gab seinen Kameraden ein Zeichen, das Feuer einzustellen.

Als der Heckenschütze um seinen sicheren Schutz blickte, traten ihn zwei Laserschüsse der vorgerückten Elite-Soldaten mittig in den Kopf. Mit weit aufgerissenen Augen fiel er langsam auf seinen Rücken.

Sergeant Hardin und seine Marines richteten sich erleichtert auf und rückten nach. Noch waren hinter vielen großen Maschinen ragunische Soldaten versteckt. Erneut zwang ihn und seine Soldaten gegnerisches Laserfeuer in Deckung zu gehen.

Er griff nach seinem Communicator.
»Hier spricht Sergeant Hardin«, sprach er in das Gerät. »Wir brauchen hier die Unterstützung von Kampf-Robotern. Wir liegen unter einem Laserfeuer von einzelnen ragunischen Soldaten.«

»Ich schicke ihnen 5 meiner Shy-Ha-Narde«, antwortete Captain Hunter. »Mehr kann ich nicht entbehren. Auch wir liegen unter starkem Beschuss.«

»Das reicht«, bedankte sich Hardin. »Sie sollen sich rückseitig nähern und die ragunischen Soldaten von hinten angreifen.«

»Ich habe verstanden«, antwortete Captain Hunter. »Die Roboter werden sofort instruiert.«
Dann brach die Verbindung ab.

Es vergingen nur drei Minuten, dann registrierte Sergeant Hardin starkes Geschützfeuer vor ihnen. Die Lasersalven der ragunischen Soldaten verebbten. Schreie waren zu hören. Immer wieder das dumpfe Donnern der schweren Waffenarme der Roboter, die ohne Gnade die Feinde aus dem Weg räumten.

»Vorrücken«, flüsterte Sergeant Hardin.

Er winkte mit seiner Hand.
In Zweiergruppen, gebückt, jede Nische als Schutz nutzend, rückten die Marines weiter vor. Ein ragunischer Soldat sprang hinter einer Maschine hervor. Er eröffnete das Feuer auf die Marines. Der schwere Nadelstrahler traf einen Soldaten mit voller Wucht. Sein Individualschirm leuchtete zwar rot auf, doch er verhinderte weitere Verletzungen. Durch die Wucht des Aufschlages wurde der Marine von seinen Beinen gehoben und fünf Meter rückwärts geschleudert.

Sergeant Hardin und seine Marines eröffneten das Feuer auf den fremden Soldaten. Dieser wurde sichtbar durchgerüttelt. Zahlreiche Laserstrahlen trafen gleichzeitig auf seinen Schutzschirm und ließen diesen zusammenbrechen. Die nachfolgenden Schüsse beendeten das Leben des Soldaten qualvoll.

Wütende Laserstrahlen ließen Sergeant Hardin und seine Marines erneut in Deckung springen. Hinter ihrem provisorischen Schutz rissen sie ihre Gewehre hoch und erwiderten das Feuer. Der Beschuss der Raguner verstummte.

Ohne Gnade rückten die natradischen Kampf-Roboter näher. Ihren tiefroten Augen entging nicht das kleinste Detail. Immer wieder schalteten sie ragunische Soldaten aus, die sich hinter ihren großen Maschinen in Sicherheit hofften. Mit einem Angriff in ihrem Rücken hatten sie nicht gerechnet. Mit großen Sprüngen rückten die kampferprobten Elite-Roboter vor. Ihre starken Laserstrahlen säuberten den Weg.

Endlich sahen Sergeant Hardin und seine Marines die lang erwartete Roboter-Unterstützung auftauchen und die letzten Soldaten aus dem Weg räumen. Entsetzt sprangen die ragunischen Soldaten hinter ihren Verstecken hervor, als sie die 2.20 Meter großen Boliden heraneilen sahen. Sie liefen direkt in den Laserhagel der Truppen des Neuen-Imperiums. Schwer getroffen sackten sie unter dem Einschlag mehrerer Treffer in sich zusammen.

Erleichtert griff Sergeant Hardin nach seinem Communicator.

»Hier ist Sergeant Hardin«, sprach er in das Gerät. »Sektor 4 wurde von meiner Einheit gesichert. Wir begeben uns zu Sektor 3 und unterstützen die Einheit von Captain Hunter. «

»Ich habe verstanden«, tönte die Stimme von Major Travis aus dem Gerät. »Gute Arbeit Sergeant.«

Geoffwan blickte ihn an.
»Ich hatte mir gewünscht, unser abtrünniges Mitglied des Ältestenrates gefangen zu nehmen. Doch er wird zu gut von den ragunischen Robotern gesichert. Er ist zu weit entfernt für einen Fangstrahl. «

»Soll ich probieren, ob ich ihn geistig zu fassen bekommen? «, erkundigte sich Heinze.

Geoffwan blickte ihn an.
»Ein zweites Mal wird das nicht funktionieren«,
antwortete er. »Wir verfügen über die Möglichkeit, unseren Geist abzuschotten. Somit verhindern wir, unter die Beeinflussung einer fremden Macht zu geraten. «

Das Gesicht von Heinze legte sich in Falten. Krampfhaft versuchte er in den Kopf von Halswan vorzudringen. Doch es war zwecklos. Der Abtrünnige hatte eine geistige Blockade errichtet. «

»Sie haben Recht«, sagte Heinze. »Ich dringe nicht mehr zu ihm vor. Wir müssen andere Wege suchen, um seiner habhaft zu werden. «

Halswan blickte Lenus an, der als Befehlshaber der Truppen fungierte.

»Sie haben Mutanten dabei«, sagte er erstaunt. »Ich habe gerade einen Mentalangriff auf meine Person geblockt. Das lässt ihre Möglichkeiten in einem neuen Bild erscheinen. «

Lenus blickte Halswan an.
»Was meinen sie mit einem mentalen Angriff? «, erkundigte er sich. » So etwas gibt es bei uns nicht. «

Halswan winkte verärgert ab.
»Tun sie etwas«, fauchte der Abtrünnige der Aller-Ersten ihn an. »Wir sind in eine Falle geraten. Diese Truppen dürften gar nicht hier sein. Wir sind verraten worden. «

»Laufen sie in den Gleiter zurück«, befahl Lenus. »Wir haben überall starke Verluste zu beklagen. Ich breche den Angriff ab.«

Halswan schüttelte seinen Kopf.
»Ist das alles, was ihre Soldaten zu bieten haben?«, fluchte er. »Dann ist es kein Wunder, dass die Arthropoden immer weiter in ihr Imperium vordringen.«

Lenus hatte genug von dem hochnäsigen Gast. Er trat auf ihn zu und ohrfeigte ihn mit seiner flachen Hand. Dann stieß er ihn grob zu Boden.

Halswan konnte den Stoß nicht mehr abfangen und fiel der Länge nach auf den Rücken. Er fluchte in einer unbekannten Sprache.

»Verschwinden sie in den Gleiter«, forderte Lenus ihn auf. »Bisher haben wir unter ihrem Kommando nur Niederlagen erleiden müssen. Ich frage mich ernsthaft, ob unser Zentralrat nicht Recht hat und sie nur ein lästiger Parasit sind. Verschwinden sie endlich, bevor ich meine Waffe auf sie richte.«

Irritiert und eingeschüchtert sprang Halswan auf und lief zu dem Gleiter zurück.

Lenus drehte seinen Kopf und bemerkte, wie Laserstrahlen in die drei Roboter einschlugen, die ihm Deckung gaben. Er blickte nach vorne und erkannte, wie eine Gruppe fremder Soldaten auf sie zustürmte.

Lenus hob sein Sprechgerät an den Mund.
»Den Angriff sofort einstellen«, befahl er. »Wir brechen ab. Alle Angriffseinheiten kommen zurück zum Transportgleiter.«

Blitzschnell sprang er zur Seite, als ein Fesselstrahl an ihm vorbei zischte. Dann drehte er sich um und lief auf den Transportgleiter zu. Die Roboter eröffneten das Feuer auf die anrückende Gruppe Marines. Diese ließen sich zu Boden fallen und erwiderten ebenfalls das Laser-feuer. Aus allen Kampfsektoren lösten sich überlebende Soldaten und Schwertkämpfer. Sie alle liefen zu dem Gleiter zurück. Die ragunischen Kampf-Roboter blieben allein zurück, um den Flüchtenden Zeit zu verschaffen.

Sie hatten weiträumig eine Blockadelinie um den Transportgleiter aufgebaut. Ihr Verlust war zu verkraften. Schweres Laserfeuer schlug auf sie ein. Metallarme, Schulterplatten und Stücke der Brustpanzer wurden durch die Laserstrahlen von ihnen abgetrennt und flogen durch die Luft. Erneut explodierten schwer beschädigte Einheiten in grellen Explosionen. Die verbliebenen noch intakten ragunischen Roboter feuerten im Sekundentakt auf die Marines und die Kampf-Roboter des Neuen-Imperiums. Doch diese gewannen immer mehr die Oberhand. Immer mehr ragunische Roboter fielen aus und sackten bewegungslos in sich zusammen. Andere explodierten in feurigen Explosionen.

Der Antrieb des ragunischen Transportgleiters heulte auf. Langsam hob er vom Boden ab und flog in das noch geöffnete Wurmloch hinein. Nachdem er verschwunden war, schaltete sich der Durchgang ab.

Die Einheiten des Neuen-Imperiums atmeten durch. Major Travis blickte Geoffwan an.

»Hätten wir ihre Flucht verhindern können?«, fragte er.

Geoffwan schüttelte seinen Kopf.
»Leider nicht«, erklärte er. »Die Öffnung des Wurmloch-Tores erfolgte von Ragun aus. Wir werden die von uns installierten Evakuierungs-Tore auf ihrem Zentralplaneten vernichten müssen. Nur so lässt sich das Eindringen weiterer Kampftruppen verhindern. Früher war das als eine reine Sicherungsmaßnahme gedacht. Hierdurch sollte ein stabiler Wurmloch-Durchgang ermöglicht werden. Es sollte verhindert werden, dass ein

Wurmlochtor während einer Benutzung von einer anderen Seite abgeschaltet werden konnte.«

Major Travis überlegte intensiv.
»Das würde bedeuten, dass wir immer wieder Besuch von Ragun erhalten könnten?«, fragte er.

Geoffwan nickte verhalten.
»Es wird uns nichts anderes übrigbleiben«, als die Evakuierungs-Tore auf dem Zentralplaneten ihres Imperiums zu vernichten«, erklärte er. »Eher werden wir keine Ruhe vor unliebsamen Gästen haben. Aber dafür benötigen wir ihre Hilfe.«

Major Travis drehte sich um und hielt nach Sirin Ausschau. Erleichtert atmete er aus, als er sie wohlbehalten im Kreise von Atlanta und Thoran stehen sah.

Er drehte seinen Kopf und sah wieder Geoffwan an.
»In Ordnung«, antwortete er langsam. »Wir übernehmen diese Station. Ihre Techniker und Wissenschaftler weisen uns unverzüglich ein. Wir werden ausreichend Truppen, Personal und Kampfroboter hierin verlegen. Zukünftig wird es ausgeschlossen sein, dass wir noch einmal Besuch von den Raguner erhalten. Alle Tore werden mit einem Durchgangsschutz, nahe dem Ereignishorizontes versehen. Hierdurch wird verhindert, dass etwas

Ungewolltes materialisieren kann. Danach werden wir uns um die Raguner kümmern und ihre Tore für alle Zeiten stilllegen. Das verspreche ich ihnen. «

Vorschau:

www.ingramcontent.com/pod-product-compliance
Lightning Source LLC
Chambersburg PA
CBHW050150230526
45470CB00001B/34